航空电机技术基础

田　巨　罗思宏　主编

西北工業大學出版社

西　安

【内容简介】 本书是为适应现代高等职业技术教育改革发展的要求，结合民航机务维修工作人才培养的目标要求，按照《民用航空器维修人员执照考试基础部分考试大纲(AC-66R1-02)》中规定的关于航空电机方面所需的知识和能力而编写的。全书共分五篇，系统分析和全面介绍了航空电机的工作条件、航空旋转电机的结构、航空旋转电机工作原理及运行特性、航空变压器技术及应用等。

本书具有重视基础性、讲究系统性、注重应用性等特点，以及鲜明的民航行业特色。本书可作为高等职业技术学院飞机维修类专业的教材，也可作为全日制飞机维修类专业本科学生和从事飞机维修工作的专业技术人员学习的参考教材，也可作为民航企业的培训教材或飞机维修基础执照考试的参考书。

图书在版编目(CIP)数据

航空电机技术基础/田巨，罗思宏主编．—西安：西北工业大学出版社，2014.8(2019.6重印)

航空类专业职业教育系列教材

ISBN 978-7-5612-4109-7

Ⅰ.①航… Ⅱ.①田… ②罗… Ⅲ.①航空电气设备—电机—职业教育—教材 Ⅳ.①V242.44

中国版本图书馆CIP数据核字(2014)第202491号

策划编辑： 华一瑾
责任编辑： 孙　倩

出版发行： 西北工业大学出版社
通信地址： 西安市友谊西路127号　　**邮编：** 710072
电　　话： (029)88493844　88491757
网　　址： www.nwpup.com
印 刷 者： 兴平市博闻印务有限公司
开　　本： 787 mm×1 092 mm　1/16
印　　张： 14.625
字　　数： 351千字
版　　次： 2014年9月第1版　　2019年6月第3次印刷
定　　价： 45.00元

前　言

随着航空维修技术的日趋复杂，民用飞机维修行业对机务人员的专业知识和技能的要求越来越高。现役飞机上应用了大量的电机设备，航空电机已成为电机的重要门类，其特色鲜明，技术更先进、更可靠。航空电机技术基础课程已经成为民用飞机机电设备维修专业和飞机电子设备维修专业学生必修的一门重要的专业基础课。《民用航空器维修人员执照考试基础部分考试大纲（AC－66R1－02）》中，对机务人员获取航空器维修 ME（机械）基础执照和航空器维修 AV（电子）基础执照所必须掌握的关于航空电机方面的知识和能力有详细的规定。本着“课证合一”的指导思想，《民用航空器维修人员执照考试基础部分考试大纲（AC－66R1－02）》中所规定的航空电机方面的知识和能力亦成为高职类民用飞机机电设备维修专业和飞机电子设备维修专业航空电机技术基础课程教学大纲制定的重要依据。本书的编者都具有多年飞机维修基础执照培训教学经验，对《民用航空器维修人员执照考试基础部分考试大纲（AC－66R1－02）》十分了解。本书是在基础执照考试教学讲义的基础上，经过补充和完善形成的，因此具有鲜明的行业特色。

本书系统分析和全面介绍了航空直流电机、异步电机、同步电机、变压器的结构、原理、运行性能、特性，并精心挑选了现役飞机上较为典型的电机设备进行了详细介绍。本书由广州民航职业技术学院田巨副教授、罗思宏高级工程师、杨鹏讲师和杨静讲师共同编写。全书分为五篇，由 16 章组成。其中，第一章、第二章、第三章的第一至六节、第四章的第一至三节、第五章的第一至五节由田巨副教授编写，第六章、第七章的第一至四节、第八至十二章、第十三章的第一节和第二节由杨鹏讲师编写，第三章的第七节和第十四至十六章由杨静讲师编写，第四章的第四节、第五章的第六节和第七节、第七章的第五节、第十三章的第三节等实例部分由罗思宏高级工程师编写，全书由田巨副教授统稿。本书由沈阳工业大学朱建光副教授审稿，并给予了很多宝贵的意见和建议。在此，深致谢忱。

由于水平所限，书中缺点和错误之处，恳请读者批评指正。

编　者

2014 年 6 月

目录

第一篇　电机维护基础知识

第二篇　航空直流电机

第三篇　航空同步电机

第四篇　航空异步电机

第一篇　电机维护基础知识

第一章　航空电机概论

航空电机是应用电磁感应原理、能在航空器内实现机械能与电能或电能与电能之间转换的电磁机械装置。电机在飞机上有广泛的应用，已经成为影响飞机性能、可靠性的重要条件之一。

第一节　电机的分类及其在民航飞机上的应用

一、电机的分类

电机分类的方法很多，一般常用的有以下几个方法。

1. 以能量转化的观点来划分

(1)实现机械能与电能之间转换的有发电机和电动机。发电机是将机械能转换成电能的电磁装置；电动机是将电能转换成机械能的电磁装置。

(2)实现电能与电能之间转换的有变压器、变流机和变压整流器。这些设备的主要作用是在电能传递过程中，适当改变电能的参数，以满足设备用电的需求。

2. 按电流性质来划分

按电流性质来划分可分为直流电机和交流电机。对于交流电机来说，在电机运行过程中转速与频率存在一定的关系，这使交流电机又可分为同步电机和异步电机。

3. 从电机的运行状态来划分

在传递能量过程中，电机处于一定的运行方式状态上。工作中，电机内的部件没有相对运动的称之为静止电机，如变压器；而有相对运动，即含有机械旋转部件的称为旋转电机，如一般所熟悉的发电机、电动机等转动装置。

另外，还可以用有无电刷及励磁方式等来划分电机种类。应当说，通过一定的划分方式，可以帮助从不同的侧面来理解电机的基本原理和性能。

二、航空电机在民航飞机上的应用

1. 航空电机的分类

现代大型飞机用电功率已达数百千伏安，各类电机有数十种，数量上多达数百台。从飞机

上应用的情况来讲，如图 1-1-1 所示为波音 737 飞机部分电机分布示意图，航空电机按其作用可以归结为下述几类。

(1)主电源发电机：包括直流发电机和交流发电机。其作用在于向飞机的主电源网络供电，也向备用或专用的交流和直流电源装置提供电能。随着飞机用电量的增加，现代大、中型飞机都采用交流无刷同步发电机作为主电源，单台容量已达到 135kVA(A380)。

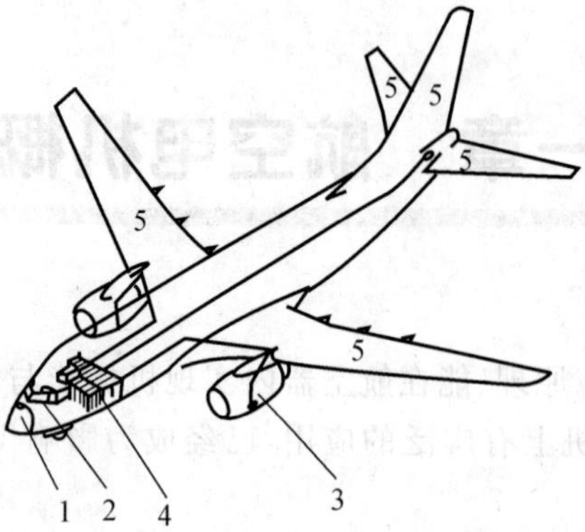

图 1-1-1 波音 737 飞机部分电机分布图
1—雷达舱中的各种控制电机；2—驾驶舱中的各种控制电机；3—无刷交流发电机
4—变压整流设备；5—操纵机构电动机

(2)变压器：属于静止式电机。现有大、中型民航客机内，有三相变压器、单相变压器、自耦式单相变压器。变压器主要作用是对主电源的交流电压进行变换，给用电设备提供所需的交流电压，甚至配合整流设备，为直流用电设备提供恰当的直流电压。

(3)驱动电机：提供机械动力的电机装置。按照工作电流的性质可分为直流电动机和交流电动机。驱动电机主要用于飞机的各种电动活门，如通风或冷却活门，操纵系统舵面机构动力，调整片动力，带动油泵等。

(4)控制电机：它包括交、直流伺服电动机，直流、异步测速发电机，旋转变压器和自整角机等。这类电机在飞行控制系统和导航系统、航空仪表、解算装置等设备中作伺服控制及转换信号之用。

(5)变流机：在以直流供电为主的飞机上提供交流电源，以便供给雷达、陀螺仪表及其他系统的交流设备使用。老式旋转变流机，采用直流电动机带动交流发电机的方式，转换效率低，已经被淘汰。应用现代变流技术的静止变流器已经取代了旋转变流机成为飞机上将直流电转化成交流电的重要设备。

2.航空电机在民航飞机上的应用实例

图 1-1-2 所示是波音 737NG 型飞机的电源分配系统图。在图中寻找以下电机设备：

(1)交流电发机：IDG1，IDG2，APU GEN；

(2)变压整流器：TRU1，TRU2，TRU3；

(3)变流器：STATIC INVERTER；

(4)电动机：APU START(在本图中没有画出，但标有 TO APU START CIRCUIT)。

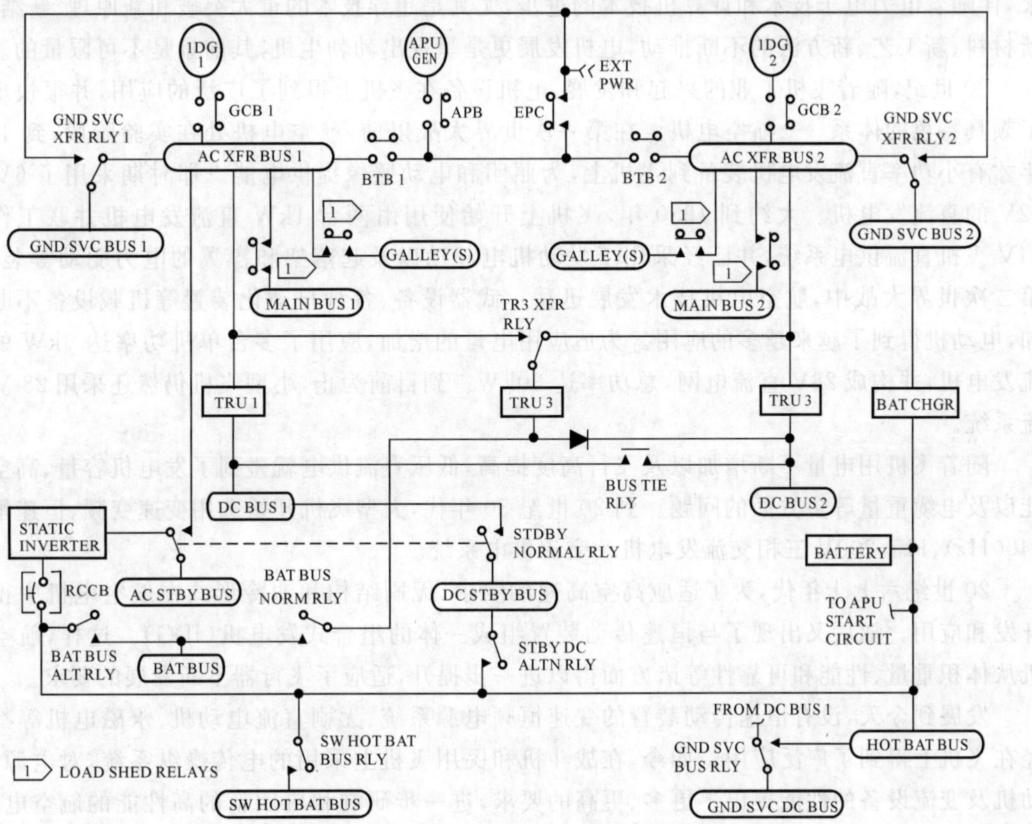

图 1-1-2　波音 737NG 型飞机的电源分配系统图

三、航空电机的发展过程

工业革命以后，蒸汽动力得以普遍应用。但随着生产力的发展，蒸汽动力输送和管理不便的缺点日益突出，迫使人们努力寻找新的动力源。19 世纪初期，人们已积累了有关电磁现象的丰富知识。在此基础上，法拉第于 1821 年发现了载流导体在磁场中受力的现象（即电动机的作用原理），并首次使用模型表演了这种把电能转换为机械能的过程。1831 年，他又发现了电磁感应定律。在这一基本定律的指导下，第二年，皮克西利用磁铁和线圈的相对运动，再加上一个换向装置，制成了一台原始型旋转磁极式直流发电机。这就是现代直流发电机的雏形。

发电机技术及其相关技术的发展，使电能具有了适合大规模集中生产、远距离经济传输、智能化自动控制的突出特点。电能不但已成为人类生产和生活的主要能源，而且对近代人类文明的发展起到了重要的推动作用。

而电动机在轻重型制造工业、石油和天然气的钻探、航空和航天领域等方方面面得到了非常广泛的应用。一个现代化的大中型企业，通常要装备数千乃至数万台不同类型的电动机。一个工业化国家的普通家庭，家用电器中的电机总数在 50 台以上；一部现代化的小轿车，其内装备的各类微特电机已超过 60 台。

电机发展到今天，早已成为提高生产效率和科技水平以及提高生活质量的主要设备之一。纵观电机发展，其应用范围不断扩大，使用要求不断提高，结构类型不断增多。特别是近 30 年来，伴随着电力电子技术和计算机技术的进步，尤其是超导技术的重大突破和新原理、新结构、新材料、新工艺、新方法的不断推动，电机发展更是呈现出勃勃生机，其前景是不可限量的。

20 世纪，随着飞机工业的兴起和发展，电机设备在飞机上得到了广泛的应用，并很快形成了颇具特色的体系——航空电机。在第一次世界大战以前，航空电机处在实验阶段，到 1904 年才有小功率直流发电机装备到飞机上，为照明和电动照像提供电能。那时期采用了 6V 和 12V 的直流发电机。大约到 1930 年，飞机上开始使用由两台 1kW 直流发电机并联工作的 24V 飞机直流供电系统，并已经采用了发动机电起动以及起落架和襟翼的电力驱动等装置。第二次世界大战中，航空电机技术发展迅猛。武器设备、各种自动化装置等机载设备不断增加，电动机得到了越来越多的应用。为适应用电量的增加，应用了多台单机功率达 6kW 的直流发电机，并构成 28V 直流电网，总功率达 30kW。到目前为止，小型飞机仍然还采用 28 V 直流系统。

随着飞机用电量不断增加以及飞行高度提高，低压直流供电就碰到了发电机容量、高空性能以及电缆重量等多方面的问题。到 20 世纪 50 年代，大型飞机开始选用变速变频、恒速恒频(400Hz)、115/200V 三相交流发电机及交流供电系统。

20 世纪六七十年代，为了适应高空高速的要求，无刷结构和油冷形式在航空电机中得到开发和应用。随后又出现了与恒速传动装置组成一体的组合式发电机(IDG)。这样，航空电机从体积重量、性能和可靠性等诸方面得以进一步提升，适应了飞行器不断发展的要求。

发展到今天，没有恒速传动装置的变速恒频电源系统、无刷直流电动机、永磁电机等都已经在飞机上得到了广泛应用。如今，在战斗机和民用飞机上采用的电传操纵系统，对电源、电动机及变流设备的性能提出了更多、更高的要求，进一步研制和应用新的高性能的航空电机，是从事航空电机设计事业的科技工作者应承担的光荣职责。

第二节　航空电机的工作条件

民用飞机所到达的飞行空域，地域的环境是各有不同的，有时甚至相差很大。航空电机作为机上设备需要在不同的高度、地区、气象等环境条件下工作，因此必须适应不同的环境。此外，航空电机还必须具有承受振动、冲击等机械过载的能力。这些工作条件就直接或间接地决定了航空电机的结构、性能有别于地面电机。研究这些工作条件，对在维护电机中，正确分析工作状态、故障表现和排除与其有关的故障，防止人为差错，保证维护质量，都有实际的指导意义。

直接影响航空电机工作的因素有下述几方面。

一、温度条件

民航飞机要经常飞行于世界各地，不同地区、不同季节大气温度是不同的。以我国为例，最冷的地方温度可达－51.5℃，最热的地方温度达 75℃，差距很大。

飞机在不同高度飞行时，大气温度随高度增加而降低。在标准大气参数情况下，11km 高空以下(对流层)范围的温度变化规律呈以下关系：

$$t=(15-6.5H)\ ℃ \tag{1-2-1}$$

式中　15 ——0.1MPa(1 个大气压，760mmHg) 压力下海平面的原始温度值，℃；

t —— 无扰动空气的温度；

H —— 高度，km。

在高度在 11～30km 范围为同温层（目前一般的民航飞机在同温层以下营运），大气温度基本上稳定在－56℃，超过这个范围的高空，气温又会上升。

对于吹风冷却和自然冷却的电机，周围温度的升高会增加电机部件本身的温度。一般来说，部件温度为冷却介质温度和在冷却介质温度下部件本身升高温度之和。对于液冷电机，周围介质温度对电机温度影响甚微。例如在喷液冷却电机中，周围介质温度改变 200℃，而引起电机温度的变化只不过几度。

电机温度变化对电机结构中各种材料影响较大。高温会加速电机金属材料的氧化和有机绝缘材料的老化；高温会使弹性材料的弹性变坏，使导电材料的电阻率增加。而在低温状态，导电材料电阻率下降，绝缘材料开裂、弯曲和分层；润滑油脂黏滞摩擦力增大；导磁材料导磁能力变坏；有机物质制品件变脆而断裂；组合件由于膨胀系数不同而产生应变，温度急剧变化时可能造成密封接缝开裂，嵌件松动，零件之间配合不正常。

应当在维护中，找出温度变化引起电机故障的隐患，及时处理，排除不适航的因素，保持电机的正常运行。

二、大气压力条件

大气压力和密度随着高度的增加而下降，这对风冷电机的工作带来不利的影响，使冷却效率显著降低。当高度不超过 11km 时，周围温度的降低，同时能对密度的减少有所补偿，但当高度较高时，这种补偿作用就消失了。

飞机上的电机多数都安装在非增压环境内，电机在空中工作时，变化的大气压力条件，容易导致绝缘材料性能变坏，空气介电强度下降，易引起击穿造成电弧放电，在绝缘距离不够的情况下，甚至引起电晕现象，稀薄的空气散热困难，加快绝缘材料老化，尤其对直流电机电刷的磨损、换向时对火花的抑制更为不利。

三、湿度条件

湿度条件是指飞机所处地域，空域环境中空气含有水蒸气量的多少。不同地区和不同季节，空气湿度变化很大。飞机靠近江河湖泊或在海平面上空飞行，或在雨季飞行，其湿度很高；而对于高寒或沙漠地区其相对湿度很低；飞机长期停放与经常起降，其受潮程度也不同。

高温高湿度的气候环境，对电机设备的电气性能和机械性能影响很大。如绝缘材料一般易吸水，在高湿度下，绝缘电阻和击穿电压将大大下降，严重时，吸水后，会造成膨胀、分解、发霉、腐烂产品变形和机械故障。电子元件表面吸附水分后，造成漏电而影响电子线路正常工作。金属零件在水蒸气作用下产生腐蚀，在不同的两种金属接触处由于电化学作用腐蚀尤为严重。特别是在高温高湿地区长期飞行的飞机，由于经常起降，电机设备受高温高湿的侵蚀，又很快飞到高空，处于低温环境下，原吸收大量水汽的电器元件就会产生凝露、结霜、冰冻等现象，使飞机电器元件造成短路而引发故障。

而当飞行高度增加时，大气中水蒸气含量明显下降。水蒸气含量的降低恶化了电刷-换向器部件的工作，引起电刷的严重磨损。实际上，当高度接近 20km 时，即使使用专门的高空电刷，电刷-换向器之间也不可能工作。

四、大气成分条件

大气成分条件主要指空气中的臭氧、沙尘以及霉菌、霜、盐雾的含量程度。飞机飞得越高，臭氧含量越多，对电接触，加剧氧化，增大电阻，影响良好接触，同时使机械性能因锈蚀变坏，破坏绝缘性能，加速金属腐蚀。海边、盐湖附近会有盐雾侵蚀，使绝缘层老化，绝缘电阻减少，金属腐蚀更严重。沙尘浮于大气中，微粒附着在电机的绝缘材料上后，加上湿暖气体，绝缘性能降低，易引起漏电。局部发热，发生击穿放电，特别在电机间隙，如有沙尘侵入，严重时会使电机产生机械故障，甚至引发飞行事故。

五、机械过载条件

机械过载主要是指航空电机在使用过程经受振动、冲击和恒加速度三方面作用。旋转电机中包含运动器件，受机械过载的影响较大，所以在维护中要特别注意。

1.振动的影响

产生振动原因主要有发动机和气动力颤振，使飞机电机和其他设备产生强烈的振动，其振动频率可达 2～4 000Hz，振动加速度可达(20～50)g。强烈的振动会使控制电器的触头接触压力不稳定，软磁材料导磁率降低、永磁材料去磁。根据需完成的功能，航空电机可安装在飞机上各个不同的部位。主电源发电机(IDG)一般装在发动机上，执行机构的电动机也可能安装在靠近发动机的地方，处于非常恶劣的温度和振动条件下。其抗振稳定性要求更高，维护时要特别注意其紧固性及抗振能力。而安装在机身内部的电机，其振动过载就要小得多。

2.冲击的影响

冲击主要发生于着陆、刹车、突然变速等情况，飞机电机受的冲击情形同振动相类似，但有时比振动更严重。小型飞机的冲击过载可达(4～6)g，大型飞机可达 10g，一般电机产品，根据技术条件规定，在使用过程中能承受 10^4 次以上的上述冲击。

3.恒加速度的影响

恒加速度对电机设备的影响主要在飞机爬高、转弯、俯冲等机动飞行时较为严重，最高可达 15g，但持续时间不长。恒加速度相当于给电机增加一个力矩，引起间隙分配改变或变形，所以航空电机对结构和零部件的强度要求很高。值得指出的是，如果电机过载时间过长，对采用轴承液体循环润滑的电机和喷油冷却的电机有着特殊的影响。

考虑机械过载条件时，应注意与日常维护正确操作要求相符合，防止人为随意性的不良操作造成的影响。这对保证维修工作质量、提高设备寿命及设备可靠性有重大意义。

第三节　航空电机的主要特点和参数

由于航空电机工作条件比地面电器复杂得多，因而航空电机除了具有与地面电机共同基本原理和基本特性外，其结构、性能及技术参数等方面都有很多特殊性。

一、航空电机的主要特点

由于工作条件的特殊性，航空电机必须具备以下几个主要特点。

1.体积小、重量轻

航空电机在能够满足一定工作性能的条件下，还要有体积小、重量轻的特点，做到这些特点依赖以下三方面：

第一，缩短使用寿命来提高允许温升。电机上采用绝缘材料的寿命是决定电机使用工作期限的主要原因。电机可靠工作时间的延长依赖于绝缘材料的性能参数。同样的材料，在允许温升环境下的地面电机可以工作10～20年，但在空中恶劣的环境下的实际温升超过了允许温升几十度，那么电机也只能工作十几分钟就到寿命期。可见，电机工作时温度的高低直接影响其寿命。为了适应飞机上电机的较小体积和较轻重量的要求，电机的散热面，通风冷却效果以及在单位时间强负荷产生的大量热量，都导致了较高的温升量，这也是电机体积小、重量轻的代价。

第二，优质航空材料的选用。上述已说明采用耐高温，高强度的绝缘材料，可以提高电机工作的性能。另外，选用高导磁的材料构成电机磁路，使电机内部构造和线路轻巧，电磁性能更强；采用高强度轻合金材料制作，结构牢固紧密，机械性能强，在相对轻的构件中，电磁机械负荷承载力更高，重量更轻。

第三，更合理设计和先进的冷却技术，使电机效能提高，负面因素的影响减少。如飞机上最大的电机装置交流发电机，采用传动与恒速控制为一体的整体传动形式和循环式喷油冷却方式，使电机装置的重量大幅度降低。电机容量增大，并导致其他相关设备的综合效益得到充分的体现(如采用交流供电为主的供电设施)。

总之，正是由于这些特殊结构和冷却方式，选定高电磁负荷和高转速运转方式，采用各种优质材料等原因，才使得航空电机质量容量比值达到0.3kg/kVA的水平，并且能适应飞机上各种复杂的使用条件。

2.航空电机的工作可靠性要高

航空电机作为电源设备，伺服控制动力，状态检测与信号转递元件，其工作可靠与否决定了飞机的正常操作和安全运行。能使电机设备处于良好的待用状态，是航班安全优质服务的保证之一。

飞机安全飞行可靠性的重要因素之一来自于电机的可靠性。在设计制造过程已经对航空电机在使用所需要的具有高可靠性的要求加以考虑。较强的过载能力(温度、机械过载)，非正常条件下控制线路及方式的可靠转换，可持续工作时间，都经过多余度技术来保障，由此来保障电机设备的生命力。

航空电机的电气机械性能参数也适应这种高可靠性要求，并且有着直接影响。一般要求电压参数是，直流电网电压28V，交流电是三相四线制，115/200V电压，频率400Hz。如现代大、中型飞机大多采用交流供电为主，电网参数出于对减轻供电网络重量的综合考虑外，还兼顾了用电设备的绝缘材料耐压及工作载荷的安全性；受电机转速(高转速对轴承承受机械磨损的影响)和电机内磁极对数的制约，频率不宜过高；另外，适应高空中飞行环境和工作条件的要求，采用了无刷结构，减少有刷电机使用维护带来的制约，从而提高航空电机应用时的工作效率和经济性。

当然，随着航空事业的发展，航空电机的主要特点将在新技术、新装备出现时，能更完美地体现出来。

二、航空电机的铭牌

航空电机的主要技术性能参数可以在电机的铭牌上直接得到。就技术性能参数而言，它涉及以下内容：额定数据、工作条件、试验和验收方法、安装尺寸及其他数据。

额定数据与可靠性性能有关的参数有使用寿命期限（正常条件下）、机械强度、过载能力、耐压（绝缘等级）、热态电阻、耐热情况、温升值。

额定数据与电性能参数有电压、电流、励磁方式、频率、功率因数。

应具备的冷却方式：自然通风、强迫通风、油冷方式（环式油冷、喷油式冷却）。

为方便使用，电机铭牌的数据往往只要给出基本的技术数据，特殊用途和使用条件才有相应的特殊数据。对于应用面窄的或者有限的电机，铭牌上只给出关键额定值数据。应用广泛的，给出的数据全面一些，但也不能完完全全给出所有数据。详细的技术指标数据，可以通过具体型号查询有关资料，或与厂家联系获得。作为使用者，应该遵守铭牌数据给定的参数正确使用，否则对电机的可靠性和使用寿命有影响。维修后的电机应依据电机型号的各项参数认真试验检测。

1.直流电机的铭牌

型号：表示直流电机属于哪一种类型，它往往用字母与数字组合在一起表示。

额定功率（kW）：指电机在额定情况下，长期运行所允许的输出功率。

额定电压（V）：就发电机来说，是指在额定运转情况下发电机两端的输出电压数值；就电动机来说，额定电压是指在所规定的正常工作条件下，加在电动机两端输入电压的额定值。

额定电流（A）：就发电机来说，一般是指长期连续运行时，供给负载的电流；就电动机来说，额定电流是指长期连续运行时，容许从电源输入的电流。

额定转速：电动机在额定运转情况下的转速。

励磁：表示励磁的方式及励磁电流、电压的大小。

工作方式：指电机在使用时持续工作的时间。

额定温升：表示电机在额定运行下，电机所容许的最高工作温度减去常温环境温度所得到的数值。

2.交流电机的铭牌

型号：包括电机类型及冷却方式。

额定数据：包括容量、频率、功率、电压、功率因数、转矩、转速、温升值等。

三相电机的连接形式：接地点、绕组接法。

三、航空电机主要技术性能参数

我国航空电机的基本技术要求见表1-1。

表1-1　航空电机的基本技术要求

技术参数	指标要求
高度	30km以下
温度	$-55\sim60$℃
压力	$10^5\sim10^3$ Pa（760～7.5mmHg）

续 表

技术参数		指标要求
相对湿度		不超过95%(40℃)
使用期限		100～3 000h
机械强度	振动	频率为25～190Hz,振幅为0.023 5～1mm,次数为2～4兆次
	冲击	加速度为(4～10)g,速率为40～100次/min,次数为1万次
过载	功率大于10kW	150%,2min;200%,5s
	功率小于10kW	150%,2min;200%,10s(交流电机5s)
热态绕组绝缘	抗电强度	电源频率50Hz,持续1分钟,电压分别为500,1 000,1 500V
	绝缘电阻	用500V兆欧表测量,绝缘电阻不小于2MΩ
过速		超过最大转速20%～50%,持续2～3min
功率因素		0.75(交流电机)
输入转速		3 800～9 000r/min
输出频率		400Hz(交流发电机)
发电机输出电压	直流	30V
	交流	120/208V
电动机输入电压	直流	27V(电池供电为24V)
	交流	115/200V,36V
冷却系统		自通风、强行风冷、循油、喷油

第二章　电工基础

电磁感应原理是各种电机工作原理的基础，学习电机的工作原理、结构及性能，必须具备电、磁方面的基础理论知识。本章对电机维护中所涉及的基本电磁理论进行简要的回顾，便于进一步学习电机维护的理论，为后续学习奠定基础。

第一节　电学基本知识

一、电路的物理量

1. 电流

电流是由电荷(带电粒子)有规则的定向运动而形成的。表征电流强弱的物理量叫作电流强度，简称电流，用字母“I”或“i”表示。电流在数值上等于单位时间内通过某一导体横截面的电荷量，即

$$i = \mathrm{d}q/\mathrm{d}t \tag{2-1-1}$$

在国际单位制(SI)中，电流的单位名称是安培，简称安，用符号 A 表示。电流的单位也可用千安(kA)、毫安(mA)、微安(μA)等表示。

导体中的电流是由负电荷在导体中流动形成的，而习惯上规定正电荷运动的方向或负电荷运动的相反方向作为电流的方向(实际方向)，如图 2-1-1 所示。当电流参考方向与正电荷运动方向相同时，电流为正，相反则为负。电流大小和方向都不随时间而变化的电流为恒定直流，简称直流，如图 2-1-2(a) 所示。方向始终不变，大小随时间而变化的电流称为脉动直流电流，如图 2-1-2(b) 所示。大小和方向均随时间变化的电流称为交流电流，通常其大小和方向随时间作周期性变化，简称交流，如图 2-1-2(c)(d) 所示。其中，图 2-1-2(c) 所表示的是日常生活中普遍应用的正弦交流电流。

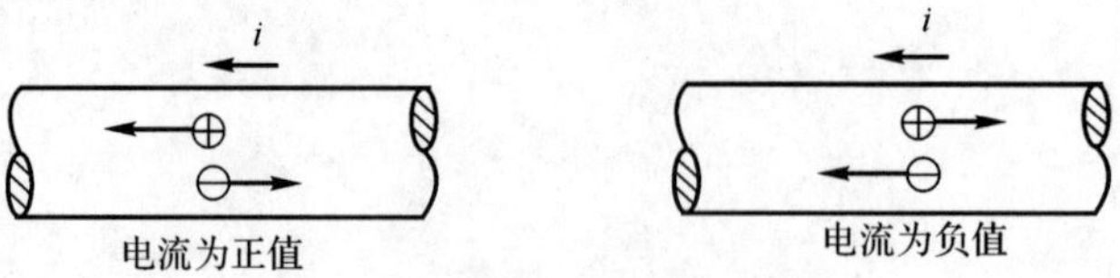

图 2-1-1　电流的方向

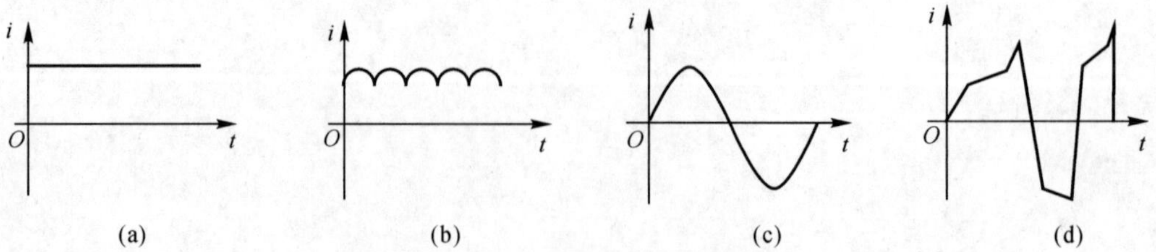

图 2-1-2　直流电和交流电的定义

2.电压与电位

单位正电荷自 a 点移动到 b 点，电场力所做的功定义为 a，b 两点间的电压，用 U_{ab} 来表示（见图 2－1－3）。即

$$U_{ab}=\frac{A_{ab}}{Q} \tag{2-1-2}$$

式中 A_{ab}—— 电场力所做的功，单位为焦(J)；

Q—— 被移动正电荷的电量，单位为库仑(C)。

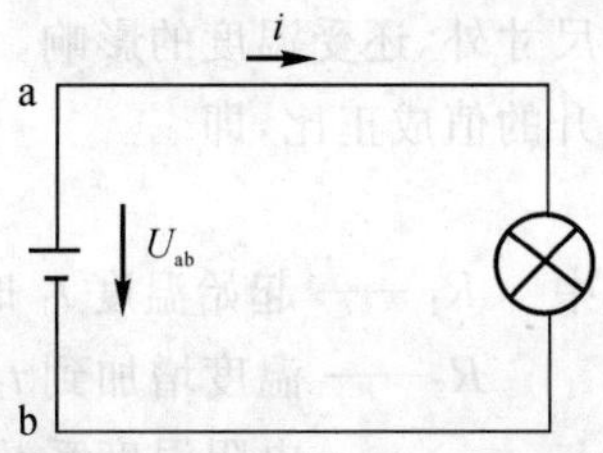

图 2－1－3 a，b 两点的电压

电压有时也叫电位差。电位是电场中某点与零电位之间的电位差，其数值与零电位点的选择有关。供电线路中，通常选择大地的电位为零电位；但在电路中通常以电源的负极作为参考点（零电位）。电压通常用 U 表示，在国际单位制中，电压的基本单位名称是伏特，简称伏，用字母 V 表示。电压的单位也可用千伏(kV)、毫伏(mV)和微伏(μV)等表示。

3.电动势

在电源内部，电源力把单位正电荷从电源负极（低电位）移到正极（高电位）所做的功叫作电源的电动势。发电机是靠磁场中电磁感应的作用产生电源力的。我们用电动势这个物理量衡量电源力对电荷做功的能力。

电动势用符号 E 来表示，在国际单位制中，电动势和电压的单位名称一样，都采用伏特，简称伏(V)。尽管电源电压与电源电动势单位相同，但在概念上不能混淆。电压指两个电极之间的电位差，它表示电能输出做功的能力；电动势是指电源内部建立电位差的本领，它表明电源依靠化学能或机械能产生电压的能力。通常习惯上，将正电荷所受电源力的方向定为电动势正方向。因此，电动势的正方向是从电源负极到正极的方向，即电位升的方向；电压的正方向是正极到负极的方向，即电位降的方向。因此，电动势的正方向与电压的正方向相反。

二、电路中的电阻、电感和电容

电阻、电感和电容是电路的 3 个基本参数。在电路中，电阻元件发热而消耗能量，是耗能元件；电感元件要产生磁场而储存磁场能量，是储能元件；电容元件要产生电场而储存电场能量，也是储能元件。现在分别介绍电路中电阻、电感和电容这 3 种基本元件。

1.电阻

电阻具有阻碍电流流动的本性，表征导体对电流呈现阻碍作用的电路参数叫作电阻，用符号 R 表示。电源内部的电阻称为内阻，电源以外导线及负载的电阻称为外电阻。在国际单位制中，电阻的单位名称是欧姆，简称欧，用希腊字母 Ω 表示。也可以用千欧(kΩ)、或兆欧(MΩ)等表示。

(1) 在一定的温度下，电阻与导体的尺寸及材料有关。实验证明，金属导体电阻的大小与导体的长度成正比，与导体的截面积成反比，还与材料的导电能力有关。即

$$R=\frac{\rho l}{S} \tag{2-1-3}$$

式中 l—— 导体的长度，单位：m；

S—— 导体的截面积，单位：m^2；

ρ—— 导体的电阻率，单位：Ω·m。

(2) 温度对电阻的影响。实践证明，金属导体的电阻除了决定于材料的性质和导体的几

何尺寸外,还受温度的影响。在 0～100℃ 之间,导体电阻所增加的相对数值,基本上与温度上升的值成正比,即

$$R_2 = R_1 [1 + \alpha(t_2 - t_1)] \quad (2-1-4)$$

式中 R_1—— 起始温度 t_1 时的导体电阻,Ω;

R_2—— 温度增加到 t_2 时导体电阻,Ω;

α—— 电阻温度系数,1/℃。

2. 电感

理想电感不能消耗电能,只具备储存磁能的能力。但是,实际电感线圈是由导线组成的,导线是有电阻的,有电流时就会消耗电能。由于导线电阻很小,一般可以忽略不计。本书中无特殊说明,所有电感都被当作理想电感。

(1) 自感。电感线圈中通有电流就产生磁场。当电流变化时,线圈中的磁通也跟着变化,因此线圈内便产生感应电动势。体现线圈自身产生自感电动势能力的物理量,叫作自感量,简称自感,也叫电感,用符号 L 表示。

自感总是正值,一个载流线圈的自感 L 可定义为

$$L = \frac{N\Phi}{I} = \frac{\Psi}{I} \quad (2-1-5)$$

式中 N—— 线圈匝数;

Φ—— 穿过该线圈的磁通,Wb;

Ψ—— 与该线圈交链的磁链,Wb;

I—— 线圈中的电流,A。

在国际单位制中,电感的基本单位名称是亨利,简称亨,用 H 表示。还常用毫亨(mH)、或微亨(μH) 表示。线圈的匝数愈多,其电感愈大;线圈中单位电流产生的磁通量愈大,电感也愈大。

电感的自感电动势可表示为

$$e_L = -L\frac{\mathrm{d}i}{\mathrm{d}t} \quad (2-1-6)$$

由公式(2-1-6)可知,自感电动势的大小和线圈中电流的变化率成正比。其方向总是阻碍线圈电流的变化。因此,自感电动势实际上总是试图维持线圈内的电流不变。

(2) 互感。如图 2-1-4 所示的两个含有线圈的电路,因一个电路中的电流变化在邻近另一个电路中出现感应电动势的现象叫作互感。两个线圈之间的互感定义为

$$M_{12} = \frac{\Psi_{12}}{I_2} \quad (2-1-7)$$

$$M_{21} = \frac{\Psi_{21}}{I_1} \quad (2-1-8)$$

式中 M_{12}—— 线圈 2 对线圈 1 的互感,H;

M_{21}—— 线圈 1 对线圈 2 的互感,H;

Ψ_{12}—— 线圈 2 中的电流 I_2 产生的磁通与线圈 1 交链的磁链,H。

Ψ_{21}—— 线圈 1 中的电流 I_1 产生的磁通与线圈 2 交链的磁链,H。

可以证明,$M_{12} = M_{21}$。互感与线圈形状、大小、匝数及介质分布有关。互感还与两线圈间相互位置有关。

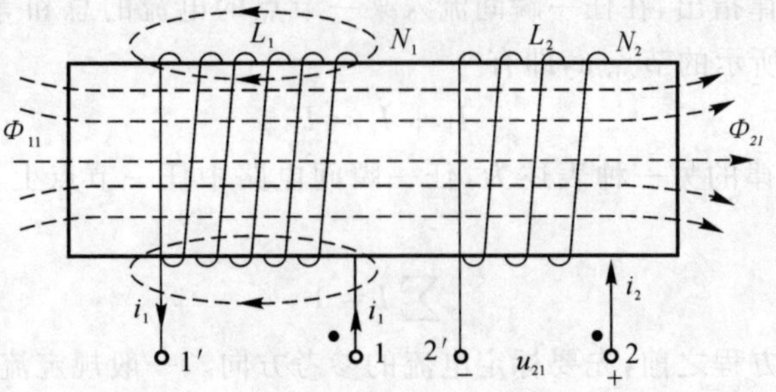

图 2-1-4　电感线圈的互感

3. 电容

电容器是一种能够储存电荷的元件，在电子电路中利用电容器来实现滤波、移相、隔直、旁路、选频等作用。两块用绝缘体隔开，但又互相接近的金属导体，就构成了一个电容器。组成电容器的金属板叫作极板。两极板间绝缘材料叫作绝缘介质，可采用空气、纸、云母、油、塑料等材料。电容器在电路中的符号用"C"表示。

把电容器的两个极板分别接到电源上，就会有电荷流动，形成电流。电容器的"充电"过程是正电荷聚积在与电源正极相连的极板上，负电荷聚积在与电源负极相连的极板上的过程。相反，电容器极板上电荷的释放过程，叫作电容器的"放电"过程。由于电容器极板间是绝缘的，因而电荷并不会真正地通过中间的介质。

实验证明，电容器所充的电量，即电容器极板上所储集的电量 Q 与其极板上电压成正比，即

$$Q=CU \tag{2-1-9}$$

式中，C 为比例常数，称为电容器的电容量，简称电容。它的国际单位名称是法拉，用符号 F 表示。工程上多采用微法(μF) 或皮法(pF)。

三、电路的基本定律

1. 欧姆定律

欧姆定律是在电路中表示电压、电流、电阻之间关系的最基本的电路定律。如图 2-1-5 所示，电阻 R 的两端在电压 U 的作用下，电阻中会有电流流过。

实验证明，流过电阻 R 的电流 I，与电阻两端的电压 U 成正比，与电阻 R 成反比。即

$$U=IR \tag{2-1-10}$$

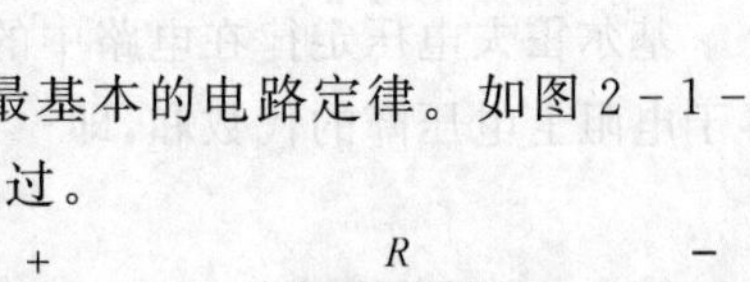

图 2-1-5　基本欧姆定律

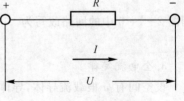

这一规律称为欧姆定律。式中电流单位名称为安培(A)，电压单位名称为伏特(V)，电阻单位名称为欧姆(Ω)。应注意的是，式(2-1-10) 中的电压和电流必须取关联参考方向，如果电压与电流的参考方向不一致，则式(2-1-10) 中应加负号。

2. 基尔霍夫定律

基尔霍夫定律是在复杂电路中，表述各支路电流之间、各元件电压之间基本关系的定律。

(1) 基尔霍夫电流定律(简称 KCL)。电路中能通过同一电流的每个分支叫作支路，3 个或 3 个以上支路的连接点叫作节点，电路中任一闭合路径叫作回路。

基尔霍夫电流定律指出,在任一瞬间流入某一节点的电流的总和等于流出该节点电流的总和。如图 2-1-6 所示的节点 a,即有

$$I_1 + I_2 = I_3 \tag{2-1-11}$$

基尔霍夫电流定律的另一种表述为,任一瞬间电路中任一节点上,电流的代数和恒等于零,即

$$\sum I = 0 \tag{2-1-12}$$

在列出节点电流方程之前,先要标定电流的参考方向。一般规定流入节点的电流为正,流出节点的电流为负。可将式(2-1-11)改写为

$$I_1 + I_2 - I_3 = 0 \tag{2-1-13}$$

(2) 基尔霍夫电压定律(简称 KVL)。基尔霍夫电压定律指出,在任一回路中,沿某一方向绕行回路一周,电位升的总和等于电位降的总和。即回路中各段电压的代数和恒等于零。即

$$\sum U = 0 \tag{2-1-14}$$

例如:图 2-1-6 中,如果规定电压升取正号,电压降取负号,按照绕行方向,可列该电路中的回路方程为

$$U_1 + U_4 = U_2 + U_3 \tag{2-1-15}$$

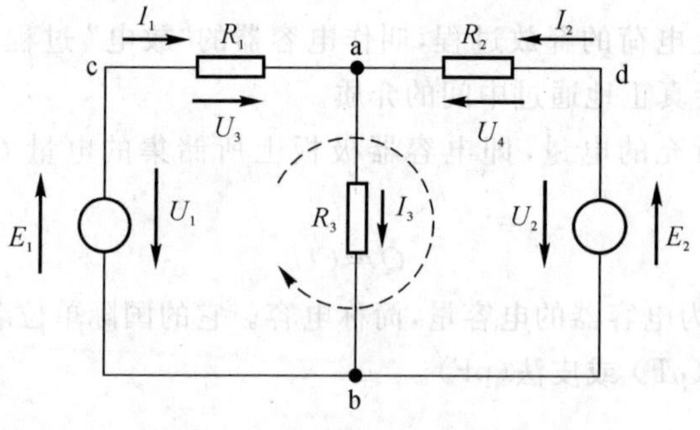

图 2-1-6　复杂的直流电路

基尔霍夫电压定律在电路中的另一种表述为,在电路的任一闭合回路中,电动势的代数和等于电阻上电压降的代数和,即

$$\sum E = \sum IR \tag{2-1-16}$$

则图 2-1-6 中的回路改写为

$$E_1 - E_2 = I_1 R_1 - I_2 R_2 \tag{2-1-17}$$

3. 全电流定律

设空间有 n 根载流导体,导体中的电流分别为 $I_1, I_2, \cdots, I_n$ 则沿任意可包含所有这些导体的闭合路径 l,磁场强度 H 的线积分等于这些导体电流的代数和,即

$$\oint H dl = \sum I \tag{2-1-18}$$

当积分路径的绕行方向和电流的方向符合右手螺旋关系时,则电流为正,反之为负。以图 2-1-7 为例,虽有积分路径 l 和 l',但其中包含的载流导体相同,积分结果必然相等,并且等于电流 I_1,I_2 和 I_3 的代数和。即积分与路径无关,只与路径内包含的导体电流的大小和方向有

关,即

$$\oint H\mathrm{d}l=\oint H\mathrm{d}l'=I_1+I_2-I_3 \quad (2-1-19)$$

全电流定律在电机中应用很广,它是电机和变压器磁路计算的基础。

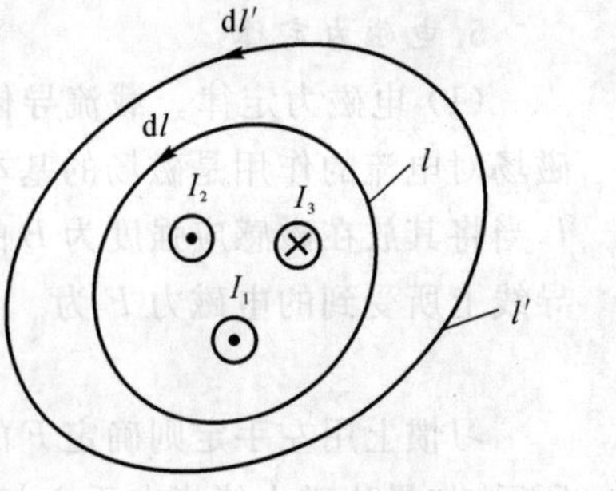

图 2-1-7 全电流定律

4. 电磁感应定律

电磁感应定律是法拉第 1831 年发现的。电磁感应定律是电机的重要理论基础之一。在电机中,变化的磁场产生感应电动势分两种情况:其一是线圈中的磁通发生变化时,线圈内产生感应电动势;其二是当导线与磁场有相对运动,导线切割磁力线时,导线内产生感应电动势,即切割电势。

(1) 楞次定律。如图 2-1-8 所示,将一个匝数为 N 的线圈置于磁场中,线圈中的磁通为 Φ。当线圈中的磁通 Φ 发生了变化时,线圈内就会感应出电动势。该电动势倾向于在线圈内产生电流,以阻止磁通的变化。设电流的正方向与电动势的正方向一致,即正电势产生正电流,而正电流又产生正磁通,即电流方向与磁通方向符合右手螺旋法则,则电磁感应定律的数学描述为

$$e=-N\frac{\mathrm{d}\Phi}{\mathrm{d}t} \quad (2-1-20)$$

这是一个实验定律,式中负号表明感应电动势将产生的电流所激励的磁场总是倾向于阻止线圈中磁链变化的。

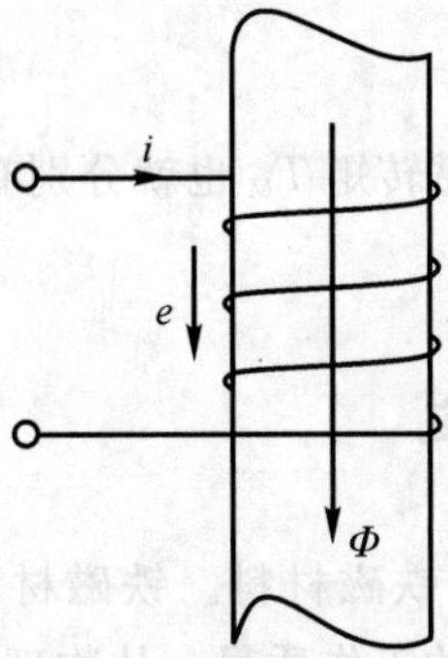

图 2-1-8 楞次定律的应用

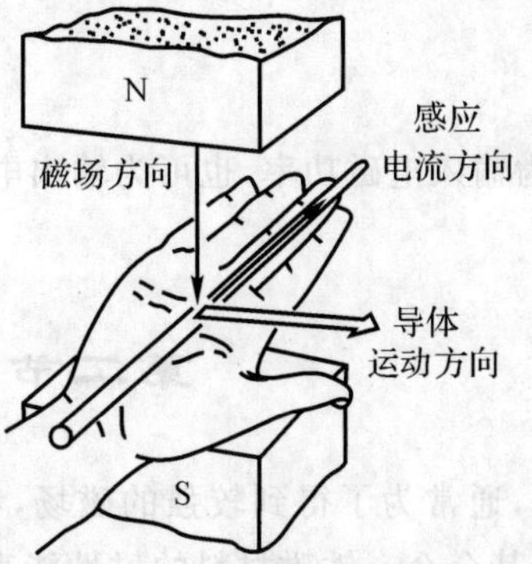

图 2-1-9 发电机右手定则

(2) 切割电势。切割电势又称运动电势、旋转电势。长度为 l 的直导线在磁场中与磁场产生相对运动,导线切割磁力线的速度为 v,导线所在处的磁感应强度为 B;若磁场均匀,且直导线 l、磁感应强度 B 和导线相对运动速度 v 三者之间互相垂直,则导线中的感应电动势的大小为

$$e=Blv \quad (2-1-21)$$

式(2-1-21)中感应电动势 e 的方向习惯上用右手定则来确定,即把右手手掌伸开,大拇指与其他四指成 90°,如图 2-1-9 所示。如果让磁力线指向手心,大拇指指向导线运动方向,则其他四指的指向就是导线中感应电动势的方向。

5. 电磁力定律

(1) 电磁力定律。载流导体在外磁场中受到的磁场对它的作用力叫安培力，即电磁力。磁场对电流的作用是磁场的基本特征之一。实验表明，对一根长直载流导体 l，通过的电流为 I，当将其放在磁感应强度为 B 的均匀磁场中时，如果直导线 l 与磁感应强度 B 方向垂直，则该导线上所受到的电磁力 F 为

$$F = BIl \tag{2-1-22}$$

习惯上用左手定则确定 F 的方向，即把左手伸开，大拇指与其他四指成 90°，如图 2-1-10 所示，如果让磁力线指向手心，其他四指指向电流 I 的方向，则大拇指的指向就是导线 l 受力 F 的方向。

(2) 电磁转矩。由电磁力产生的转矩称为电磁转矩。设转子半径为 r，单根导体产生的电磁转矩为

$$T_M = Fr = BIlr \tag{2-1-23}$$

在电动机里，电磁转矩是驱使电机旋转的原动力，即电磁转矩是驱动性质的转矩，在电磁转矩作用下，电能转换为机械能。在发电机里，可以证明，电磁转矩是制动性质的转矩，即电磁转矩的方向与拖动发电机的原动机的驱动转矩方向相反，原动机的驱动转矩克服发电机内制动性质的电磁转矩而做功，机械能转换为电能。电磁转矩还可以用功率的关系求得。设 P 为电机的电磁功率，Ω 为电机气隙磁场旋转角速度，则有

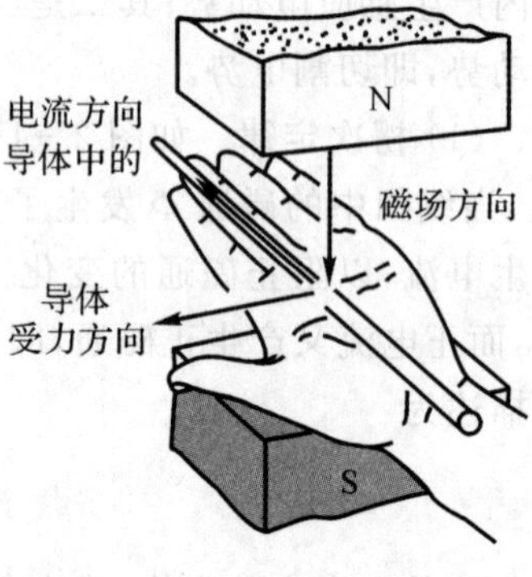

图 2-1-10　电动机左手定则

$$T_M = \frac{P}{\Omega} \tag{2-1-24}$$

式中，P 可为输入电磁功率，也可为输出电磁功率；相应地，电磁转矩 T_M 也就分别有输入、输出之分。

第二节　电的磁效应

电机中，通常为了得到较强的磁场，都采用磁导率很高的铁磁材料。铁磁材料主要是指铁、钴、镍及其合金。铁磁材料的磁性能直接关系到电气设备的工作质量。从物理学中我们已经知道了铁磁材料的一些特性。这里着重对铁磁材料几个重要特点加以分析。

一、铁磁材料的导磁性

除永久磁铁外，磁场可在通电线圈中产生。但是，如果通电线圈是放在空气中或绕在非磁性材料上的，那么要产生一定的磁场往往需要很大的电流。因此，电机中都是把通电线圈绕在铁磁材料上，或者嵌放在铁磁材料表面所开的槽内，以产生较强的磁场来满足能量转换的需要。

铁磁材料的磁导率很高，相对磁导率可达数千，甚至数万。铁磁材料之所以具有良好的导磁性，这与铁磁材料内部的结构有关。铁磁材料内部存在着很多很小的自发的磁化区域，相当于一块块极小的磁铁，称为磁畴，如图 2-2-1(a) 所示。在没有外施的励磁电流时，这些磁畴

的排列是杂乱无章的，如图 2-2-1(b) 所示，它们所呈现的磁场互相抵消，对外界不呈现磁性。一旦有了外界磁场的作用(例如，在励磁线圈中通以励磁电流)，这些磁畴沿着外界磁场的方向作有规则的排列，如图 2-2-1(c) 所示，其结果是顺着外磁场方向的磁畴扩大了，而逆着外磁场方向的磁畴缩小了。磁畴本身产生的磁场不能互相抵消，从而形成了一个与外磁场方向一致的附加磁场叠加在外磁场上，使总的磁场大大地加强了。由于磁畴原来都是强烈磁化了的，因而它们定向排列后形成的附加磁场是很强的，因此铁磁材料的导磁性能要比非铁磁材料好得多。

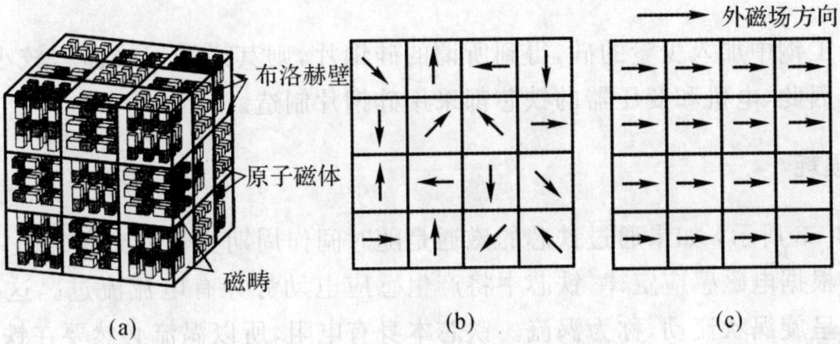

图 2-2-1　铁磁材料磁化原理

二、铁磁材料的饱和现象

铁磁材料在磁化的过程中，一开始励磁电流增大，磁场几乎是线性增强。但磁场增强到一定程度后，再增加励磁电流，磁场的增长就变得非常缓慢，这就是所谓的饱和现象，图 2-2-2 给出了铁磁材料磁通密度与磁场强度的关系。

铁磁材料为什么会有饱和现象呢？这是因为当磁场增强到一定程度时，大多数磁畴都已转到与外磁场一致的方向，这时，若再增大励磁电流，则附加磁场的增加会变得很缓慢，总磁场的增长也就变慢了。励磁电流继续增加到某一值后，这时所有的磁畴都已转到与外磁场一致的方向上，于是，总磁场的增长只能靠外磁场的增长来实现。这时，就说铁磁材料已经完全饱和了。

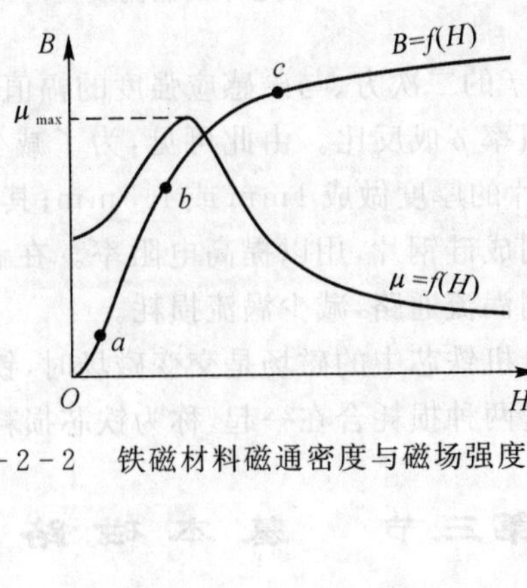

图 2-2-2　铁磁材料磁通密度与磁场强度的关系

三、磁滞现象和磁滞损耗

当励磁电流是周期性变化的交流电流时，铁磁材料内部磁场的大小和方向也呈周期性变化，但磁通密度的变化总是落后于磁场强度的变化，这就是所谓的磁滞现象。磁滞现象可用

“磁畴”的概念来解释。在外磁场的大小、方向发生变化时，铁磁材料内部磁畴的定向排列的方向和程度也随着变化。这样，在磁畴发生移动和倒转时，彼此之间会产生摩擦。由于这种摩擦的存在，磁通密度的变化总是落后于磁场强度的变化，而且外磁场停止作用后(励磁电流为零)磁畴与外磁场方向一致的排列被部分地保留了下来，不能恢复原状，因此形成了剩磁。即励磁电流为零时，铁磁材料中仍保留了一定的磁性。

铁磁材料在交变励磁电流的作用下反复磁化的过程中，磁畴之间不停地互相摩擦，消耗能量，引起损耗，这种损耗称为“磁滞损耗”。磁滞损耗正比于磁滞回线的面积，也正比于磁场交变的频率。

如果在电工钢中加入少量的硅，得到所谓的硅钢片，则其磁滞回线面积较小，相应的磁滞损耗也较小。因此，电机和变压器的铁芯都采用硅钢片制造。

四、涡流损耗

如图 2-2-3 所示，如果通过铁芯的磁通是随时间作周期变化的交变磁通，而铁芯本身也是导体，那么，根据电磁感应定律，铁芯中将产生感应电动势并有电流流过。这些电流在铁芯内部围绕磁通呈旋涡状流动，称为涡流。铁芯本身有电阻，所以涡流必然要在铁芯中引起相应的损耗，通常称这种损耗为涡流损耗。

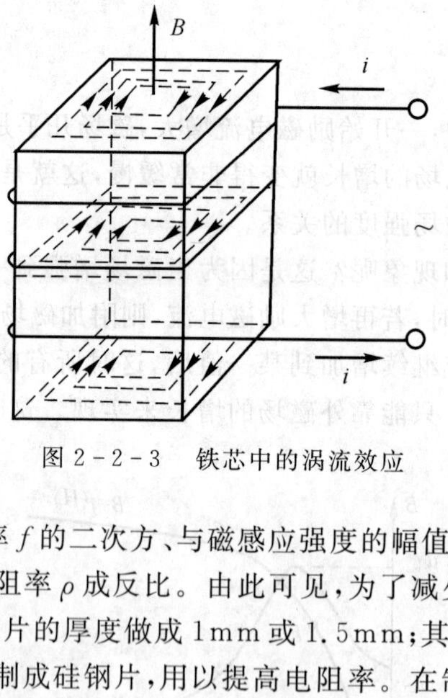

图 2-2-3　铁芯中的涡流效应

涡流损耗与磁通交变频率 f 的二次方、与磁感应强度的幅值 B_m 的二次方及钢片厚度 d 的二次方成正比，而与钢片的电阻率 ρ 成反比。由此可见，为了减少涡流损耗，首先应当减小钢片的厚度 d，所以，电机磁极钢片的厚度做成 1mm 或 1.5mm；其次是增加涡流回路的电阻，因此电工钢片中加入适量的硅，制成硅钢片，用以提高电阻率。在制造电机和变压器时，硅钢片表面往往还涂以绝缘漆，以限制涡流通路，减少涡流损耗。

根据前面的分析可知，当电机铁芯中的磁场是交变磁场时，铁芯中就有所谓的磁滞损耗和涡流损耗。在电机中，通常把这两种损耗合在一起，称为铁芯损耗，简称铁耗。

第三节　基本磁路

电机是能量转换的机械装置，都是利用磁场实现能量转换的。由于磁场通常是限定在一定的空间内以形成磁路，因此，本节将讨论有关磁路的问题。

一、磁路的概念

在电机中，通常为了得到较强的磁场，都利用电磁导率很高的铁磁材料，把电流所产生的磁通集中在限定的空间内，这种集中的磁通所经过的路径，称为磁路。

图 2-3-1 所示是直流电机、变压器中的磁路。线圈绕在由铁磁材料制成的铁芯上，线圈通以电流，便产生磁通 Φ，故此线圈称为绕组，绕组中的电流称为励磁电流。励磁电流若为直流，则磁路为直流磁路；励磁电流若为交流，则磁路为交流磁路。磁路的几何形状决定于铁芯的形状和励磁线圈在铁芯上的安置位置。图 2-3-1(a) 所示变压器的磁路是单回路方形磁路；图 2-3-1(b) 所示直流电机的磁路是具有四个回路的扇形磁路，其中也包含有空气隙。

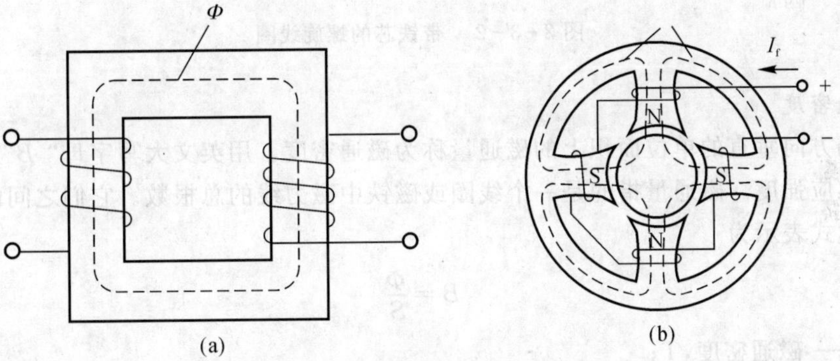

图 2-3-1　两种电气设备的磁路

(a) 变压器；(b) 直流电机

1. *磁动势和磁场强度*

电流与线圈匝数的乘积称为磁动势。它可以用数学公式表示为

$$F = NI \qquad (2-3-1)$$

式中　F—— 磁动势；其单位可用安培或安匝（即"A"或"At"）表示；

I—— 电流强度，安培(A)；

N—— 线圈匝数。

单位长度上磁动势的大小称为磁场强度。它可以用数学表达式表示为

$$H = \frac{F}{l} \qquad (2-3-2)$$

式中　H—— 磁场强度，安培 / 米(A/m)；

F—— 磁动势；

l—— 中心平均磁力线长度，又称平均磁路。

如图 2-3-2 所示，大的环形线圈的中心平均磁力线长度大于小的环形线圈中心平均磁力线长度。

由图 2-3-2 可知，当两线圈产生的磁场强度相等时，大的环形线圈与小的环形线圈相比，需要更大能量，即更大的磁动势；反之，当线圈的磁动势相等时，则大的环形线圈中的磁场强度肯定小于小的环形线圈中的磁场强度。

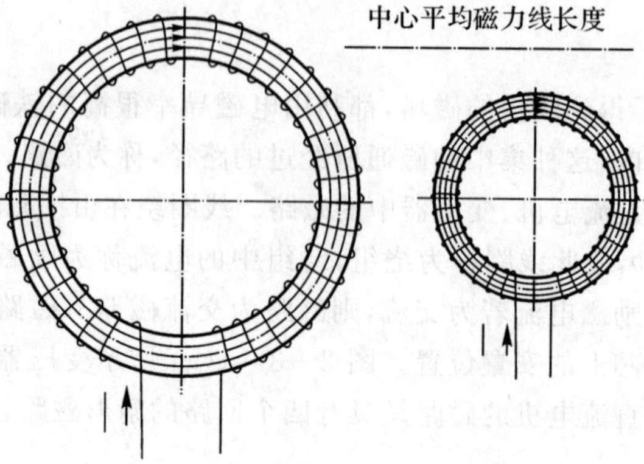

图 2-3-2　带铁芯的螺旋线圈

2. 磁通密度

与磁场方向垂直的单位面积上的磁通量称为磁通密度。用英文大写字母“B”表示，它也被称为磁感应强度。磁通量指的是一个线圈或磁铁中磁力线的总根数。它们之间的关系可以用数学表达式表示为

$$B=\frac{\Phi}{S} \tag{2-3-3}$$

式中　B—— 磁通密度，T；

Φ—— 磁通量，Wb；

S—— 面积(线圈截面积)，m^2。

从公式中可以看出，单位面积上的磁通量越大，其磁通密度就越大。

3. 磁路欧姆定律

磁通量是由磁动势决定的。我们知道电路中的电流是由欧姆定律决定的，磁路与电路相类似，磁路中的磁通量(Φ)与磁动势(F)成正比，与磁阻(R_m)成反比。用数学公式表示为

$$\Phi=\frac{F}{R_m} \tag{2-3-4}$$

式(2-3-4)是R_m称为磁阻。磁阻是磁路中阻碍磁通流动的能力。因此，磁阻实际上反映了构成磁路导磁材料的导磁能力。磁材料的导磁能力由材料的磁导率(μ)来衡量。磁阻与导磁率(μ)、磁通面积(S)之间的关系可以表示为

$$R_m=\frac{l}{\mu S} \tag{2-3-5}$$

可见，在磁路中，构成磁路的导磁材料，其磁导率越大，磁阻越小；磁导率越小，磁阻越大。因此，磁场强度越大，磁通密度(磁感应强度)也越大，即磁通密度与磁场强度成正比。

从磁场强度、磁通密度和磁路欧姆定律可以看出，磁场强度(H)仅与线圈的匝数和电流有关，而磁通密度(B)既与上述两个因素有关，还与磁阻(R_m)有关。

在直流电路内，均匀导线的横截面上的电流密度是均匀的，而当交流电通过导线时，由于交变磁场的作用，在导线截面上各处电流分布不均匀，中心处电流密度小，而越靠近表面电流密度越大，这种电流分布不均匀的现象称为集肤效应(也称趋肤效应)。集肤效应的原因也是因为涡流的存在。交流电的频率越高，则集肤效应越严重。此外集肤效应也使得线棒内部的

导线载流能力下降。

发电机的线棒截面都比较大，涡流和集肤效应都会使线棒造成严重的发热，所以克服发电机线棒发热的办法是将线棒内的导体设计成由若干股相互绝缘的细小导线并联组成。例如，某发电机其设计的支路电流为 2 000A，其每根线棒由 44 股 2.5mm×8mm 规格的双玻璃丝包线并联，并经换位编织而成。

第二篇 航空直流电机

航空直流电机在飞机上得到了广泛的应用。航空直流发电机可以作为部分小型飞机的主电源,直流电动机由于其优良的性能,目前在飞机上应用得也非常普遍。而起动发电机,兼有发电机和电动机双重作用,充分体现了直流电机的特点。在本篇将对直流电机的结构、工作原理及其性能加以分析。

第三章 航空直流电机原理

第一节 感应电动势的产生

一、法拉第电磁感应定律的应用

1. 导体切割电势的产生

将两条可以摆动的金属带与一根导体固定之后,悬挂在一个磁性很强的马蹄形磁铁的两个磁极之间。再将这两条金属带与一个零位刻度在中间的毫伏表相连接,然后,来回摆动处于磁场中的导体。导体在磁场中运动会产生感应电动势,如图 3－1－1 所示。

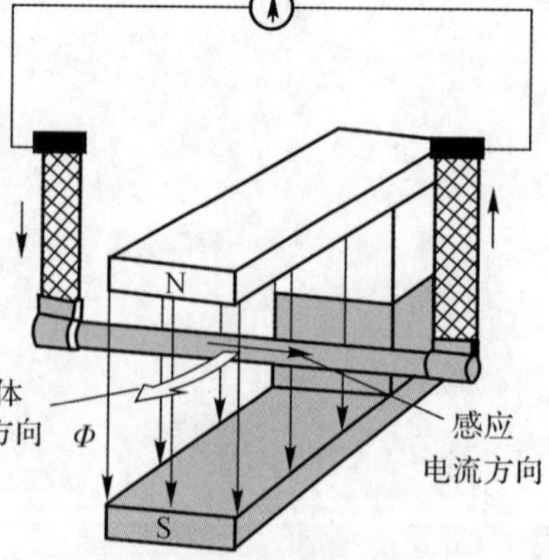

图 3－1－1 导体在磁场中运动会产生感应电动势

结果:只要导体在磁场中运动,则电压表上就会显示出电压。电压的方向取决于导体的运动方向。

可见，如果使导体在磁场中作切割磁力线运动，则在导体中会感应出电压。

2. 在磁场中转动的线圈的电动势

图 3－1－2(a)所示为两根导体分别向上和向下切割磁场，根据右手定则，如图 3－1－3 所示，我们可以很容易地判定两根导体中电动势的方向。由此可知，当图 3－1－2(b)所示线圈在磁场中转动两个边产生的电动势应与图 3－1－2(a)相同。

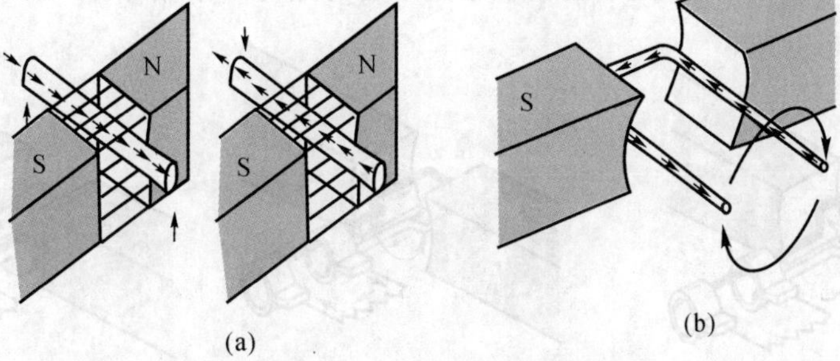

图 3－1－2　线圈中的感应电动势

(a)单一导体的切割电势；（b)线圈在磁场中转动产生的电动势

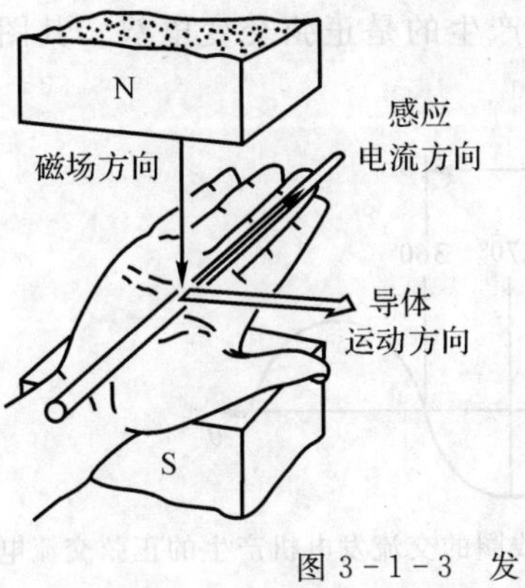

右手定则：
①伸出右手，拇指与其余四指成90°角；
②磁力线穿过手心；
③拇指指向导体的运动方向；
④四指指向为导体中产生的感应电动势的方向。

图 3－1－3　发电机右手定则

二、交流发电机原理

1. 交流发电机的原理

用两个集流环(俗称滑环)分别接到图 3－1－3 所示的两个边上，再配上两个电刷就建立了一种简单发电机。

电枢线圈通过电刷滑环结构与外负载组成一个回路。当电枢线圈在磁场中转动，处于图 3－1－4 所示位置时，应用右手定则可以判定，当线圈黑边向左上方切割磁场时，感应电动势使电流向外流动，线圈白边向右下方切割磁场，感应电动势使电流向内流动。

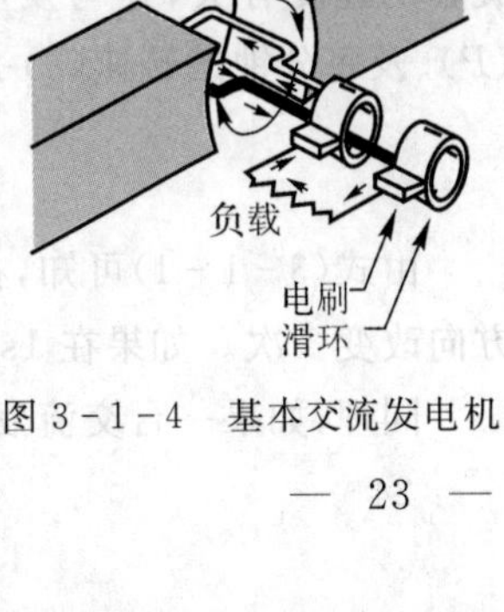

图 3－1－4　基本交流发电机

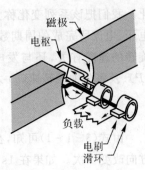

图 3－1－5 所示描述了单一电枢线圈在一对磁极所建立的磁场内转动时，产生交流电的过程。在图 3－1－5(a)所示位置时，导

体平行于磁力线运动，由于没有切割磁力线，线圈内感应电动势为零。在导体从图 3-1-5(a) 所示位置向图3-1-5(b)所示位置转动过程中，感应电动势逐渐增大。当电枢线圈处于图 3-1-5(b)所示位置时，导体垂直于磁力线运动，黑白两边感应电动势达到最大值；当导体运动超过图 3-1-5(b)所示位置时，黑白两边切割的磁力线不断减少，感应电动势降低。在旋转过 90°后(图中未画出)电枢线圈再次平行于磁力线运动，在导体内没有感应电动势。当电枢线圈继续运动时，线圈黑边向左上方切割磁场，线圈白边向右下方切割磁场，线圈内感应电动势反向增大。当电枢线圈处于图 3-1-5(c)所示位置时，达到反向最大，而后逐渐减小直至为零。这时电枢线圈的运动和电动势的波形又准备开始另一个循环。

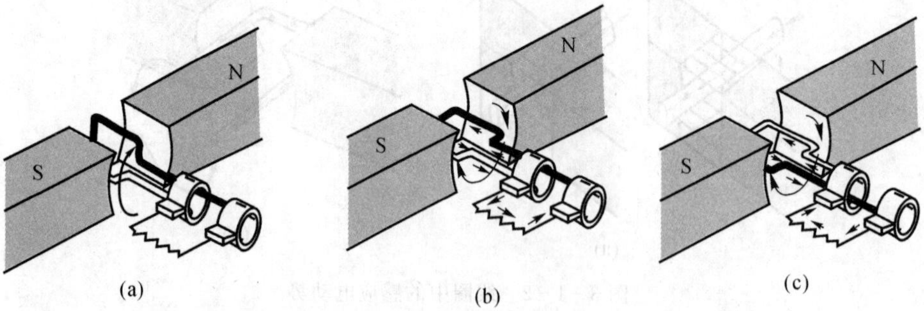

图 3-1-5　交流发电机的运行

可以证明，在理想状态下，线圈在磁场中产生的是正弦交变电势。其图形如图 3-1-6 所示。

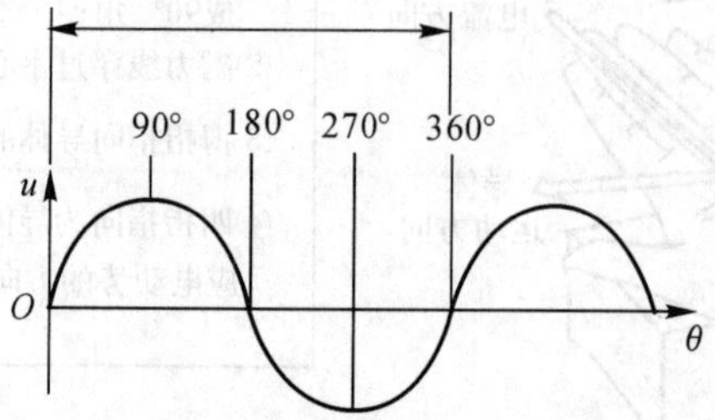

图 3-1-6　具有一对磁极、单一线圈的交流发电机产生的正弦交流电

2. 交流电的周期和频率

交流发电机的电压和电流通过一系列变化后，回到开始点，并重新开始相同的一系列变化。我们把该系列变化称为一个循环。完成一个循环所用的时间称为周期。单位时间内交流电压、电流所完成的周期数称为频率。发电机产生交流电的频率不仅与单位时间内电枢线圈旋转的速度有关，还与发电机内的磁极对数有关。交流发电机的输出频率(f)与磁极对数(P)、及每分钟的转速(n)之间的关系可表示为

$$f=\frac{nP}{60} \qquad (3-1-1)$$

由式(3-1-1)可知，在一个两磁极的发电机中电枢线圈每旋转 1 周，交流电流或电压的方向改变 1 次。如果在 1s 之内电枢线圈旋转 2 周，那么交流电流或电压的频率就是 2Hz。

同理，如果一台交流发电机有四个磁极(两对磁极)，如图 3-1-7 所示，那么，电枢线圈每

旋转 1 周,电压或电流将完成 2 次循环。如果在 1s 之内电枢线圈仍然旋转 2 周,那么交流电流或电压的频率就是 4Hz。

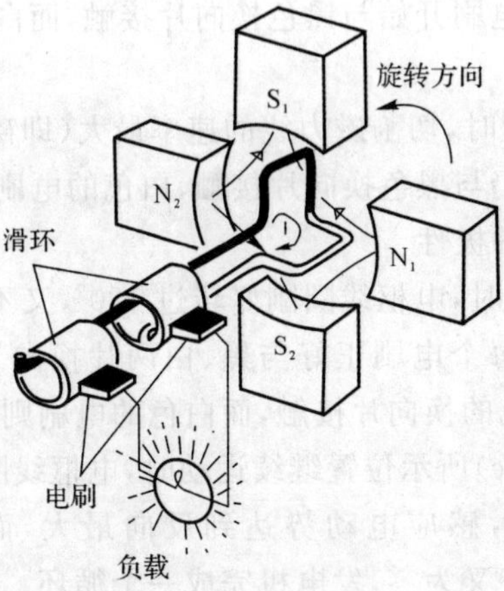

图 3-1-7 具有两对磁极交流发电机的结构原理图

第二节 直流发电机工作原理

对于采用直流电源系统的飞机来说,直流发电机是正常供电的电源。由发动机驱动的一台或几台直流发电机为电气系统中所有的装置供电并给蓄电池充电。所使用的发电机数量由具体飞机上所需的功率来确定。在大部分情况下,每一台发动机仅驱动一台发电机,但在某些大飞机上,一台发动机可驱动两台发电机。装备有交流电气系统的飞机,使用由交流发电机提供的电能。

一、直流发电机原理

把图 3-1-6 所示的交流发电机的滑环用两个半圆柱形的整流子代替,就得到一个如图3-2-1所示的原始的直流发电机。当电枢线圈从图示的位置顺时针旋转时,在 180°内,线圈黑边与黑的一片整流子相连,线圈白边与白色的一片整流子相连,这两片整流子彼此是绝缘的。通过对交流发电机的分析可知,在磁场中旋转的电枢线圈所产生的电动势对于交、直流发电机来说都是一样的,只是由于整流子的作用才输出了直流电压。在磁场中旋转的线圈在各位置所产生的直流电压情况可叙述如下。

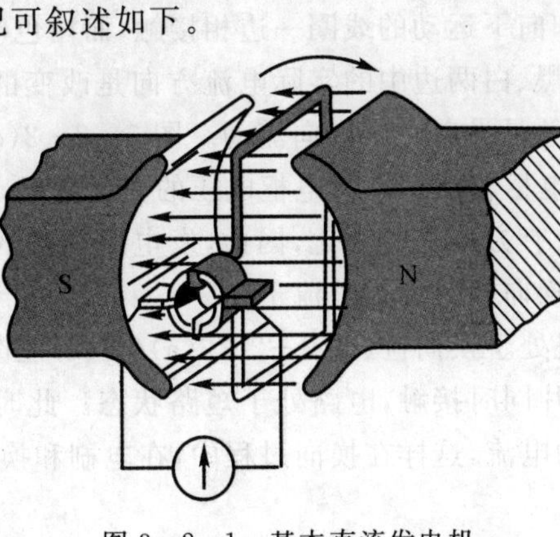

图 3-2-1 基本直流发电机

处于图 3-2-2(a)所示位置时，电枢线圈顺时针方向旋转，但线圈的两边不切割磁力线，因而也不产生电动势。图中所示位置，每个电刷同时与两个换向片相接，即处于换向位。只要转动一个很小的角度，黑色的电刷开始与黑色换向片接触，而白色的电刷开始和白色的换向片接触。

在图 3-2-2(b)所示位置时，切割磁力线的速率最大(即磁通的变化率最大)因而感应电动势最大。此时，黑色的电刷仍与黑色换向片接触，白色的电刷和白色的换向片接触。仪表指针向右偏转，指示出输出电压的极性。

在图 3-2-2(c)所示位置时，电枢线圈刚好转过 180°，又不切割磁力线，输出电压再次为零。电枢再一次处于换向位，每个电刷正好与黑、白两片换向片同时接触。在线圈稍微转过 180°后，黑色的电刷就仅与白色的换向片接触，而白色的电刷则仅与黑色的换向片相接触了。

当电枢线圈从图 3-2-2(c)所示位置继续运动时，电枢线圈内部电动势方向发生了改变，在图 3-2-2(d)所示位置时，感应电动势达到反向最大，而后减小，当电枢线圈转到图 3-2-2(e)所示位置时，电动势又为零，发电机完成一个循环。

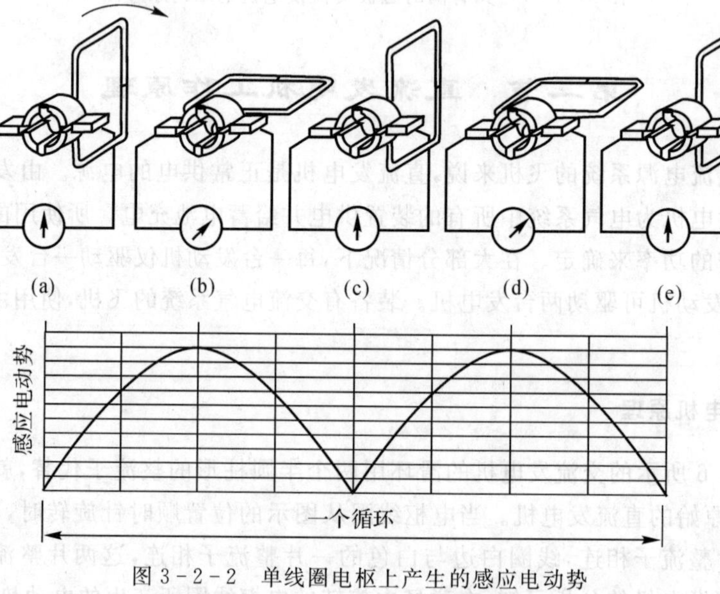

图 3-2-2　单线圈电枢上产生的感应电动势

由图 3-2-2 可以发现，每次经过换向位置时，电刷和换向器完成一次换向。由于换向器的转换作用，黑色电刷总是和向下运动的线圈一边相接触，而白色电刷总是和向上运动的线圈一边相接触。尽管电枢线圈黑、白两边中的实际电流方向是改变的，但在换向器的作用下，使通过外电路或仪表中的电流总是沿着一个方向流动。图 3-2-2(d)表示出了这种情况。

在图 3-2-2 中画出了电枢转动一周其电枢电压的变化情况，可以看到，发电机的输出电压尽管有幅值上的变化，但没有方向上的变化，因此，发电机输出的是直流电。换向器的换向过程有时也称为整流，因此，换向器又称为整流子。

值得指出的是，当发电机处于换向位(图 3-2-2(a)(c)(e)三图所示的位置)时，由于每一个电刷与换向器的两个换向片同时接触，电路处于短路状态。此时若电枢线圈中产生感应电动势，在电路中将产生很大的电流，这样在换向过程中，在电刷和换向片之间会产生火花，而损伤换向器。因此,电刷必须被准确地安装在发生短路时感应电动势恰好为零的位置上,这个位置称为中性面。

二、减小电动势波动的方法

图 3-2-2 所示的发电机所产生的电动势在线圈每转一周时 2 次从零变到最大值。这将使输出的直流电压波动很大,这种不稳定的直流电压缺乏实用性。要改变这一缺点,可以采用增加电枢线圈的个数,即采用多个电枢绕组,来减小输出电压的波动。

由图 3-2-3、图 3-2-4 中可以看到,随着电枢线圈数量的增加,电压最大值和最小值之差减少,因此发电机的输出电压趋近于一个稳定的直流电压值。输出电压的波动范围被限制在 A 点与 B 点之间。从图中可以看出,整流子的片数与电枢线圈的数量成正比增加,即一个线圈需要两个整流片,两个线圈需要 4 片,4 个线圈则需要 8 片。可见,电枢线圈越多,发电机输出电压的波纹越小。

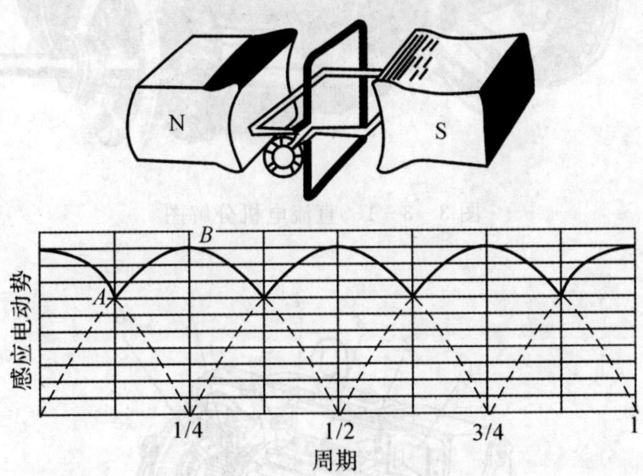

图 3-2-3 具有两个线圈的直流发电机产生的电动势

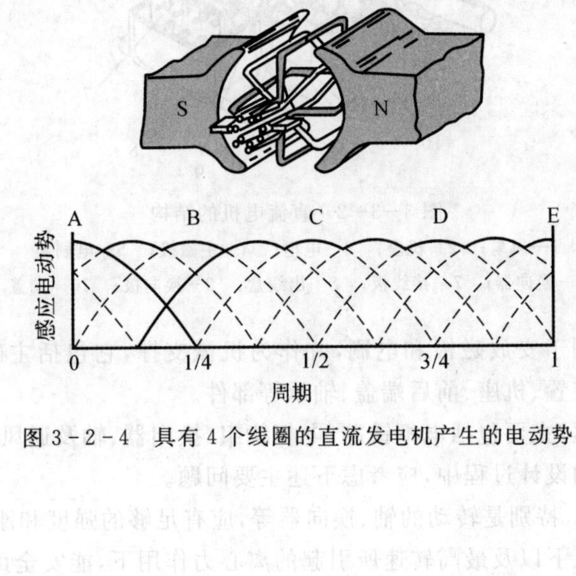

图 3-2-4 具有 4 个线圈的直流发电机产生的电动势

第三节 航空直流电机结构

直流电机依照功能分为发电机和电动机，两者虽然在功能不同，但结构却基本一致。直流电机的结构形式很多，但总体上不外乎由定子(静止部分)和转子(运动部分)两大部分组成。电机的磁极和电枢之间必须有相对运动，因此，直流电机是一种旋转电机。图 3-3-1 及图 3-3-2为普通直流电机的结构图。

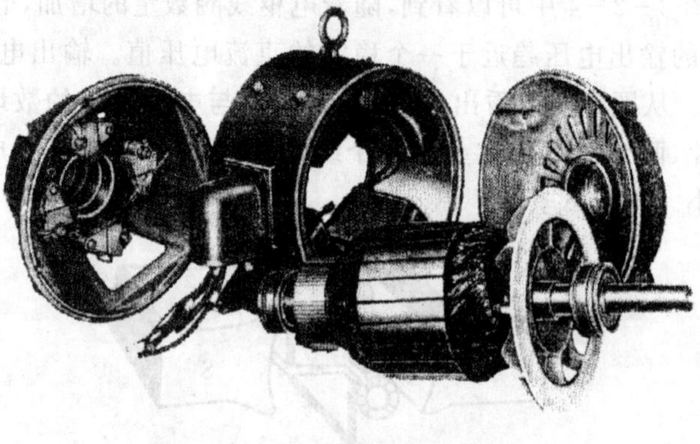

图 3-3-1 直流电机分解图

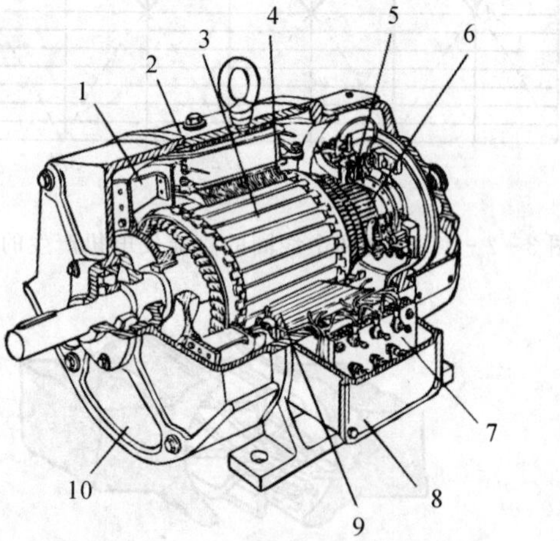

图 3-3-2 直流电机的结构

1—风扇； 2—机座； 3—电枢； 4—主磁极； 5—电刷架

6—换向器； 7—接线板； 8—出线盒； 9—换向极； 10—端盖

直流电机的定子用于安放磁极和电刷，并作为机械支撑，它包括主磁极、磁场绕组、换向极、换向极绕组、电刷装置、机座、前后端盖、轴承等部件。

转子一般称为电枢，主要包括电枢铁芯、电枢绕组、换向器、轴及通风扇等部件。

在直流电机的结构设计过程中，应考虑下述主要问题。

(1)电机的零部件，特别是转动的轴、换向器等，应有足够的强度和刚度，使其在技术条件所规定的各种运行情况下以及最高转速所引起的离心力作用下，能安全可靠地工作，并使机械振动和噪声减小到最低程度。

(2)结构工艺性好。在满足电机的运行性能和技术要求的条件下，力求结构简单，便于制造、运输、维护和检修。

(3)绝缘和通风结构应能承受电机的电磁负载、热应力和机械应力的综合作用，在复杂的工作环境条件下能长期可靠地工作，各部位的温升不超过规定的限值，从而保证足够长的使用寿命。

(4)零部件的标准化、通用化程度高，互换性好。

一、直流电机的定子

1. 机座

机座的主体是磁通路径的一部分，称为磁轭。磁轭是直流发电机的框架，它通常由铸钢制成，也有采用薄钢板叠压方式。磁轭有两个作用：第一，它是电机磁路的一部分，在两个磁极之间形成完整的磁路；第二，对电机的其他部件起机械支撑作用。主磁极、换向磁极和端盖等一般都直接固定在磁轭上。机座上的接线盒有励磁绕组和电枢绕组的接线端，用来对外接线。在图 3-3-3(a)中以横剖视图画出了一个两磁极发电机的磁轭，在图 3-3-3(b)中画出了四磁极发电机的磁轭剖视图。

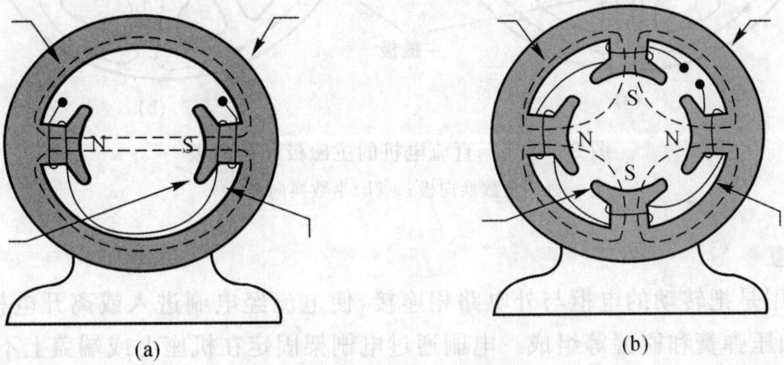

图 3-3-3　直流电机的机座

2. 主磁极

绝大部分航空直流电机的主极都不用永久磁铁，而是采用电磁铁，以节约重量和空间。主磁极包括磁极铁芯和励磁绕组(见图 3-3-4)。主磁极的作用是产生主磁通。主磁极铁芯包括极心和极掌两部分。励磁绕组套装在极心上。各主磁极上的绕组一般都是串联的，励磁绕组以直流电流来建立磁场。极掌做成特定的形式，其作用是使气隙中磁感应强度分布最为合适。

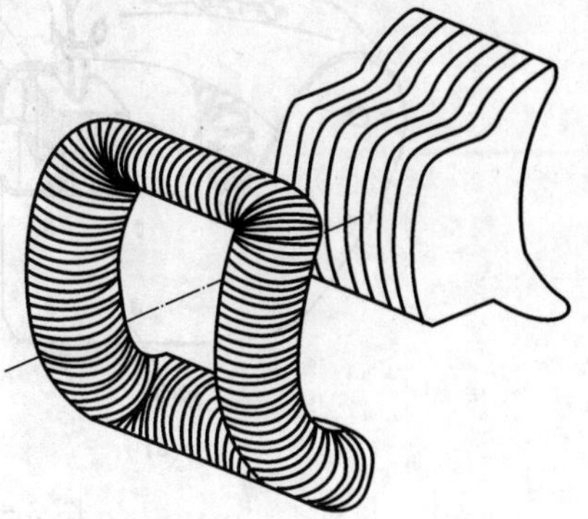

图 3-3-4　直流电机主磁极结构

主磁极铁芯是主磁回路的一部分，故应采用高导磁材料制成。为降低电机运行过程中磁场变化可能导致的涡流损耗，主磁极铁芯一般用 1～1.5mm 厚的低碳钢板冲片叠压而成。由于电机中磁极的 N 极和 S 极只能成对出现，因而主极的极数一定是偶数，并且要以交替极性方式沿机座内圆均匀排列。

3. 换向磁极

换向磁极专用于改善电机换向。用换向磁极的附加磁场来抵消电枢磁场，使主磁极中性面内的磁感应强度接近于零，这样就改善了电枢绕组的电流换向条件，减小了电刷与换向器之间的火花。

换向磁极也由铁芯和套在上面的励磁绕组构成，励磁绕组与电枢绕组串联工作。换向磁极铁芯一般用整块电工钢制成，用螺钉与机座连接。换向磁极装在两相邻主极之间（见图3-3-5），其数目一般与主极数相等，称为全数换向极。对小功率航空直流电机，换向极数亦可为主极数的一半，也可不装，以此来缩小体积、减轻重量。

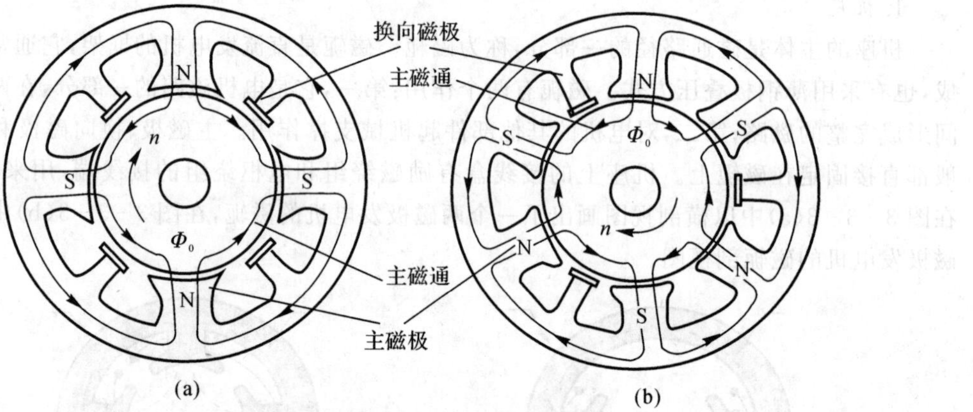

图 3-3-5　直流电机的主磁极和换向极

(a)全数换向极；（b)半数换向极

4. 电刷装置

电刷的作用是把转动的电枢与外电路相连接，使电流经电刷进入或离开电枢。电刷装置主要由电刷、加压弹簧和刷握等组成。电刷通过电刷架固定在机座上或端盖上不动，借助于加压弹簧的压力使电刷和旋转的换向器保持滑动接触，将电枢与外电路连接在一起。图3-3-6(a)所示为电刷的一种结构形式，图3-3-6(b)所示为一种4组式的电刷装置。

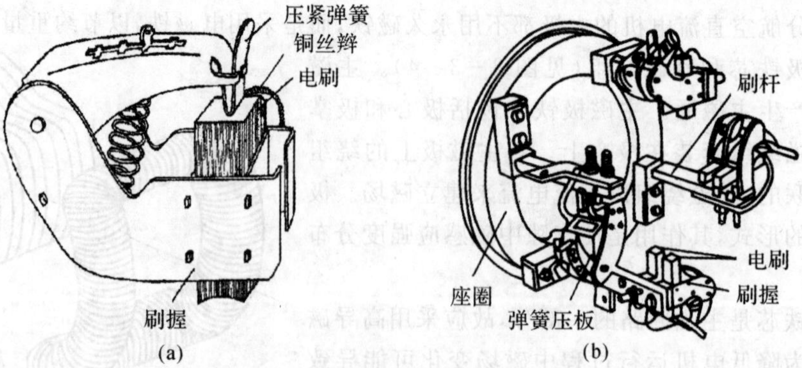

图 3-3-6　直流电机的电刷组件

(a)电刷和刷握；（b)电刷装置

电刷通常用碳和石墨的化合物制成。低压电机的电刷由石墨和金属粉末混合而成。这种合成材料能使换向器和电刷之间产生很小的摩擦，可以防止过度磨损，使电刷具有较长的寿命。电刷由弹簧压在换向片上，保证两者接触良好。电刷和电刷架用铜线连接起来，以此来保证电刷和电刷架之间为低阻通路。

电刷数一般等于主磁极数，各同极性的电刷经软线汇在一起，再引到接线盒内的接线板上，作为电枢绕组的引出端。

5. 端盖

端盖由铸铁制成，用螺钉固定在底座的两端，盖内有轴承用以支撑旋转的电枢。

二、直流电机的转子

电枢是电机中产生感应电动势的部件。电枢绕组绕在铁芯上，铁芯装在转轴上，并在励磁绕组产生的磁场中旋转。电枢由电枢铁芯、绕组、换向器等组成。

1. 电枢铁芯

电枢铁芯和磁轭的作用一样，用以构成磁路。目前大部分发电机使用的是鼓形电枢，如图 3-3-7 所示。为了减少涡流损耗，电枢铁芯一般用厚 0.35～0.5mm 的涂有绝缘漆的硅钢片叠压而成。对于小容量电机，铁芯叠片（也叫冲片）尽可能采用整形圆片（见图 3-3-8），而大容量电机则可能要多片拼接。

鼓形电枢的线圈放在电枢铁芯的槽中，铁芯和线圈之间没有电气连接。各个线圈的首末端被引出接到换向器相对应的换向片上。

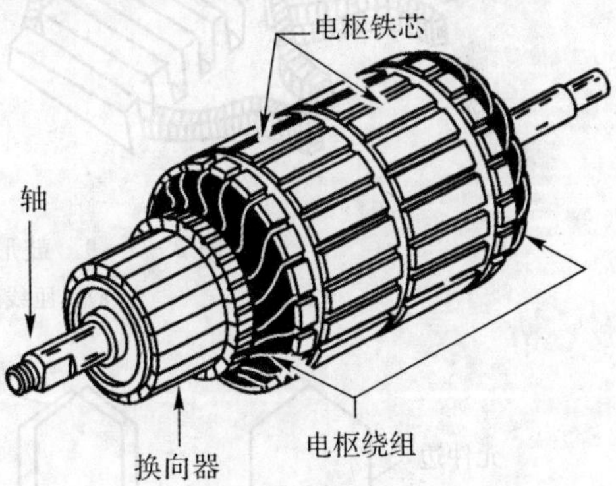

图 3-3-7 直流电机的鼓形电枢

电机为了获得良好的散热，对于小容量电机，在每个叠片上冲有若干小圆孔，以使空气能轴向通过铁芯，如图 3-3-8 所示。对于大中型电机，电枢铁芯要沿轴向方向分段，每个 50～100mm 插入一分隔片，构成径向通风道，以加强冷却。

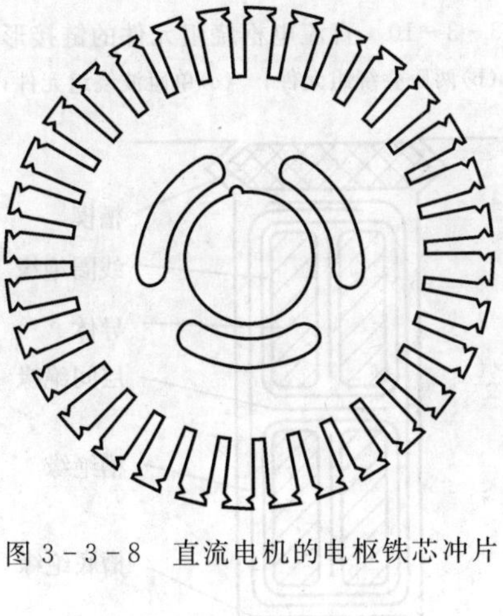

图 3-3-8 直流电机的电枢铁芯冲片

2. 电枢绕组

电枢绕组的作用是产生感应电动势或电磁转矩，是电机能够实现机电能量转换的核心构件。电枢绕组由许多绕组元件构成，按一定规则嵌放在铁芯槽内和换向片相连，如图 3-3-9 和图 3-3-10 所示。小型电机的线圈用圆铜线绕制，较大容量时用矩形截面铜材绕制，各线圈以一定规律与换向器焊连。导体与导体之间、线圈与线圈之间以及线圈与铁芯之间都要求可靠绝缘。为防止电机转动时线圈受离心力作用而甩出，槽口要加槽楔固定，如图 3-3-11 所示。绕组端部用镀锌钢丝箍住，防止绕组因离心力而发生径向位移。关于电枢绕组结构详细内容详见本章第七节。

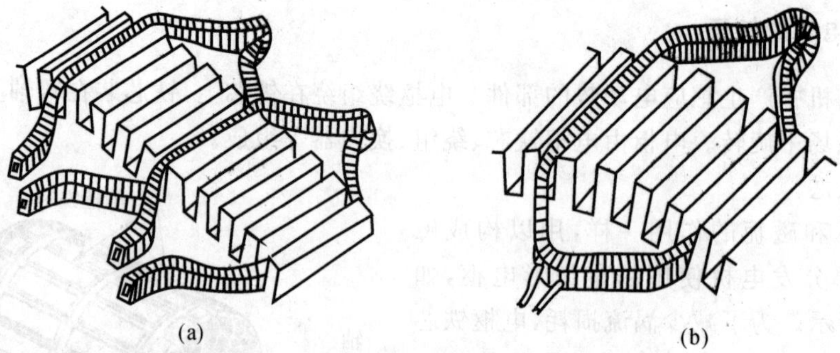

图 3-3-9　鼓形电枢绕组在槽内的安放

(a)单匝线圈；(b)多匝线圈

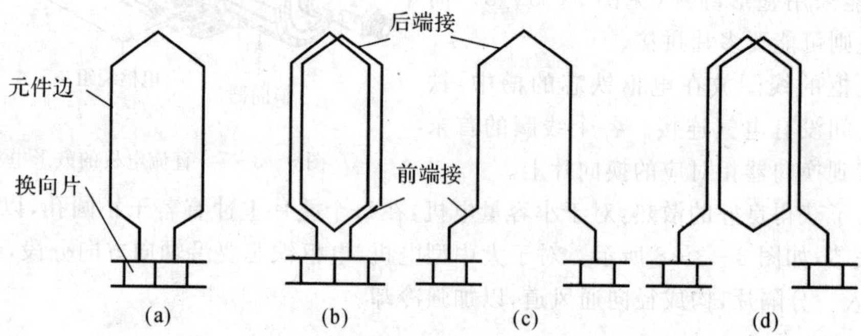

图 3-3-10　直流电枢绕组元件的链接形式

(a)单匝叠绕组元件；(b)两匝叠绕组元件；(c)单匝波绕组元件；(d)两匝波绕组元件

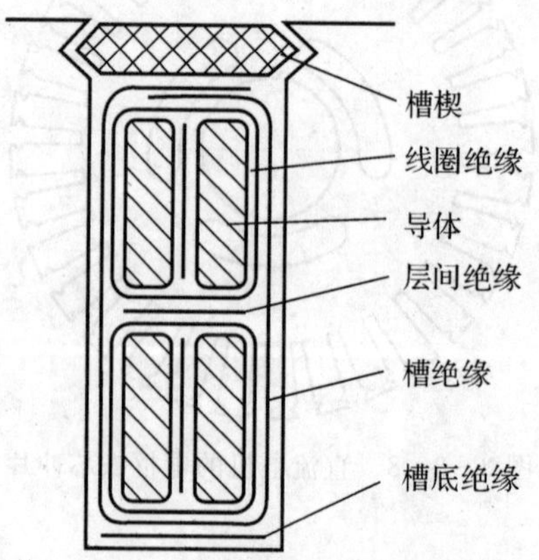

图 3-3-11　电枢绕组在槽中的绝缘情况

3. 换向器

发电机换向器的作用是把电枢绕组内的交流电动势用机械换接的方法转换为电刷间的直流电动势。而电动机的换向器的作用是把外部的直流电动势转变成电枢绕组内的交变电势。

换向器由多片彼此绝缘的铜制换向片构成，外形呈圆柱形，片与片之间用云母绝缘。换向器有多种结构形式，图 3-3-12 所示为最常见的一种。

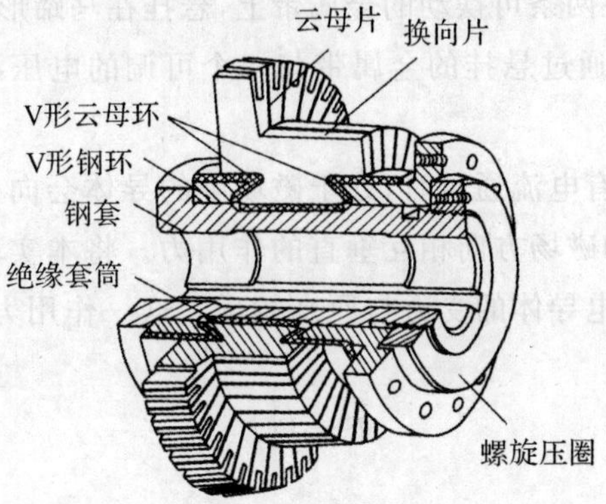

图 3-3-12　换向器的结构

4. 转轴

飞机直流发电机的转轴由空心轴和柔性轴（又称软轴）组成，如图 3-3-13 所示。柔性轴采用抗扭强度高、弹性好的合金钢做成，用以传递扭矩。空心轴采用抗压强度高的合金钢做成，用以承担电枢的全部质量。柔性轴装在空心轴内，一端通过半月键与空心轴啮合，并用螺帽固紧；另一端通过花键与发动机传动机匣内的减速齿轮啮合。这样，采用软轴后，过大的机械冲击或振动都经过软轴得以缓冲。当电机承受过大的机械负荷时，将使半月键断裂，从而保护了电机的其余部分。

在空心轴的两端装有轴承。前轴承安装在固定于机壳上的前端盖的轴承室内，后轴承安装在结合盘（后端盖）上的轴承室内。

这样，发电机的转子便安装在定子中。定子与转子之间有极小的气隙。当柔性轴带动空心轴转动时，发电机的转子便在定子中的轴承上转动。

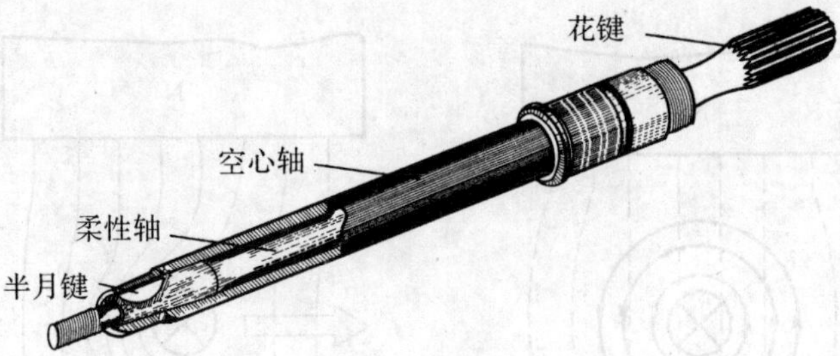

图 3-3-13　直流发电机的转轴

第四节　直流电动机的基本工作原理

一、安培力

将一根铝质导体固定在两条可摆动的金属带上，悬挂在马蹄形磁铁的两个磁极之间，如图3-4-1所示。将这根导体通过悬挂的金属带与一个可调的电压源相连接，并缓慢地加大导体中的电流。

我们会发现，当导体中有电流通过时，处于磁场中的导体会向外运动，即通电导体在磁场中会产生一个与电流方向和磁场方向相互垂直的作用力。将本实验中的电源反向连接，重复上述实验的过程会发现，通电导体的受力与原来相反。这一作用力就是安培力。安培力的公式如下：

$$F = BIl \tag{3-4-1}$$

式中　B—— 磁感应强度；

I—— 导体流过的电流；

l—— 导体的长度。

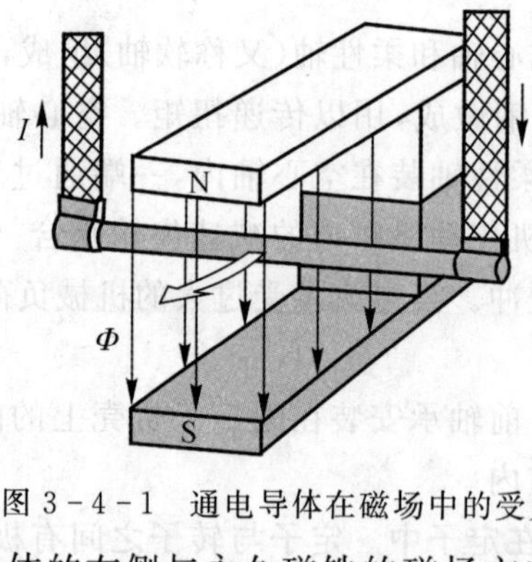

图3-4-1　通电导体在磁场中的受力

通电导体产生的磁场在导体的左侧与永久磁铁的磁场方向相反，从而使原来的磁场被削弱；而在右侧与永久磁场的方向相同，从而使原来的磁场被增强，如图3-4-2所示。

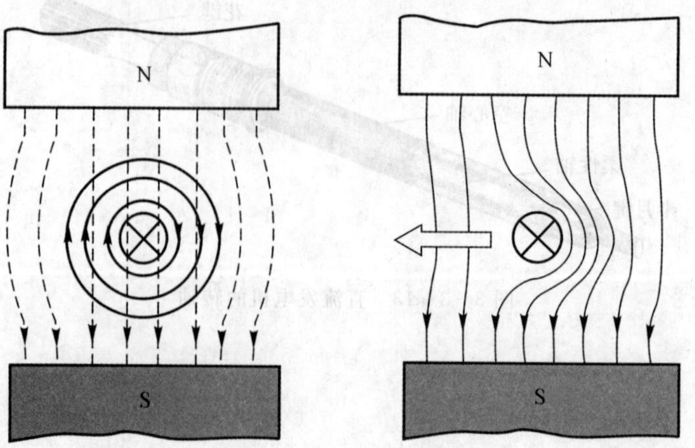

图3-4-2　合成磁场及通电导体的受力

即合成磁场的磁通密度在导体的右侧远大于导体的左侧，这样，电流（通电导体）将从磁通密度大的位置被挤向磁通密度小的位置。若将电流的方向改变，则通电导体两侧磁通密度的疏密情况也相应发生改变，从而通电导体的运动方向也发生改变。如果保持电流方向不变，而将作用磁场的方向改变，那么通电导体的运动方向同样也发生改变。假如同时改变电流方向和作用磁场的方向，则通电导体的运动方向保持不变。

安培力的作用可用图 3－4－3 所示的左手定则来确定。如果同时有多根通电导体处于磁场中，且它们的电流强度及方向都相同，则它们所受到的作用力将随着导体数量的增加而增大，因此，其确定安培力的公式应该加入导体的数量 N，即

$$F = NBIl \tag{3-4-2}$$

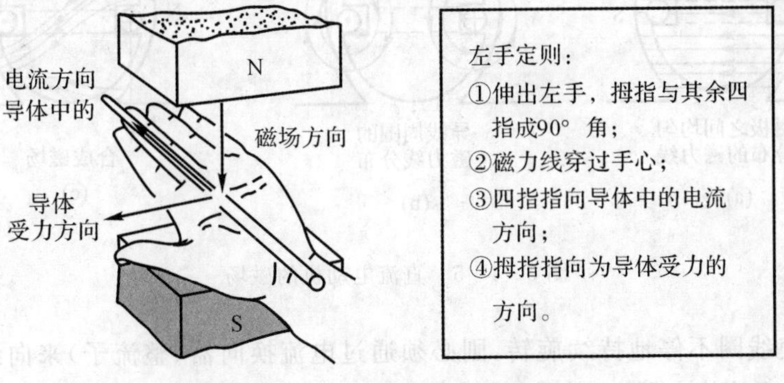
N
电流方向
导体中的
磁场方向
导体
受力方向
I
S
左手定则：
①伸出左手，拇指与其余四指成90° 角；
②磁力线穿过手心；
③四指指向导体中的电流方向；
④拇指指向为导体受力的方向。

图 3－4－3　电动机左手定则

二、直流电动机工作原理

如图 3－4－4 所示，将一个线圈接于一个中间带绝缘物的换向器上，悬挂于马蹄形磁铁的两个磁极之间，将金属环与直流电源连接，就构成了一个简单的直流电动机。

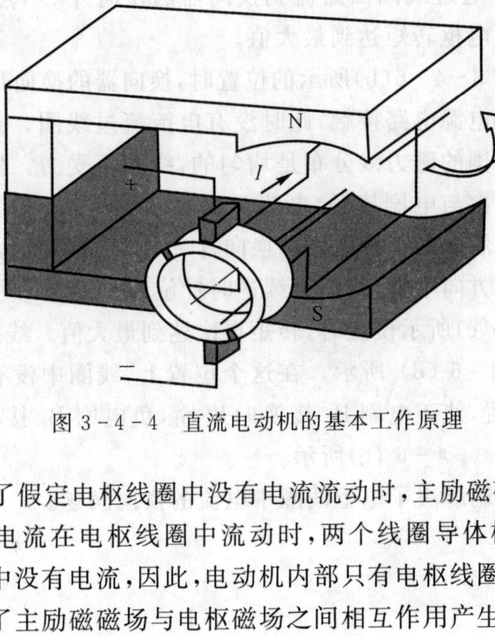
N
+
I
S
－

图 3－4－4　直流电动机的基本工作原理

图 3－4－5(a)画出了假定电枢线圈中没有电流流动时，主励磁磁场的磁力线分布情况。

图 3－4－5(b)表示电流在电枢线圈中流动时，两个线圈导体横截面周围产生的磁场分布。假定此时励磁线圈中没有电流，因此，电动机内部只有电枢线圈产生的磁场。

图 3－4－5(c)描绘了主励磁磁场与电枢磁场之间相互作用产生的新的磁场分布。从图中

可以看到，在N极一侧，导体上方的磁力线密集；在S极一侧，导体下方的磁力线密集。这是因为在上述两个区域内，两个磁场的磁力线方向一致，它们叠加后相互加强。反之，在N极一侧，导体下方和S极一侧的导体上方，两个磁场的磁力线方向相反，叠加后彼此减弱，因此，磁力线稀疏。

由安培力的作用可知，在磁场中通电线圈会产生旋转，其旋转方向取决于线圈中的电流方向和磁场的方向。

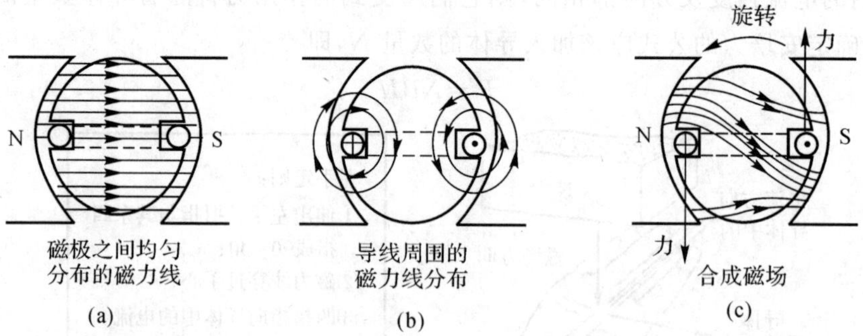

图 3-4-5　直流电动机的磁场

如果要想使线圈不停地持续旋转，则必须通过电流换向器（整流子）来向线圈提供电流。用于线圈绕组的电流换向器由两片铜质的半圆环（整流片）组成，其中一个半圆环与线圈的始端连接，另一个则与线圈的末端连接。在线圈转动时，当它正好转过90°角时，线圈中的电流改变方向，使得线圈继续朝原来的方向旋转，即通过换向器使得线圈中的电流在确定的磁场作用范围内始终保持同一个方向。

当电枢线圈位于如图3-4-6(a)所示的位置时，电流将从直流电源的正极流到电刷B_1，再流到换向器的换向片S_1，通过线圈回路流到换向器的换向片S_2，然后到负电刷B_2，最后回到直流电源的负极。此时，电枢转矩达到最大值。

当线圈转过90°到达图3-4-6(b)所示的位置时，换向器的换向片S_1和S_2恰好跨接在换向片的绝缘区，不再与直流电源电路接触，此时没有电流流过线圈。在这个位置上，转矩达到了最小值，因为此时线圈周围的磁力线分布是均匀的，线圈不受力。然而，线圈的惯性使其越过这一位置，并使换向片再次与电刷接触，电流再次流进线圈。尽管这时电流通过换向片S_2流入，通过换向片S_1流出，然而由于换向器的换向片S_1和S_2的位置也已经反过来了，电流的作用和以前一样，所以转矩方向不变，线圈继续逆时针旋转。

当线圈通过图3-4-6(c)所示位置时，转矩再次达到最大值。线圈继续转动，使它再次转到最小转矩位置，如图3-4-6 (d) 所示。在这个位置上，线圈中没有电流流动。但是，惯性再一次使线圈越过这一位置，使正电刷B_1接换向片S_1，负电刷B_2接换向片S_2。电枢线圈继续旋转回到起始位置，如图3-4-6 (e)所示。

可见，加入换向器和电刷解决了电枢线圈中电流的换向问题。

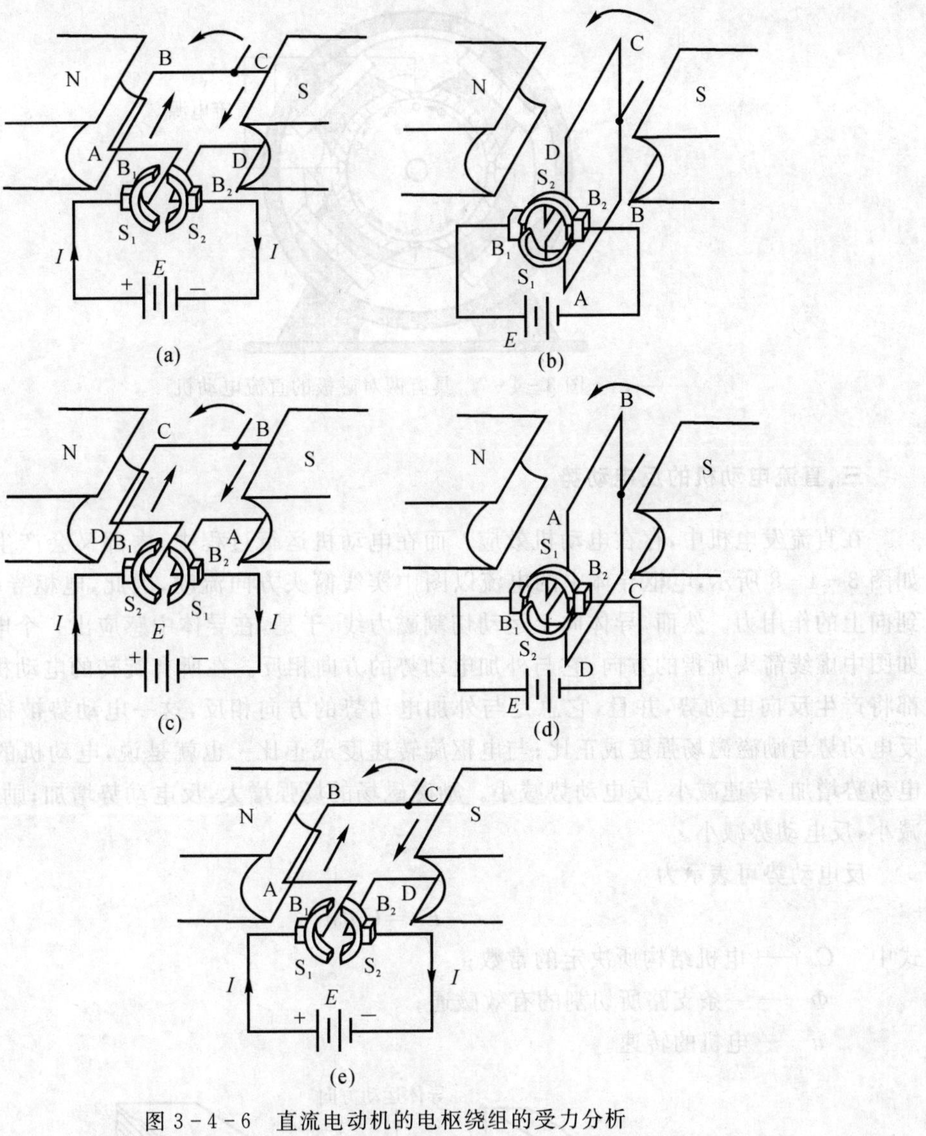

图 3-4-6　直流电动机的电枢绕组的受力分析

(a)起始点位置；（b)电枢线圈旋转 90°时的位置；（c)电枢线圈旋转 180°时的位置

(d)电枢线圈旋转 270°时的位置；（e)电枢线圈旋转回起始位置

从上述分析中，我们可以发现，在只有单个电枢线圈的电动机中，由于存在两个实际上根本没有转矩的位置，转矩是不连续的，且转矩的变化范围较大。为了克服这两个缺点，实际直流电动机的电枢上装有许多线圈。这些绕组是这样布置的：在电枢旋转的任何位置上，都有靠近磁极的线圈，这就使得转矩得到了加强而且连续平稳存在。换向器也装有多个弓形换向片，而不是仅有两片。在实际的电动机中，电枢不是放在永久磁铁的磁场中，而是放在电磁铁产生的磁场中。电磁铁由磁轭铁和绕在磁轭铁上的励磁线圈组成，通过在励磁线圈中加电，磁轭铁可以被磁化。图 3-4-7 所示为一台四磁极并励直流电动机。磁化电磁铁的电流与电枢电流来自同一个直流电源。

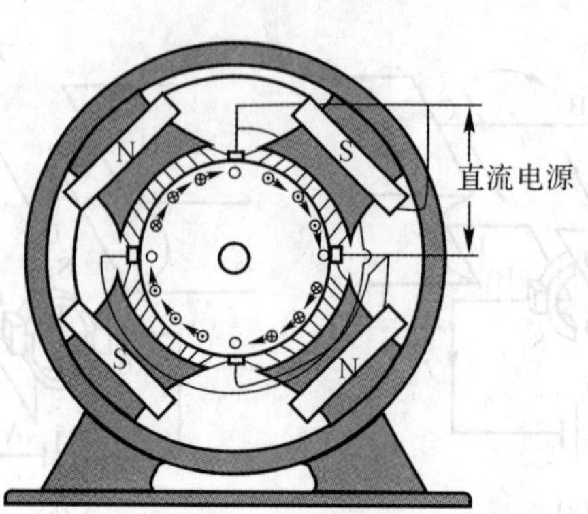

图 3-4-7 具有两对磁极的直流电动机

三、直流电动机的反电动势

在直流发电机中，存在电动机效应。而在电动机运行过程中，内部又会产生发电机效应。如图 3-4-8 所示，电枢导体中的电流以图中实线箭头方向流动，因此，电枢导体在磁场中受到向上的作用力。然而，导体向上运动切割磁力线，于是，在导体中感应出一个电动势，其方向如图中虚线箭头所指的方向，它与外加电动势的方向相反。在所有旋转的电动机电枢绕组中，都将产生反向电动势，并且，它总是与外加电动势的方向相反，这一电动势被称为反电动势。反电动势与励磁磁场强度成正比；与电枢旋转速度成正比。也就是说，电动机的转速增加，反电动势增加，转速减小，反电动势减小。励磁磁场的场强增大，反电动势增加；励磁磁场的场强减小，反电动势减小。

反电动势可表示为

$$E_a = C_e \Phi n \qquad (3-4-3)$$

式中 C_e—— 电机结构所决定的常数；

Φ—— 一条支路所切割的有效磁通；

n—— 电机的转速。

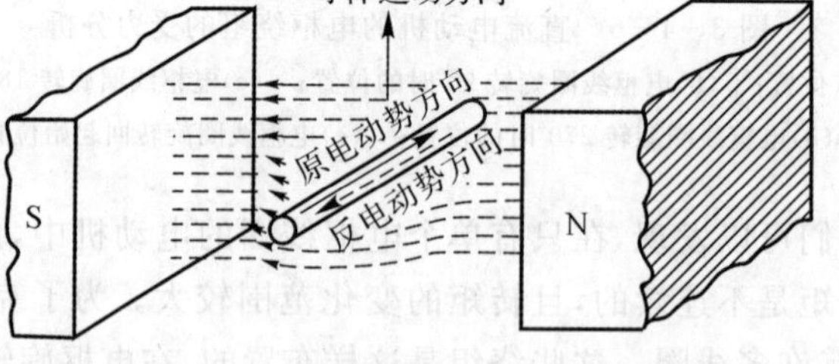

图 3-4-8 直流电动机反电动势

电枢上的电压降等于外加电压减去反电动势。电枢压降随电枢电流和电枢电阻的变化而变化。

第五节　直流电机的励磁方式

直流电机的磁极获得磁力线的方式，除了采用电磁铁外，还可以采用永久磁铁来产生。采用永久磁铁作为主磁极的直流电机，通常其容量很小，且电机运行时控制和调节困难，因此一般很少采用。

采用电磁铁作为主磁极的直流电机，可以按照励磁方式来进行分类，励磁方式是指励磁绕组的供电方式。直流电机按励磁绕组供电方式可分为两大类：他励式直流电机和自励式直流电机。

一、他励式直流电机

他励式直流电机指其励磁绕组是由其他直流电源单独供电的。对于发电机来讲，励磁不消耗发电机电枢所产生的电能，励磁回路和电枢回路没有直接电的联系。对于电动机来讲，励磁绕组和电枢不接在同一个电源上，所以励磁电路和电枢回路也是分开各自独立的。图 3-5-1 所示为直流电机励磁绕组的接线方式示意图以及各绕组之间的电流关系，图中，U 为电机端电压，I 为电机端电流，U_f 为励磁电压，I_a 为电枢电流，I_f 为励磁电流。图 3-5-1 所示为他励式直流发电机，图 3-5-2 所示为他励式直流电动机。

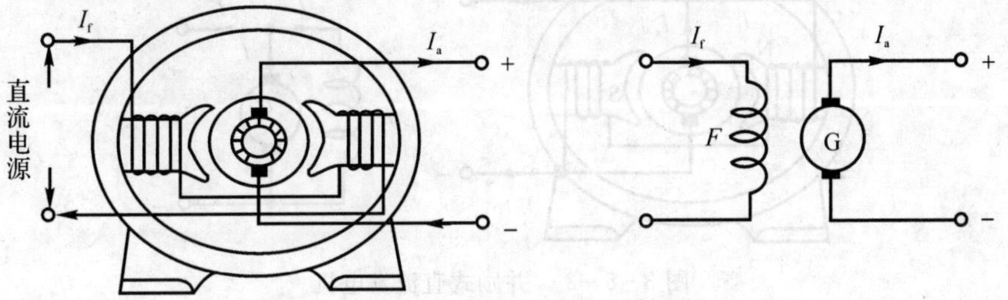

图 3-5-1　他励式直流发电机

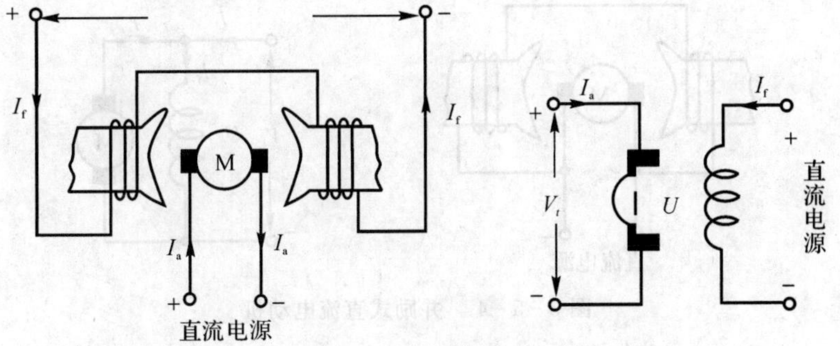

图 3-5-2　他励式直流电动机

他励式直流电机可以很方便地通过调节励磁电流的大小来改变励磁磁势，而不会对电枢电路产生太大的影响，因此他励式直流电机的特性要优于自励式直流电机，其不足之处在于，必须另外设置一个直流电源来提供励磁。

二、自励式直流电机

自励式直流电机是指其励磁电路和电枢回路接成并联或者串联的。对于发电机来讲，励磁电流来自于发电机电枢，励磁消耗发电机电枢所产生的电能。对于电动机来讲，励磁绕组和电枢由同一个电源供电。自励式直流电机按照励磁绕组的组合和连接方式又可分为串励式、并励式、复励式。

1. 并励式直流电机

并励式直流电机的励磁绕组与电枢绕组并联，电枢电压即励磁电压。励磁绕组又称并励绕组。励磁电流 I_f 不仅与励磁回路的电阻有关，而且还受电枢两端电压的影响。为了减小励磁电流及损耗，接有变阻器调节 I_f。励磁绕组必须具有较大的电阻，因此，励磁绕组的匝数较多，且用较细的导线绕制。励磁电流虽小，但绕组匝数较多，仍能使磁极产生一定的磁通。图 3-5-3 的所示为并励式直流发电机。图 3-5-4 所示为并励式直流电动机。

并励式发电机的电枢电流 I_a、励磁电流 I_f、负载电流 I 的关系为

$$I_a = I + I_f \tag{3-5-1}$$

并励式电动机的电枢电流 I_a、励磁电流 I_f、负载电流 I 的关系为

$$I = I_a + I_f \tag{3-5-2}$$

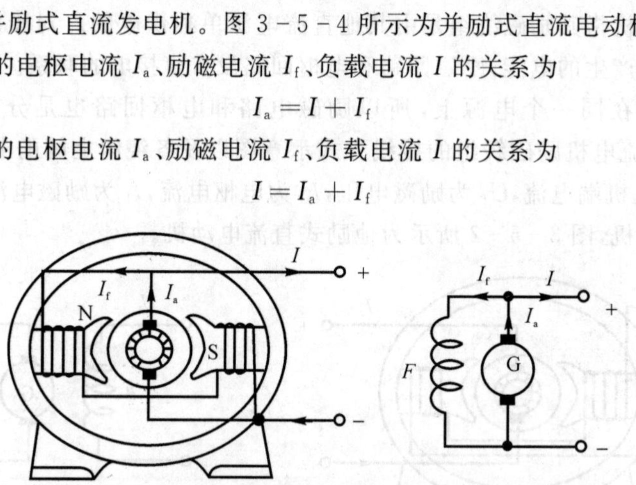

图 3-5-3　并励式直流发电机

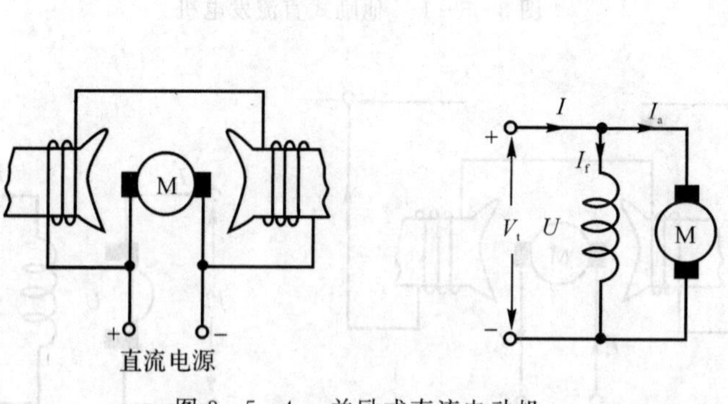

图 3-5-4　并励式直流电动机

2. 串励式直流电机

串励式直流电机的励磁绕组与电枢绕组串联，励磁绕组又称串励绕组。由于串励绕组电流较大，因此要求串励绕组应具有较小的电阻。为此，所用导线要粗且匝数较少，但由于流过的电流较大，因而磁极仍能产生一定的磁通。图 3-5-5 所示为串励式直流发电机。图3-5-6 所示为串励式直流电动机。串励式电机的电枢电流 I_a、励磁电流 I_f、负载电流 I 的关系为

$$I = I_a = I_f \qquad (3-5-3)$$

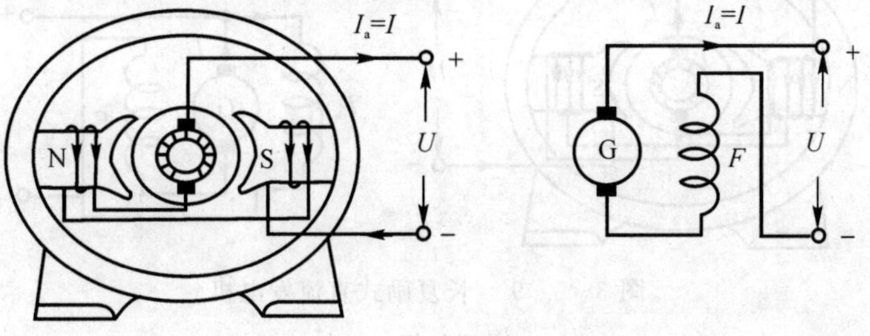

图 3－5－5　串励式发电机

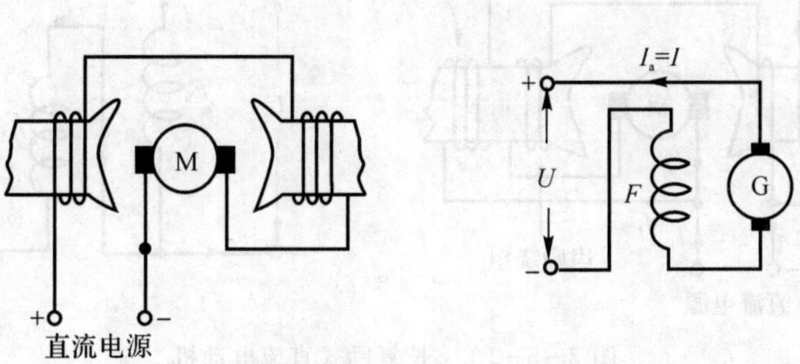

图 3－5－6　串励式电动机

3. 复励式直流电机

复励式直流电机的主磁极上有两个励磁绕组，一个同电枢绕组并联，另一个同电枢绕组串联，故名复励式直流电机。对复励直流电机还可进一步细分为短复励和长复励。短复励电机的串励绕组中的电流与负载相同，长复励电机的串励绕组中的电流与电枢相同。图 3－5－7 所示为短复励式直流发电机。图 3－5－8 所示为短复励式直流电动机。图 3－5－9 所示为长复励式直流发电机。图 3－5－10 所示为长复励式直流电动机。

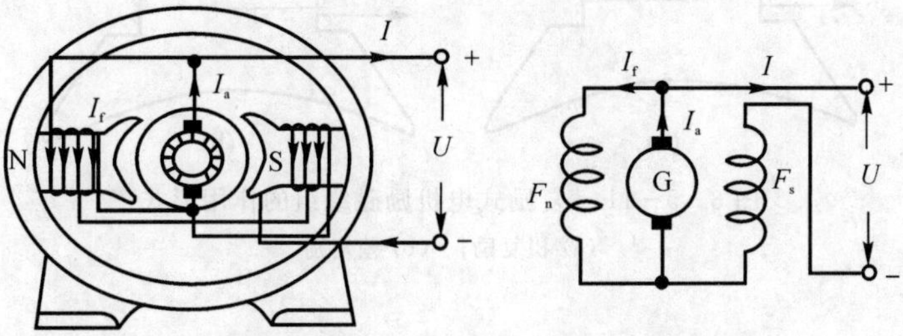

图 3－5－7　短复励式直流发电机

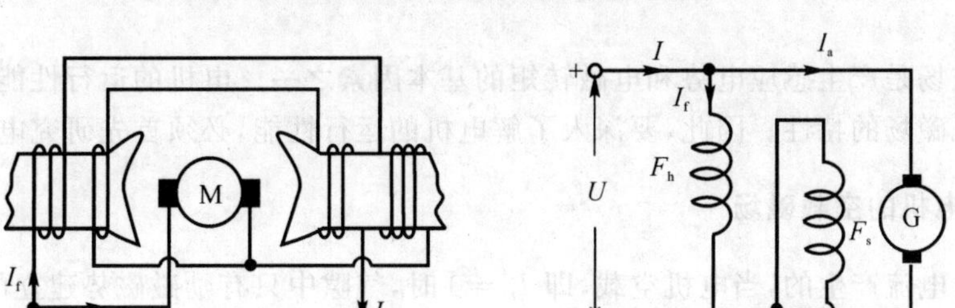

图 3－5－8　短复励式直流电动机

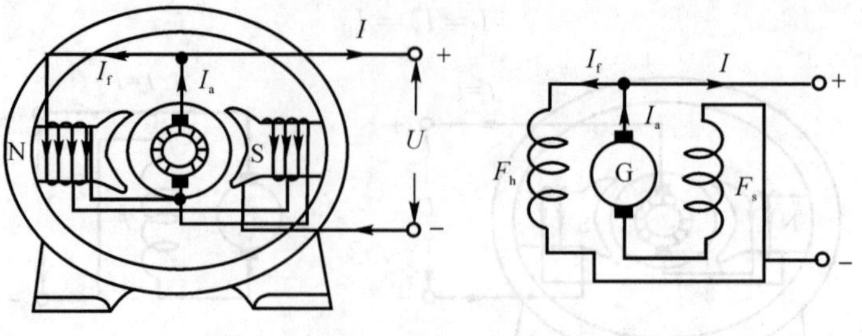

图 3-5-9　长复励式直流发电机

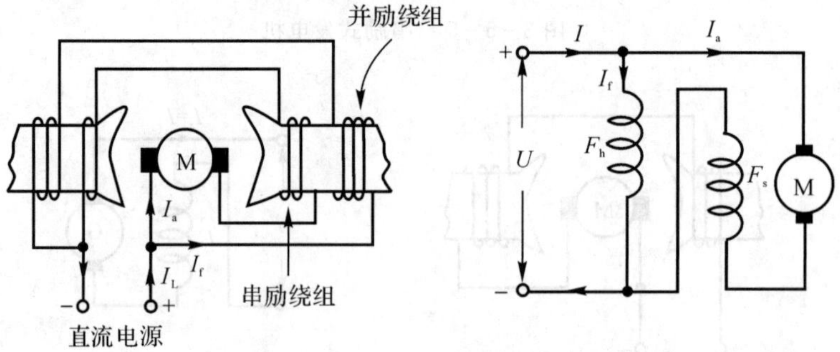

图 3-5-10　长复励式直流电动机

复励直流电机依据串励绕组和并励绕组的磁势方向是否相同又可分为两部分积复励和差复励。绕组产生的磁场相消为差复励，相长则为积复励。图 3-5-11 所示为复励式电机励磁绕组的作用形式。

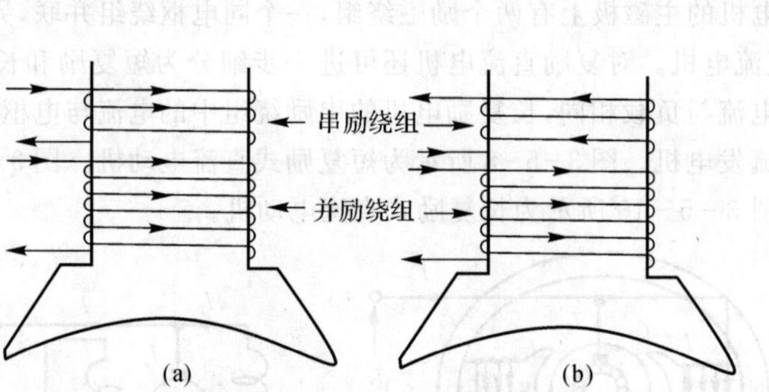

图 3-5-11　复励式电机励磁绕组的作用形式

(a) 积复励；(b) 差复励

第六节　直流电机的电枢反应

电机的磁场是产生感应电势和电磁转矩的基本因素之一。电机的运行性能在很大程度上也取决于电机磁场的特性。因此，要深入了解电机的运行性能，必须首先研究电机的磁场。

一、直流电机的空载磁场

磁场是由电流产生的，当电机空载，即 $I_a=0$ 时，气隙中只有励磁磁势建立的磁场，称作主磁场。直流电机带载运行时的磁场由励磁电流和电枢电流共同建立，情况比较复杂。下面首先讨论直流电机空载磁场的分布基本特点。

图 3-6-1 所示为一台四极直流电机在忽略端部效应时的空载磁场分布图。空载时电机中的磁场分布是对称的，磁通可分为两部分。这些磁通绝大部分从主极铁芯经气隙、电枢，再经过相邻主极下的气隙和主极铁芯，最后经定子磁轭闭合，同时交链励磁绕组和电枢绕组，在电枢绕组中感应电动势或电磁转矩，实现机电能量转换，称为主磁通 Φ_0；另一小部分不穿过气隙进入电枢，而是经主极间的空气或定子磁轭闭合，不参与机电能量转换，称为漏磁通 Φ_δ。

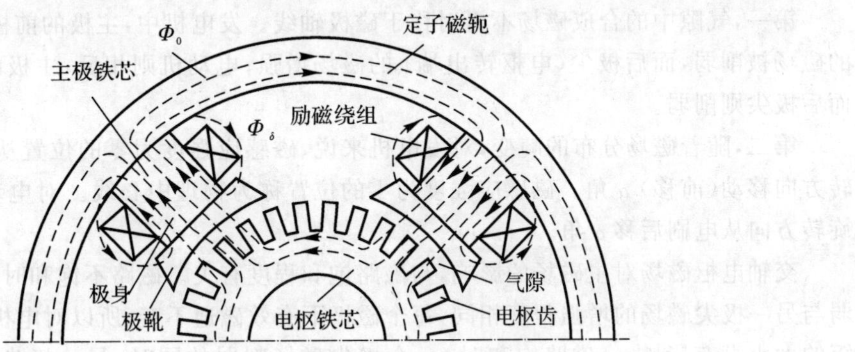

图 3-6-1　一台四极直流电机中的空载磁场分布

二、直流电枢反应情况

当电枢绕组中有电流通过(即 $I_a \neq 0$)时，也产生磁场，由电枢电流产生的磁场称为电枢磁场。当电机带负载运行时，主磁场和电枢磁场同时存在，因而主磁场要受到电枢磁场的影响，例如，使气隙磁通的分布情况发生畸变，使每个磁极下气隙磁通量增多或减少。我们称电枢磁场对主磁场的影响为电枢反应。

1. 电刷位于几何中性线上的电枢反应

(1) 电刷位于几何中性线上的电枢磁场。当从电刷引入一定的电流时，将形成如图 3-6-2(a) 所示的电枢磁场。因为电刷是固定不动的，所以不管电枢是否旋转，电枢导线中电流的分布情况是不变的，总是以电刷为分界点，电刷两侧电流方向不同。图中标出了电枢电流的方向，上半圆周电流为流出纸面的来向，下半圆周电流为流入纸面的去向。

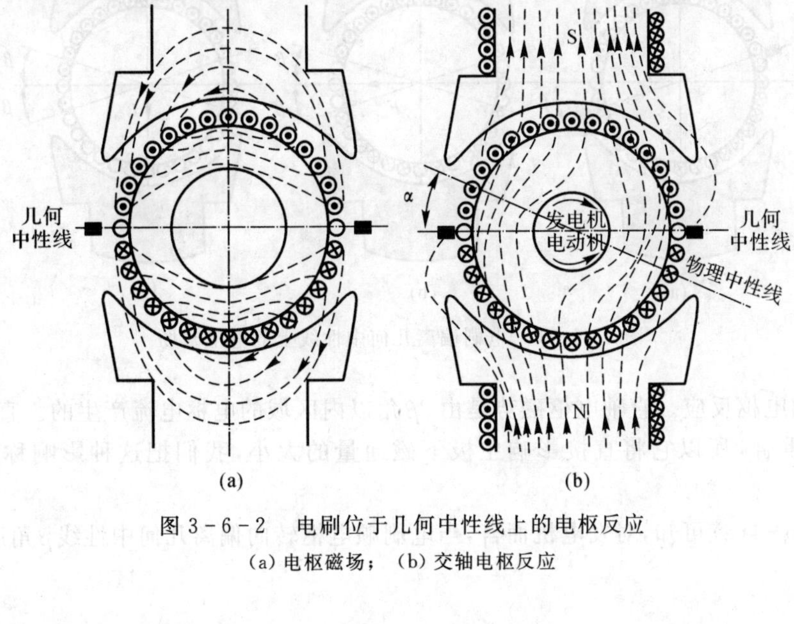

图 3-6-2　电刷位于几何中性线上的电枢反应

(a) 电枢磁场；(b) 交轴电枢反应

(2) 交轴电枢反应。根据右手定则，当电刷位于几何中性线上时，电枢磁势的轴线就是几何中心线，它与主极轴线正交，故此时的电枢磁势称为交轴电枢磁势。交轴电枢磁势产生交轴电枢磁场，交轴电枢磁场对主磁场的影响就是交轴电枢反应，如图 3-6-2(b) 所示。

由图中主磁场和合成磁场的分布情况可以看出，交轴电枢磁场对主磁场的影响表现在以下两方面。

第一，气隙中的合成磁场不再对称于磁极轴线。发电机中，主极的前极尖(即电枢进入端)的磁场被削弱，而后极尖(电枢转出端)的磁场增强；电动机则相反，主极的前极尖磁场增强，而后极尖则削弱。

第二，随着磁场分布的畸变，对发电机来说，磁感应强度为零的位置从几何中心线顺着旋转方向移动(前移) α 角。磁感应强度为零的位置称为物理中心线。对电动机而言，中心线逆旋转方向从电刷后移 α 角。

交轴电枢磁场对主磁场的影响，与磁路饱和程度有关。磁路不饱和时，一个极尖磁场的削弱与另一极尖磁场的增强程度相同，每个磁极下有效磁通不变，所以对电机感应电势和电磁转矩的大小没有影响。 磁路饱和时，一个极尖磁场削弱的同时，另一极尖磁场的增强是有限的。这样，前极尖减弱的磁通将大于后极尖增加的磁通，使主极下有效磁通减少，感应电势的数值也减小，这就是交轴电枢反应的去磁作用。对电动机而言，为磁路饱和时，前极尖磁通增加量小于后极尖削弱量，气隙中总磁通变小，电磁转矩将变小。

2. 电刷偏离几何中性线的电枢反应

(1) 电刷偏离几何中性线的电枢磁场。在实际电机中，由于装配误差或为了改善换向等原因，电刷往往不在几何中性线上。图 3-6-3(a) 表示电刷顺时针方向偏离几何中性线 β 角。由图可见，可将电枢磁场分为两部分：在 2β 角以外即靠主极下的电枢磁场，与上所述交轴电枢磁场相同(F_{aq})，仍然产生交轴电枢反应；在 2β 角以内的区域，由电枢电流的方向，运用右手定则确定它产生的磁势为 F_{ad}，这部分磁的轴线与主极轴线重合，所以 F_{ad} 称为直轴电枢磁势。

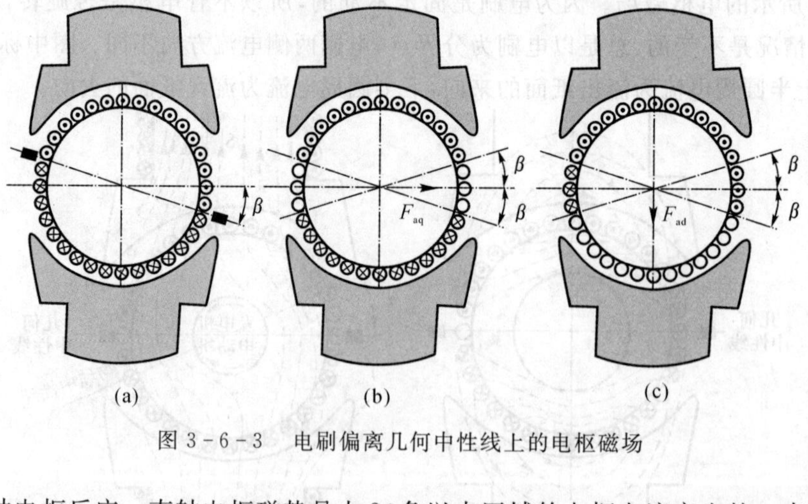

图 3-6-3　电刷偏离几何中性线上的电枢磁场

(2) 直轴电枢反应。直轴电枢磁势是由 2β 角以内区域的电枢电流产生的。直轴电枢磁势与主极轴线重合，所以它将直接影响主极下磁通量的大小，我们把这种影响称为直轴电枢反应。

由图 3-6-4(a) 可知，对发电机而言，当电刷顺电枢转向偏离几何中性线 β 角度时，电枢磁

势的直轴分量 F_{ad} 与主极磁势方向相反，起去磁作用；当发电机电刷逆电枢转向偏离时，电枢磁势直轴分量 F_{ad} 与主极磁势方向相同，起增磁作用，如图 3-6-4(a) 所示。对电动机来说，以上结果恰好相反。

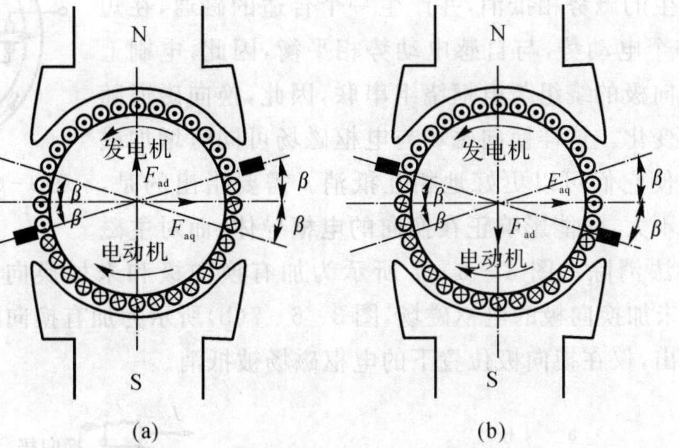

图 3-6-4　电刷偏离几何中性线的电枢反应

从上述讨论可知，当电刷不在几何中性线上时，可将电枢磁场分解为交轴电枢磁场与直轴电枢磁场。交轴电枢磁场产生交轴电枢反应，使主磁场前/后极尖畸变，而且在磁路饱和时有去磁作用；直轴电枢磁场产生直轴电枢反应，随电刷偏离方向的不同，直轴电枢反应有去磁作用或者增磁作用。对电动机与发电机而言，其去磁与增磁的情况恰好相反。

三、电枢反应的补偿

电枢反应除了直接干扰主磁极的磁通分布使中性面移动，造成换向不良外，还会使主磁通的磁通量减少，而降低发电机的感应电动势或使电动机所产生的转矩减少。所以一般电机中都会采用一些补偿方法来减少电枢反应对电机性能的影响。常用的补偿方法有下述几种。

1. 设置补偿绕组

图 3-6-5 所示为具有补偿绕组的直流电机。由图可知，在主磁极的极掌表面开出与电枢槽平行的凹槽，补偿绕组被嵌入极面里，与电枢导体并行放置。这一绕组与电枢串联，这样可以使补偿绕组产生的磁势与电枢磁势大小相等、方向相反。因此，补偿绕组产生的磁势与电枢磁势相平衡，从而消除了电枢反应的影响。补偿绕组比较昂贵，一般它只用于大容量、高转速电机中。

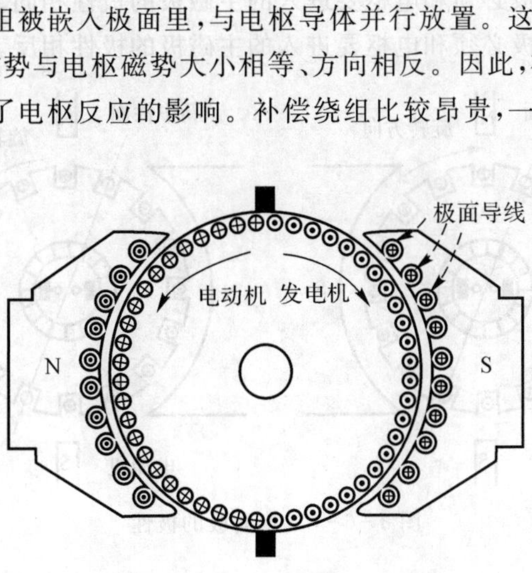

图 3-6-5　补偿绕组的安放

2. 加装换向极

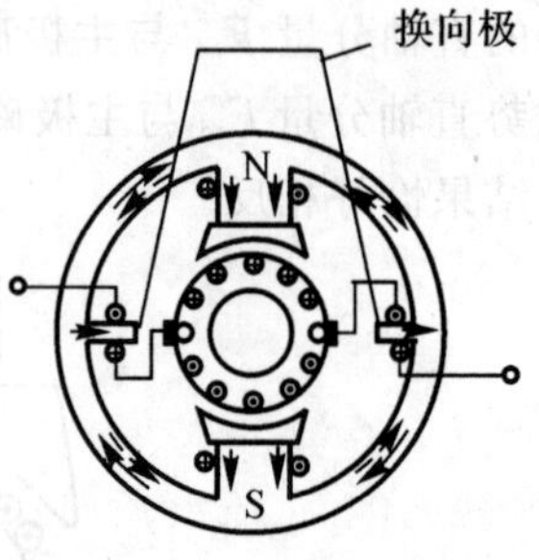

图 3-6-6　换向极的安装

换向极是一种附加磁极，它位于主磁极之间，又称作中间极，如图 3-6-6 所示。换向极的加入后，换向磁极产生的磁势与在换向区内电枢反应产生的磁势相抵消，并产生一个合适的磁通，在短路的线圈中产生一个电动势，与自感电动势相平衡，因此，电刷上没有电弧产生。换向极的绕组与电枢绕组串联，因此，换向磁通随电枢电流的变化而变化。这样换向磁场与电枢磁场可同时增加或减小，且极性相反，使它们可以更好地相互抵消。需要指出的是，由于换向极的铁芯不大，仅能影响正在换向的电枢导体，而对主磁极下的电枢反应无法消除。图 3-6-7 所示为加有换向极和未加换向极的电枢磁场。图 3-6-7(a)所示为未加换向极的电枢磁场，图 3-6-7(b)所示为加有换向极的电枢磁场，由图 3-6-7(b)可以看出，仅在换向极位置下的电枢磁场被抵消。

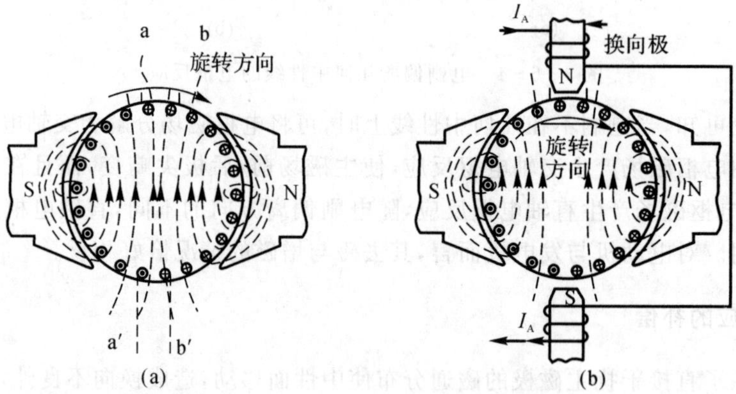

图 3-6-7　换向极对磁场的影响

为了抵消电枢磁场，换向极的极性必须保持正确，直流电机的换向极极性如图 3-6-8 所示。由图可以看出：

(1)在发电机中，换向极必须和电枢要进入的主磁极的极性相同。

(2)在电动机中，换向极必须和电枢要进入的主磁极的极性相反。

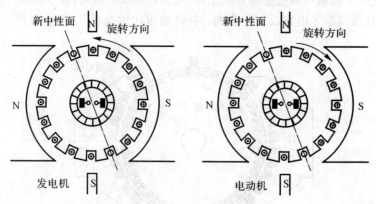

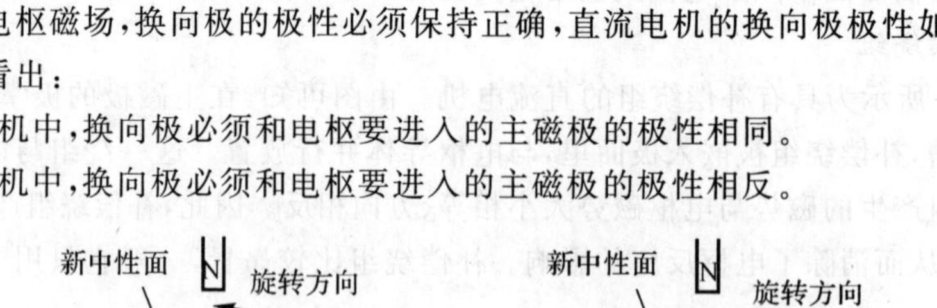

图 3-6-8　换向极的极性

换向极的个数一般与主极个数相等。但在航空电机中，为了减轻重量缩小体积，对功率为 1kW 以下的电机不用换向极；对功率 6kW 以上的直流电机及 6kW 的直流起动发电机，一般只采用半数换向极。

3. 采用双叠片电刷

在功率为 9kW 以上的直流电机中，为了进一步有效地抑制换向电流（增大换向回路的电阻，采用了双叠片电刷）。双叠片电刷是在每一个刷盒中装有两片电刷或分层构电刷。如图 3-6-9 所示，将电刷切成很多片，再用绝缘胶黏合，这样，增加了换向电流在电刷中流动的长度，减小了换向电流在电刷中的流通截面，使对应的电刷电阻增大。这样，限制了附加换向电流，改善了换向。

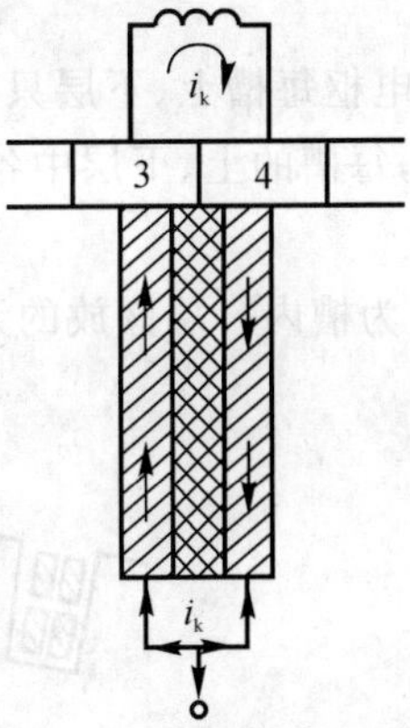

图 3-6-9　叠片电刷的结构

第七节　直流电枢绕组的结构

电枢绕组是直流电机的电路部分，亦是实现机电能量转换的枢纽。电枢绕组的构成，应能产生足够的感应电动势，并允许通过一定的电枢电流，从而产生所需的电磁转矩和电磁功率。此外，还要节省有色金属和绝缘材料，结构简单，运行可靠。

直流电枢绕组有叠线组、波绕组和混合绕组等 3 种类型。叠绕组中又有单叠和复叠绕组之分，波绕组也有单波和复波绕组之分。单叠和单波绕组是电枢绕组的基本形式，复叠、复波绕组分别是单叠和单波绕组的组合，混合绕组则是叠绕组和波绕组的组合。本节主要说明单叠和单波绕组的组成和连接规律。

一、直流电枢绕组的构成

组成绕组的基本单元称为元件。一个元件由两条元件边和端接线组成，如图 3-7-1 所示。元件边置于槽内，能“切割”主极磁场而感应电动势，亦称为有效边。端接线在铁芯之外，不“切割”磁场，故不产生感应电动势，仅起连接线作用。每个元件可以是单匝，亦可以是多匝。图 3-7-2 所示为一个两匝的叠绕和波绕元件。元件顺次地嵌放在电枢槽内，一条有效边放在槽的上层，另一条放在另一槽的下层，构成双层绕组。元件的首端和尾端按一定规律接到不同的换向片上，最后使整个电枢绕组通过换向片连成一个闭合电路。

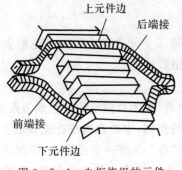

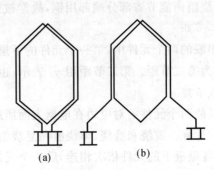

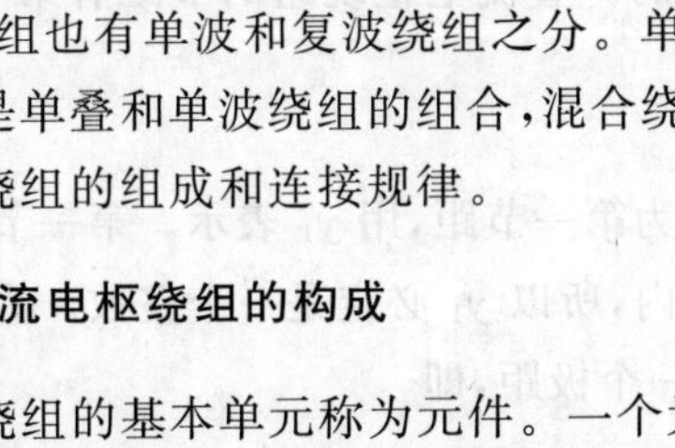

图 3-7-1　电枢绕组的元件

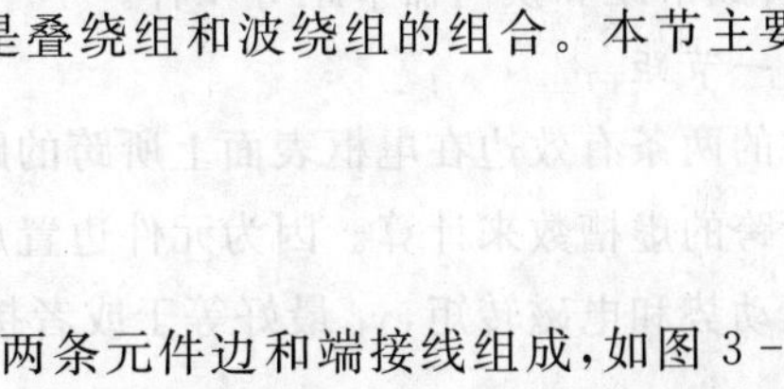

图 3-7-2　两匝元件

若电枢每槽上、下层只有一个元件边，则整个绕组的元件数 S 应当等于槽数 Q。多数直流电机中，每槽的上、下层中各包含 u 个元件，如图 3-7-3 所示。此时有

$$S = uQ$$

式中，u 为槽内一层嵌放的元件边数。

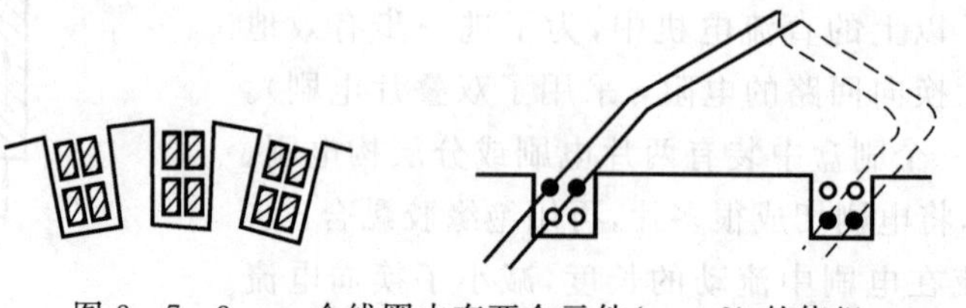

图 3-7-3　一个线圈内有两个元件（$u=2$）的绕组

为了区别同一槽中的各元件边，通常把一个上层和一个下层元件边在槽内所占的空间作为一个"虚槽"，这样虚槽数即等于元件数。由于一个换向片与不同元件的两个出线端相连接，有一个换向片即有一个元件，所以换向片数应当等于元件数。于是，直流电枢绕组的元件数 S、换向片数 K 和虚槽数 Qu 三者相等，即

$$S = K = Qu \tag{3-7-1}$$

二、直流电枢绕组的节距

电枢绕组的连接规律是通过绕组的节距来表征的。直流电枢绕组的节距有第一节距、第二节距、合成节距和换向器节距等 4 种。

1. 第一节距

元件的两条有效边在电枢表面上所跨的距离称为第一节距，用 y_1 表示。第一节距的大小通常用所跨的虚槽数来计算。因为元件边置放在槽内，所以 y_1 必定是一个整数。为得到较大的感应电动势和电磁转矩，y_1 最好等于或者接近于一个极距，即

$$y_1 = \frac{Qu}{2p} \mp \varepsilon \tag{3-7-2}$$

式中，ε 为使 y_1 凑成整数的一个小数。当 $y_1 = \dfrac{Qu}{2p}$ 时，第一节距恰好等于一极距，称为整距绕组（或全距绕组）。当 $y_1 < \dfrac{Qu}{2p}$ 时，第一节距比极距小，称为短距绕组。因为短距绕组有利于换向，对于叠绕组尚能节省部分端部用铜，故常被采用。

2. 第二节距

在相串联的两个元件中，第一个元件的下层边与第二个元件的上层边在电枢表面上所跨的距离，称为第二节距。第二节距用 y_2 表示，也用虚槽数计算。

3. 合成节距

相串联的两个元件的对应边在电枢表面所跨的距离，称为合成节距。合成节距用 y 表示，也用虚槽数计算。波绕和叠绕、单绕组和复绕组之间的差别，主要表现在合成节距上。所谓叠绕组是指，各磁极下的元件依次相连，后一个元件总是"叠"在前一个元件上，如图 3-7-4 所示。波绕组是指把相隔约为一对极距下的同极性磁场下的相应元件串联起来，像波浪一样向

前延伸，如图 3－7－4、图 3－7－5 所示。叠绕和波绕这两种联法，都能保证相串联的元件其电动势方向相同而不互相抵消。

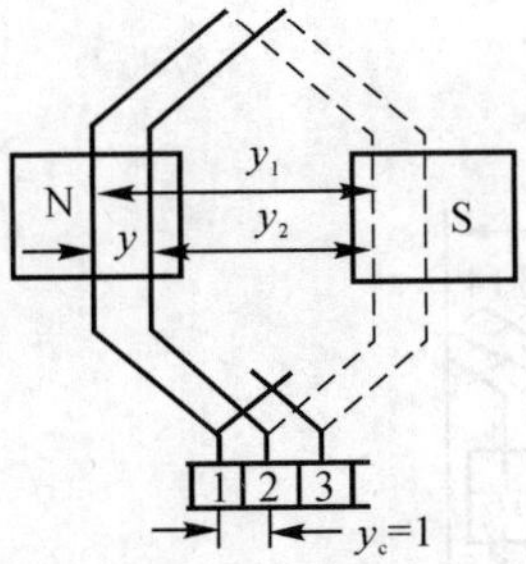

图 3－7－4　叠绕元件在电枢上的连接

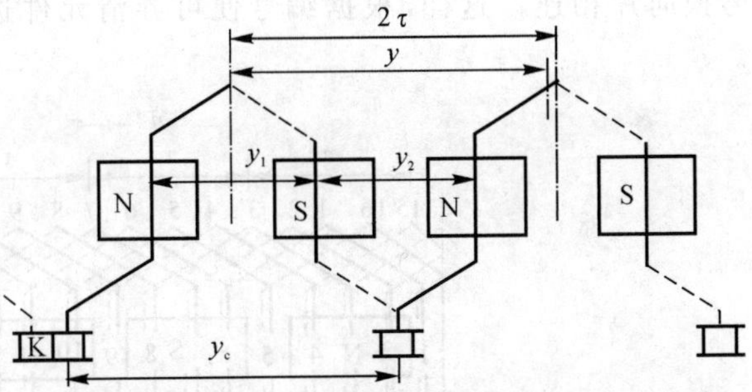

图 3－7－5　波绕元件在电枢上的连接

由图 3－7－4 和图 3－7－5 可得

$$\left.\begin{array}{ll}\text{对叠绕组} & y=y_1-y_2\\ \text{对波绕组} & y=y_1+y_2\end{array}\right\}\qquad(3-7-3)$$

4. 换向器节距

在换向器表面上，同一个元件的两个出线端所接的两个换向片之间所跨的距离，称为换向器节距。换向器节距用 y_c 表示，其大小用换向片数计算。

由于元件数等于换向片数，每连接一个元件时，元件边在电枢表面前进的距离，应当等于其出线端在换向器表面所前进的距离，所以换向器节距应当等于合成节距，即

$$y_c=y\qquad(3-7-4)$$

三、单叠绕组

单叠绕组的连接规律是，所有的相邻元件依次串联(即后一元件的首端与前一元件的尾端相连)。同时每个元件的每个出线端依次连接到相邻的换向片上，最后形成一个闭合回路。所以单叠绕组的合成节距等于一个虚槽，换向器节距等于一个换向片，即

$$y=y_c=\pm 1\qquad(3-7-5)$$

式中，“＋1”或“－1”分别表示每串联一个元件就“向右”或“向左”移动一个虚槽或一个换向片，前者称为右行绕组，后者称为左行绕组。$y=-1$ 时(左行绕组)，绕组向左移动，元件接到换向片的连接线互相交错，用铜较多，故很少采用。

现在以 $2p=4, S=K=Qu=16, u=1$ 为例，说明单叠绕组的连接。

由于绕组为单叠，因此合成节距若绕组为整距，则第一节距为

$$y_1=\frac{Qu}{2p}\mp\varepsilon=\frac{16}{4}\mp\varepsilon=4\quad(\text{取 }\varepsilon=0)$$

于是第二节距为

$$y_2=y_1-y=4-1=3$$

根据已经确定的各个节距，即可画出绕组的展开图及相应的电路图。

图 3－7－6 表示这个单叠绕组的展开图。图中磁极设在绕组上面，磁极在纸面上均匀分布。电刷的中心线对着磁极中心线，各电刷之间相隔的换向片数相等。箭头表示电枢旋转方向。槽内元件的上层有效边用实线表示，下层边用虚线表示。元件、槽及换向片自左至右编

号,元件顶上的号码为元件号,边上的号码是虚槽号。编号的原则是,元件号、元件上层边所嵌放的虚槽号以及该边所连接的换向片号均为相同。例如1号元件的上层边放在1号槽内,并与1号换向片相连。这样,根据编号便可弄清元件边在虚槽内的位置及其所接的换向片位置。

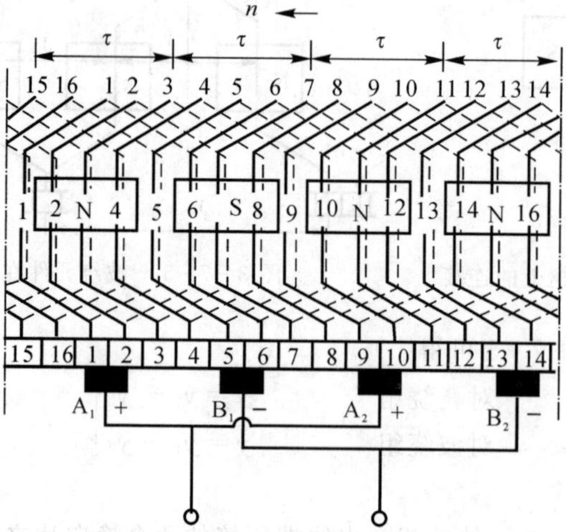

图 3-7-6　单叠绕组的展开图

从1号元件出发。1号元件的上层边嵌于1号虚槽内,与1号换向片相连。由于 $y_1=4$ 下层边嵌于5号虚槽内。因 $y_c=1$,下层边应与2号换向片相连。接着,2号换向片与嵌于2号虚槽内的2号元件的上层边相连,2号元件的下层边则嵌于6号虚槽内,再接到3号换向片。以此类推,从左到右把各个元件依次连接,同时与所有相应的换向片连接起来,最后即可形成一个闭合电路。

按照电枢绕组的展开图,可以画出该瞬间的电枢电路图。

根据主磁极的极性和电枢的旋转方向,可以确定各元件中感应电动势的方向以及电刷的极性。从图3-7-6可知,元件2,3,4和10,11,12都在N极下,其中,电动势的方向都是从元件末端指向元件首端的;而元件6,7,8和14,15,16都在S极下,电动势的方向相反,即从首端指向末端。因此,这12个元件将构成四条并联支路,电刷 A_1,A_2 为正极性,B_1,B_2 则为负极性。元件1,5,9,13分别被电刷 A_1,B_1,A_2,B_2 短路。为使正、负电刷间引出的电动势最大,被电刷所短路的元件电动势应当等于零;在元件端接线对称的情况下,电刷的实际位置应在磁极中心线下。此时,被电刷短路的元件其元件边恰好处于几何中性线位置(两个主极之间的中性线称为几何中性线),该处的磁通密度为零,故两条元件边中的感应电动势均等于零,不致产生环流;另外,正、负电刷间引出的电动势亦为最大。此时的电刷位置,习惯上称为“电刷放在几何中性线位置”。

根据元件中的电动势方向以及通过各电刷所接触的换向片,即可画出与图3-7-6所示时刻相对应的电枢电路图,如图3-7-7所示。图中元件上的箭头表示该瞬间各元件中的电动势方向,无箭头表示电动势等于零。这个电路图虽然是对应于图3-7-6所示瞬间画出的,对于其他时刻,由于该电路的组成情况基本不变,不同的仅是组成各支路的元件互相轮换,因此这个电路即可作为单叠绕组的电枢电路图。

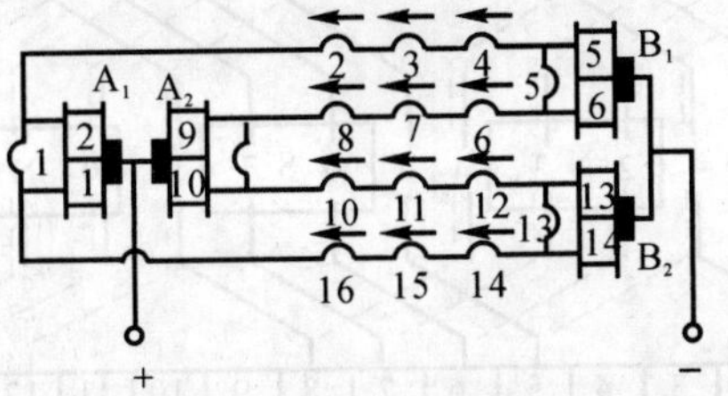

图 3-7-7 图 3-7-6 所示时刻电枢绕组的电路图

从图 3-7-6 和图 3-7-7 可以清楚地看出，每个极下的元件其电动势是同方向的，串联起来组成一条支路。电机有 4 个磁极，故电枢共有 4 条支路。如果电机的极数增加，并联支路亦将相应增加。总之，单叠绕组的并联支路数 $2a$ 应当等于电机的极数 $2p$，或

$$a = p \tag{3-7-6}$$

式中，a 为支路对数。由于组成各支路的元件在电枢上处于对称位置，各支路电动势大小相等，因此从闭合电路内部来看，各支路电动势恰巧互相抵消，不会产生环流。从图 3-7-7 还可看出，为了引出电动势和电流，电枢电路有 4 条支路，就必须装置 4 组电刷。普遍而言，单叠绕组的电刷组数应当等于磁极数。

四、单波绕组

单波绕组的连接规律是，从某一换向片出发，把相隔约为一对极距的同极性磁场中对应位置的所有元件串联起来，直到沿电枢和换向器绕过一周之后.恰好回到出发换向片的相邻一片；然后从此换向片出发，继续绕连，一直到把全部元件连完，最后回到开始出发的换向片，构成一个闭合电路为止。

从图 3-7-5 可以看出，如果电机有 p 对极，元件接绕电枢一周，就有 p 个元件串联起来。从换向器上看，每连一个元件前进 y_c 片，连接 p 个元件后所跨过的总换向片数应为 py_c。单波绕组在换向器上接绕一周后，应回到出发换向片的相邻一片上，即总共跨过 $K \pm l$ 片，则有

$$py_c = K \mp 1$$

即

$$y_c = y = \frac{K \mp 1}{p} \tag{3-7-7}$$

式中，“-1”表示接绕一周后后退一片，称为左行绕组；“$+1$”表示接绕一周后前进一片，称为右行绕组。右行绕组因端接部分交叉，故较少采用。

现用 $2p = 4, S = K = Qu = 15, u = 1$ 为例，说明单波绕组的连接规律和特点。

根据式(3-7-7)，此单波绕组的合成节距应为

$$y_c = y = \frac{K \mp 1}{p} = \frac{15-1}{2} = 7 \quad \text{(左行绕组)}$$

第一节距为

$$y_1 = \frac{Q_u}{2p} \mp \varepsilon = \frac{15}{4} - \frac{3}{4} = 3 \quad \text{(短距绕组)}$$

由此即可画出绕组的展开图，如图 3-7-8 所示。

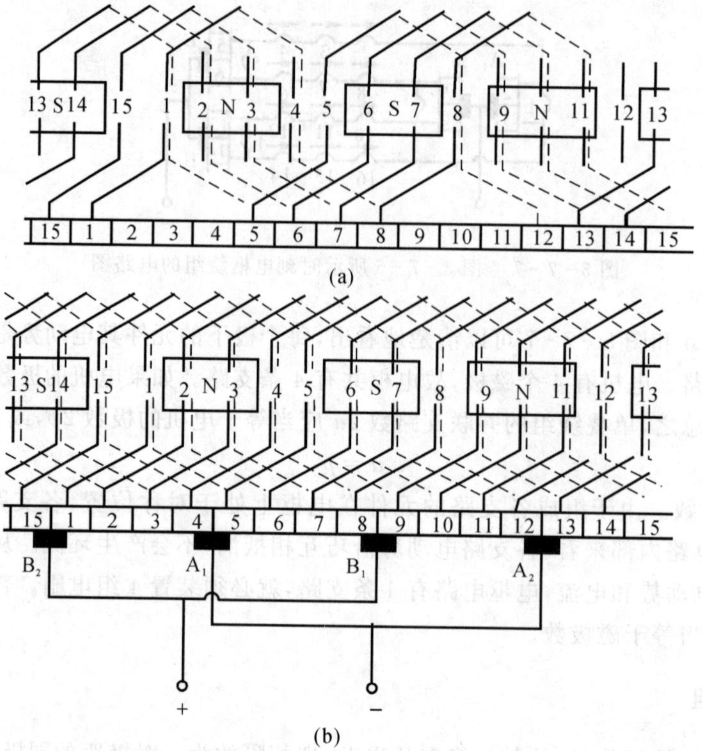

图 3-7-8　单波展开图

(a) 部分展开图；(b) 全部展开图

图 3-7-8 中元件、换向片和虚槽的编号方法与单叠绕组相同。根据已经确定的节距值，从 1 号换向片出发。l 号换向片接到 l 号元件的上层边，1 号元件的上层边嵌于 1 号虚槽，根据 $y_1=3$，下层边嵌入 4 号虚槽；因 $y_c=y=7$，故下层边应与 8 号换向片相连。8 号换向片与 8 号元件的上层边相连，其下层边嵌入 11 号虚槽，并与 15 号换向片相连。这样连接了两个元件，在电枢表面跨过了两对极，即绕过电枢和换向器一周，并回到与出发 1 号换向片相邻的 15 号换向片上。按此规律连续嵌连，可将 15 个元件全部连接起来，最后回到第 l 号换向片，构成一个闭合回路。

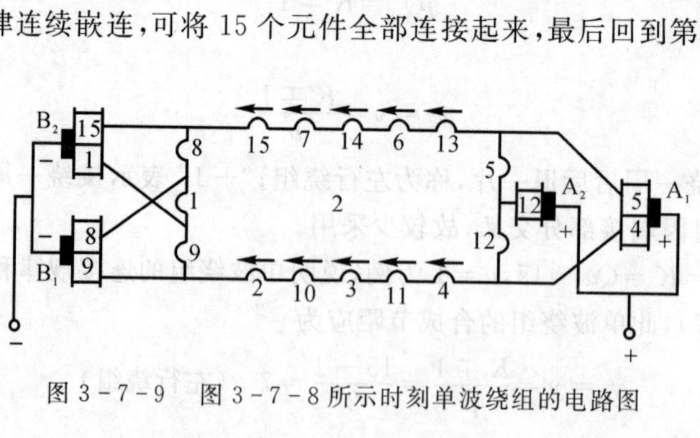

图 3-7-9　图 3-7-8 所示时刻单波绕组的电路图

图 3-7-9 表示与图 3-7-8 所示时刻相应的电枢电路图。图中元件 15,7,14,6,13，其上层边都在S极下，电动势方向相同，串联起来组成一条支路；元件 4,11,3,10,2 的上层边都在N极下，电动势方向亦相同，串联起来构成另一条支路。为使引出的电动势最大，电刷置放在几何中性线上(实际位置在磁极中心线下)，此时元件 5,12 被电刷 A_1，A_2 短路，元件 1,8,9 被电

刷 B_1,B_2 短路,这五个元件的两条边因基本处于几何中性线左右对称的位置,元件中的感应电动势接近于零,故环流亦接近于零。

从图 3－7－9 可见,组成单波绕组每条支路的元件包含了同一极性下的所有元件,所以无论电机是多少极,单波绕组只有两条并联支路,即支路对数为

$$a=l \tag{3-7-8}$$

由于单波绕组只有两条支路,因而如去掉一对电刷 A_1,B_1,不会影响支路数和引出电动势的大小;但因为电刷组数减少,每组电刷的面积需增大,使换向器长度增加,且被电刷短路的换向元件从并联变为串联,对换向不利,所以一般单波绕组的电刷组数仍取为磁极数。

总的说来,直流电枢电路是一个有源多支路电路。对电路内部来说,它是一个闭合回路;从外面观察,同极或同极性下的元件通过电刷组成多支路电路。当电枢旋转时,元件中感应出交变电动势,通过换向器从电刷上引出的电动势则是直流电动势。

五、各种绕组的应用范围

除单叠和单波绕组外,电枢绕组还有复叠、复波和混合绕组。

双叠绕组是由两个单叠绕组通过电刷并联起来构成的,每个单叠绕组的元件互相间隔地嵌入槽内。双波绕组则是由两个单波绕组通过电刷并联起来构成的,每个单波绕组的元件也是互相间隔地嵌于槽内。所以双绕组的节距与单绕组不同,但连接规律与单绕组并无根本区别。双绕组的支路数应是单绕组的一倍,这是容易理解的。

m 个单叠(或单波)绕组可以构成复叠(或复波)绕组。一套叠绕组和一套波绕组按一定的规律嵌放并连接到同一个换向器上,可以构成混合绕组。叠绕和波绕元件合并在一起时,外形很像青蛙,所以混合绕组又称为蛙型绕组。图 3－7－10 为蛙型绕组的元件图。

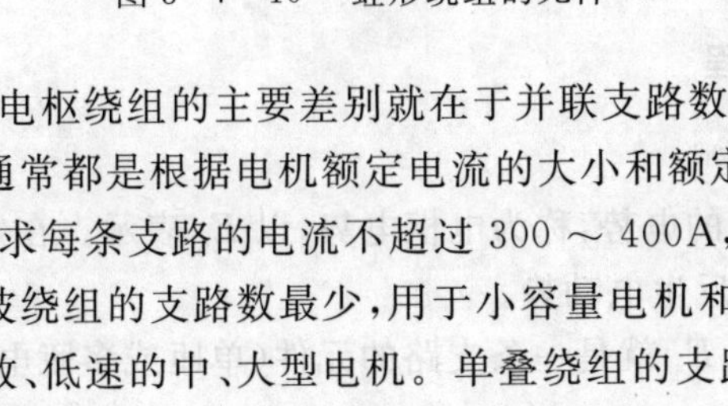

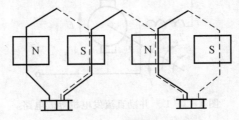

图 3－7－10　蛙形绕组的元件

就使用而言,各种直流电枢绕组的主要差别就在于并联支路数的多少。支路多时,每条支路中的串联元件数就少。通常都是根据电机额定电流的大小和额定电压的高低来选择绕组形式;另外,从制造方面看,要求每条支路的电流不超过 300 ～ 400A,否则电流太大,导线太粗,绕制和嵌线比较困难。单波绕组的支路数最少,用于小容量电机和电压较高或转速较低的电机。复波绕组可用于多极数、低速的中、大型电机。单叠绕组的支路数比波绕组多,主要用于中等容量、正常电压和转速的电机。复叠绕组用于大容量或低压、大电流的电机。蛙型绕组常用在转速较高、换向困难的大型直流电机。

第四章　直流发电机的基本特性

第一节　直流发电机的基本方程式

直流发电机的基本方程是电机稳态运行时内部物理过程的数学描述。因为电机中存在着机、电、磁耦合关系，稳态运行时必须满足机械方面和电磁方面的平衡要求，所以，电机的基本方程将包括电动势平衡方程、功率平衡方程和转矩平衡方程等。

本书以并励发电机为例，其稳态运行时的等效电路如图 4－1－1 所示。图中，原动机输入转矩为 T_1，发电机转速为 n(角速度为 Ω)，电磁转矩和空载(机械摩擦)转矩分别为 T_{em} 和 T_0，电枢绕组电势为 E_a，电枢回路的总电阻为 R_a，励磁回路的总阻值为 R_f，发电机端电压为 U，负载电流为 I，电枢电流为 I_a，励磁电流为 I_f。

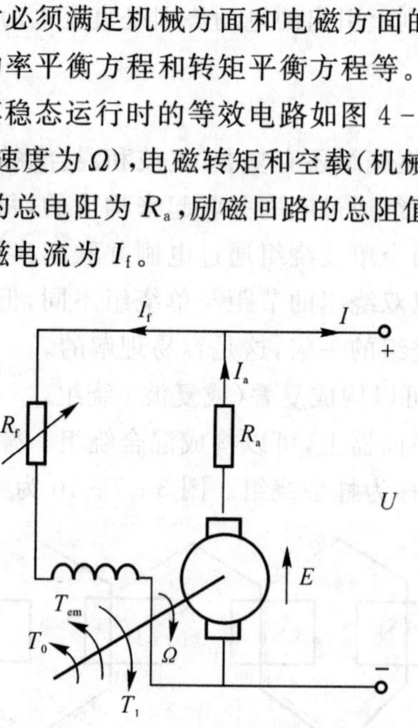

图 4－1－1　并励直流发电机等效电路

直流发电机的基本方程

1. 直流电机的电枢电势

直流电机正、负电刷间的电势，称为电枢电势，以 E_a 表示。在发电机中，E_a 就是电源电动势；在电动机中，E_a 被称作反生电动势。

在发电机中，电枢电势 E_a 就是一条支路的元件(单匝或多匝电枢线圈)所产生的电势，其大小可表示为

$$E_a = C_e \Phi n \tag{4-1-1}$$

式中　C_e—— 电机结构所决定的常数；

Φ—— 一条支路所切割的有效磁通；

n—— 电机的转速。

式(4－1－1)是一个非常重要的公式。由式中可以看出，有效磁通 Φ 越大，转速 n 越高，电

枢电动势越大。

2. 电压平衡方程

由图 4-1-1,可得出电枢回路的电动势平衡方程为

$$E=U+I_aR_a \tag{4-1-2}$$

对励磁回路,电压方程为

$$U=R_fI_f \tag{4-1-3}$$

电机的电流方程为

$$I_a=I+I_f \tag{4-1-4}$$

3. 功率平衡方程

定义直流电机的电磁功率为电枢绕组感应电动势 E 与电枢电流的乘积,即

$$P_{em}=EI_a \tag{4-1-5}$$

我们知道,电机的电能是由机械能转化而来的,则有

$$P_{em}=T_{em}\Omega=EI_a \tag{4-1-6}$$

式(4-1-6)也可以从数学的角度上推导出来,本文在此省略。

另外,用 I_a 乘式(4-1-2)两边,并结合式(4-1-4)有

$$EI_a=UI+UI_f+I_a^2R=P_2+P_{Cuf}+P_{Cua}=P_2+P_{Cu} \tag{4-1-7}$$

式中　$P_2=UI$ 为发电机输出的电功率;

$P_{Cuf}=UI_f$ 为励磁回路电阻损耗;

$P_{Cua}=I_a^2R$ 为电枢回路电阻损耗,或称电枢绕组铜耗。

$P_{Cu}=P_{Cuf}+P_{Cua}$ 为总铜耗,随负载电流变化而变化的可变损耗。

上面提到,电磁功率是原动机通过转轴传递给发电机的机械功率 P_1 转换而来的。然而,机械功率 P_1 只是其中的一部分转换成为电功率,P_1 的另一部分则被用于平衡转轴转动和实现能量转换所必需的损耗。这些损耗包括以下 3 种。

(1) 机械损耗,包括轴承、电刷摩擦损耗,定、转子空气摩擦损耗,以及通风损耗等。

(2) 铁芯损耗,主极磁通在转动的电枢铁芯中交变,引起磁滞损耗和涡流损耗。

(3) 杂散损耗,又称附加损耗,产生的原因很复杂,如主磁场脉动、畸变,杂散磁场效应,金属紧固件中的铁耗和换向元件的附加铜耗,等等。

上述的 3 种损耗,是发电机空载时即存在的损耗,简称为空载损耗,用 P_0 表示。其数值基本固定,被视为不变损耗,认为与 P_{em} 或负载电流的变化无关。发电机总的功率平衡方程为

$$P_1=P_{em}+P_0=P_2+P_{Cu}+P_0=P_2+\sum P \tag{4-1-8}$$

可以证明,当电机中的可变损耗 P_{Cu} 与不变损耗 P_0 相等时,效率会达到最大值,相应的功率范围为 $(0.7\sim1)P_N$。

4. 转矩平衡方程

将式(4-1-8)两边同时除以角速度 Ω,即

$$\frac{P_1}{\Omega}=\frac{P_{em}}{\Omega}+\frac{P_0}{\Omega} \tag{4-1-9}$$

得

$$T_1=T_{em}+T_0 \tag{4-1-10}$$

这就是直流发电机的转矩平衡方程。

第二节　他励式直流发电机的运行特性

直流发电机运行时，通常可测得的物理量有端电压 U、负载电流 I、励磁电流 I_f 和转速 n 等。一般情况下，若无特殊说明，总认为发电机由原动机拖动的转速是恒定的，并且为额定值 n_N。在此基础上，另外三个物理量只要保持一个不变，就可以得出剩下两个物理量之间的关系曲线，用以表征发电机的性能，称之为特性曲线。有空载特性、负载特性、外特性和调节特性四种。其中，空载特性是当负载电流 $I=0$ 时的负载特性，所以有些教材也把空载特性归结到负载特性里面。

一、他励式直流发电机的负载特性

他励式直流发电机的接线图如图 4-2-1 所示。其励磁回路与电枢回路不相连接，由独立的电源供电。励磁回路中串接有变阻器 R_f，用以调节励磁电流 I_f，所以励磁电流不随负载电流的变化而变化。

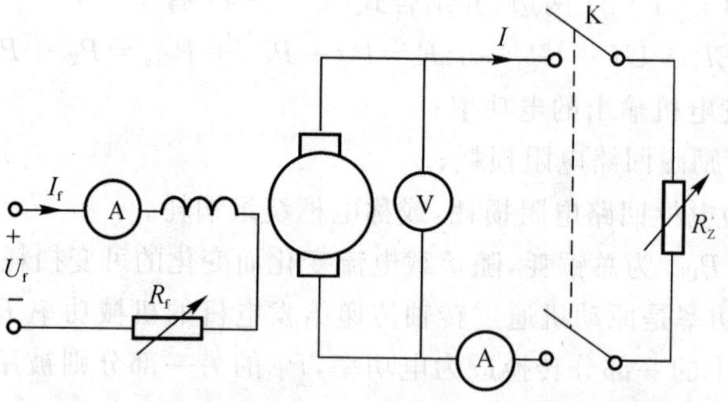

图 4-2-1　他励式直流发电机原理接线图

1. 空载特性

空载特性是当 $n=n_N$，$I=0$ 时，$U=f(I_f)$ 的关系曲线。

直流发电机的磁场强度取决于励磁绕组的安培匝数和磁路的磁阻。励磁绕组的匝数是固定的。因此，安培匝数直接随励磁电流的变化而变化。感应电动势与励磁磁场的强度及电枢转速正比。在研究空载特性时，已经设定转速取额定转速，所以感应电动势与励磁磁场的强度及电枢转速正比。

电机磁路的磁阻为气隙磁阻和磁路中铁芯磁阻之和。气隙的磁阻是固定不变的，但磁路中铁芯磁阻是随着励磁电流的增加而增加的。这是因为当磁轭和电枢铁芯中的磁通密度增加时，其导磁率减小，所以磁路的磁阻将增加。这样就使发电机的输出电压与励磁电流不成正比变化。

空载特性通常用实验方法测定。将图 4-2-1 中所示开关 K 断开，实测中保持转速 n 恒定，调节 R_f，使 I_f 由零单调增长，直至 U 为 1.1～1.3 倍额定电压为止，然后使 I_f 单调减小到零，记录若干组 U 和 I_f，即可作出图 4-2-2 所示关系曲线 1，称之为空载特性曲线。对应励磁电流 I_{OA}，将产生空载电压 U_{AD}。

从图 4-2-2 中还可以看出，励磁电流为零时，感应电压并不为零。这说明发电机内部有剩磁存在。这一点十分重要，因为自励式发电机靠的就是发电机内部的剩磁建立起的输出电压。在励磁电流较小时，发电机的输出电压线性变化；在励磁电流较大时，由于磁路中的部分铁芯已经饱和，输出电压的增加就缓慢了。

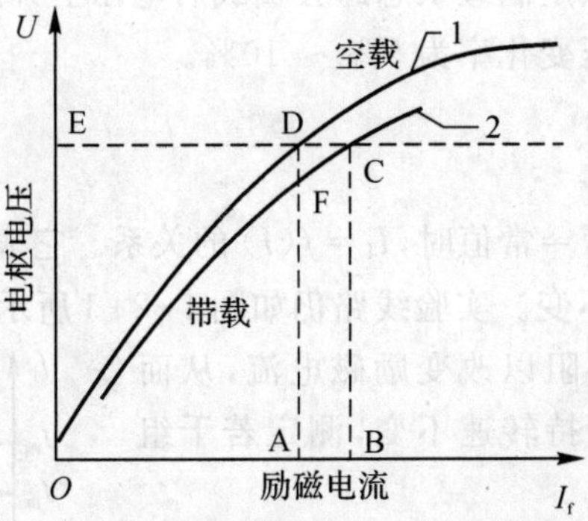

图 4-2-2　他励式直流发电机的负载特性

2. 负载特性

负载特性曲线是当 $n=n_N$，$I=$ 常值时，$U=f(I_f)$ 的关系曲线。

负载特性仍由图 4-2-1 所示线路测取，只是要将开关 K 合上。实测中除了仍需保证 n 恒定外，还要随时调节负载 R_Z，以保持 I 不变。

实验所得负载特性见图 4-2-2 中的曲线 2，从图中可见，在相同励磁电流（取 I_{OA}）作用下，电机带负载运行时端电压有所下降。这有两方面的原因，其一是电枢电阻上的分压；另一方面就是电枢反应的去磁作用。

二、外特性

外特性关系曲线是当 $n=n_N$，$I_f=$ 常值时，$U=f(I)$ 的关系曲线。

他励机的电枢电流 I_a 和供给负载的电流 I 相等。由电压平衡方程式可知，当有负载电流时，将有两种因素影响到端电压：① 在电枢回路内阻 R_a 引起的电压降 I_aR_a；② 电枢反应的去磁作用，它将使每极磁通略为减少，从而使感应电势略为降低。

他励式发电机的外特性是下降的，即当负载电流增加时端电压将下降，如图 4-2-3 所示。但因电阻压降和电枢反应的影响不大，端电压的变化也不大，故其基本上是恒压的。

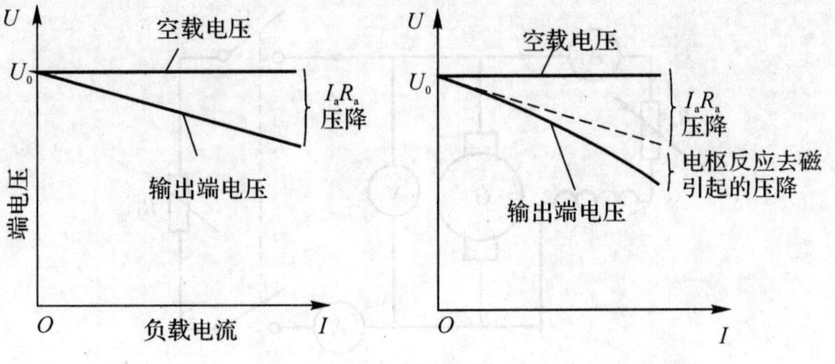

图 4-2-3　他励式直流发电机输出电压下降的原因

设令 U_0 表示空载时的端电压、U_N 表示额定负载时的端电压，依定义，电压变化率为

$$\text{电压变化率}=\frac{U_0-U_N}{U_N}\times 100\% \qquad (4-2-1)$$

电压变化率即为一发电机自额定满载状态卸去负载后电压上升的数值与额定电压的比值。一般的他励式直流发电机的电压变化率为 5% ～ 10%。

三、调节特性

调节特性是指当 $n=n_N$、$U=$常值时，$I_f=f(I)$ 的关系。它表明负载变化时，如何调节励磁电流才能维持发电机端电压不变。实验线路仍如图 4-2-1 所示，开关 K 闭合，调节负载电阻、改变负载电流后，调节励磁电阻以改变励磁电流，从而使端电压恒定。与此同时，保持转速不变，测定若干组 I_f 和 I。

前已述及，当有负载电流流过时，有两种因素会引起端电压下降。要维持端电压不变，随着负载电流的增大，励磁电流也应略为增大，以补偿电枢反应的去磁作用，并且由于铁磁材料的饱和影响，励磁电流增加的速率还要高于负载电流。他励机的调节特性如图 4-2-4 所示，调节特性随负载电流增大而上翘。

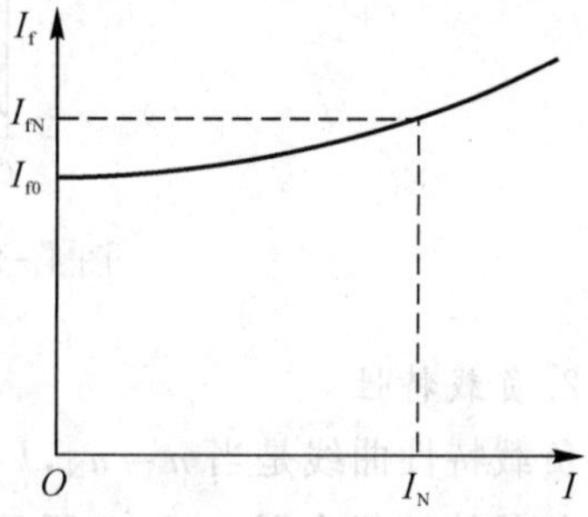

图 4-2-4　他励式直流发电机调节特性

他励式直流发电机的电压变化率小，且其励磁电流能在相当大的范围内调节。因此，他励方式适用于需要大幅度调压的大型电机。

第三节　并励式发电机的运行特性

自励式直流发电机的励磁电流不是由专门的励磁电源产生，而是依靠发电机自身发出的端电压产生的，端电压又是由于有了励磁电流才能产生。因此，发电机有一个内部自己建立电压的过程，称为自励或自建压过程。直流发电机由他励改为自励，是电机制造技术的一大进步，自励式直流发电机的运行大为简化。励磁回路所消耗的功率和发电机的输出功率相比，仅是很小的一部分，故自励不使发电机的容量受到影响。下面以并励式发电机为例来说明自励式直流发电机的自建压过程。图 4-3-1 是并励式直流发电机的接线原理图。

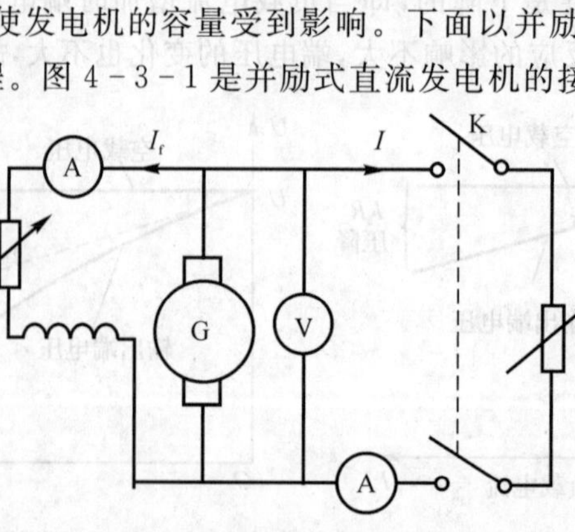

图 4-3-1　并励式直流发电机原理接线图

一、并励式直流发电机的自励条件

当发电机在原动机的牵引下以额定转速 n_N 旋转时，由于主磁极有剩磁存在，电枢绕组切割剩磁产生感应电势为 E_r，从而在发电机端点建立电压。该电压在励磁回路产生励磁电流 I_f。如果接法正确，I_f 产生的磁势与剩磁磁势方向相同，使主磁路里的磁通增加，于是电枢感应电势增加，发电机端电压增加，使励磁电流增加。如此反复作用，互相促进，直至励磁电流 I_f 所建立的端电压 U_0 恰好与励磁回路的电压降相等为止，即 $U_0 = I_f R_f$。

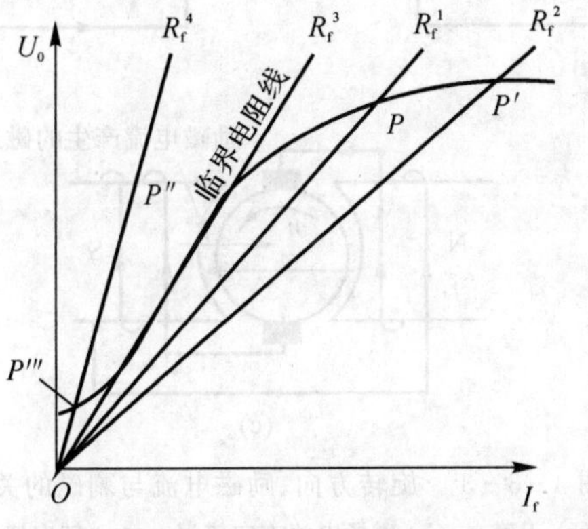

图 4－3－2　励磁回路总电阻对建压稳定点的影响

这之后，励磁电流不再增加，端电压保持不变，自励过程结束，电机进入稳定运行（见图 4－3－2 中 P 点）。

进一步分析可以发现，并励式直流发电机能够完成自建压需要以下 3 个条件。

(1) 发电机的主磁路要有剩磁。这是发电机完成自励的必要条件，如果没有剩磁，必须用其他直流电源先给主磁极充磁。

(2) 并联在电枢绕组两端的励磁绕组极性要正确。最初由剩磁电势产生的微小励磁电流必须能增强原有的剩磁，才能使感应电势加大。如果最初的微小励磁电流产生的磁势方向与剩磁方向相反，则剩磁将被削弱，发电机的电压便不能建起。

最初的微小励磁电流所产生的磁场是增加剩磁或削弱剩磁，将依电枢绕组与磁极绕组的相对连接以及电枢的旋转方向而定。如果励磁绕组的接法相反，励磁电流产生的磁势与剩磁磁势相反，磁通不可能增加，则发电机不能自励。图 4－3－3 所示为旋转方向、励磁电流与剩磁关系的示意图。

(3) 励磁回路总电阻应小于临界电阻，以确保电机端有一个恰当的端电压。必须指出，即使在励磁电流确能增强剩磁的情况下，有时因励磁回路总电阻 R_f 的数值太大，并励式发电机电压也不能建起。我们可以利用图解法，简单加以分析。图 4－3－2 中作出了 R_f 不同时，自建压的稳定工作点。P, P', P'', P''' 表示 R_f 取不同值时，并励式发电机自建压的稳定工作点。从图中可以看出，当 $R_f = R_f^3$ 时，处于临界状态。当 $R_f < R_f^3$ 时对应 R_f^1, R_f^2 可得到 P, P' 等稳定电压工作点。当 $R_f > R_f^3$ 时，此时发电机建起的电压不能稳定，R_f 微小的变化将引起端电压很大的变化。如将 R_f 增加到 R_f^4，则自建压的稳定电压工作点 P'''，因为 P''' 对应的电压数值与剩磁电压相差无几，我们便认为发电机电压没有建起。

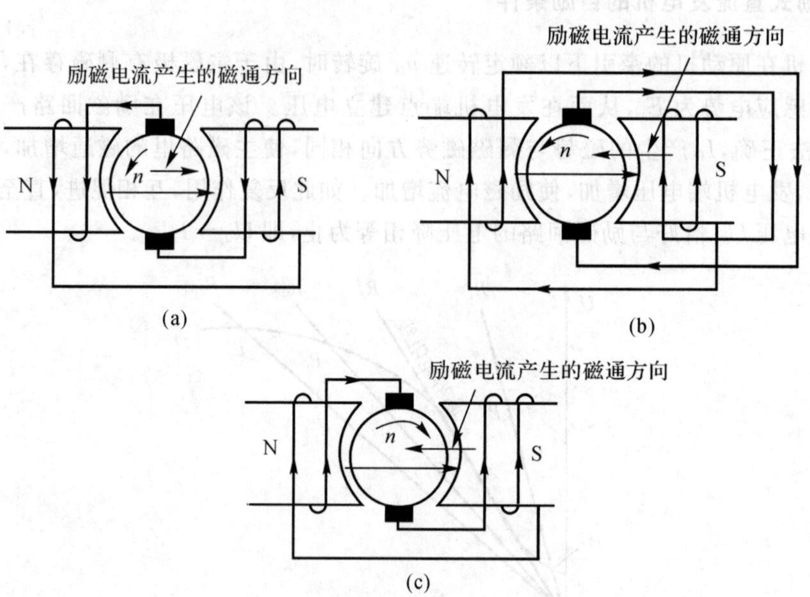

图 4-3-3　旋转方向、励磁电流与剩磁的关系

(a) 正确；(b) 磁场电流方向错误；(c) 转向错误

二、外特性

并励式发电机的外特性不同于他励式发电机，外特性关系曲线是当 $n=n_N$，$R_f=$ 常数时，$U=f(I)$ 的关系曲线。

实验接线图如图 4-3-1 所示。保持转速恒定，调节励磁电阻 R_f，使电机完成自励过程，建立端电压 U_0，然后合上开关 K，并逐步减少 R_Z，则得并励式发电机外特性，如图 4-3-4 所示，并绘出他励式发电机外特性，以示比较。

图 4-3-4 表明，并励式发电机端电压比他励式发电机下降得快。因为他励式发电机在负载电流增加时，使端电压下降的原因只是电枢回路电阻下降和电枢反应的去磁作用，而并励式发电机还要加上因端电压下降而导致励磁电流减小的因素。因此，并励式发电机的电压调整率可达 20% 左右。

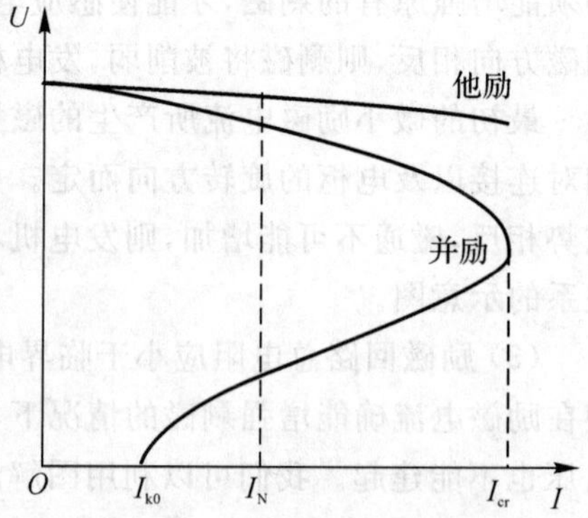

图 4-3-4　并励式发电机的外特性

并励式发电机外特性的突出特点是负载电流有“拐弯”现象。这是因为 $I=\dfrac{U}{R_Z}$，当电压下降不多时，电机的磁路还比较饱和，I_f 的减小使 U 的减小不大，于是 I 随 R_Z 的减小而增大；而若 I 增大到临界电流 I_{cr}（为额定电流的 2～3 倍）后，U 的持续下降将使 I_f 的取值进入低饱和甚至于不饱和区，I_f 的减小使 U 急剧下降，从而反倒使得 I 不断减小，直至短路。此时 $R_Z=0$，$U=0$，$I_f=0$，$I_{k0}=\dfrac{E_r}{R_a}$。短路电

流式中，E_r 为剩磁电动势，其数值是很小的，因此，并励式发电机的稳态短路电流 I_{k0} 很小。

关于并励式发电机调节特性，与他励式发电机相似，这里不再叙述。

第四节　航空直流发电机实例

——ERJ145 主直流发电机

一、概述

ERJ145 飞机属于小型支线客机，由于用电功率需求不大，全机采用 28VDC 直流供电系统，少量电子设备需要的 115V 交流由静变流机将直流电源转换之后提供。全机共有 5 台直流发电机，其中 1 台装在 APU 位置，兼作起动机之用，其他 4 台为主直流发电机，左、右发动机位置各装备 2 台(见图 4-4-1)。

5 台发电机功率均只有 12kW，除 APU 位置的直流起动发电机外，4 台主直流发电机均采用可靠性较高的“无刷同步交流发电机＋功率二极管桥式整流器”的形式。“无刷同步交流发电机”由发动机附件齿轮箱(AGB)直接驱动，其产生的交流电再由“功率二极管桥式整流器”整流为 28VDC 直流电，供给飞机的主直流汇流条。主直流发电机的额定输出电压 28VDC，输出电流 400A。

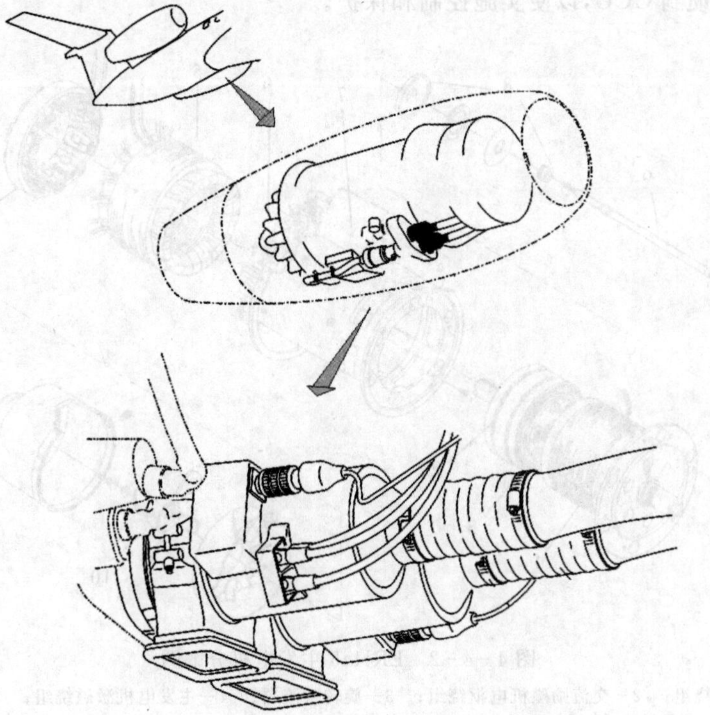

图 4-4-1　ERJ145 飞机的主直流发电机

二、组成及特点

图 4-4-2 所示为 ERJ145 主发电机部件分解图。该发电机主要由无刷同步交流发电机和功率二极管桥式整流器两大部分组成。

无刷同步交流发电机为两级(交流励磁机、主发电机)、无刷(带旋转整流器)。其中(见图 4-4-2),交流励磁机的激磁绕组(1)和主发电机的电枢绕组(5)装在电机的定子壳体上,励磁机的电枢绕组(2)、旋转整流器(3)和主发电机的激磁绕组(4)则装在电机的转子上。

转子的中心轴是空心的,内部插入驱动轴(9),两者在靠近直流接线桩附近的位置通过内牙和外牙相互啮合。驱动轴直接连到发动机的附件齿轮箱(AGB),可以将发动机的驱动力引入到发电机的转子上。转子靠近驱动端装有缓冲离合器(8),可以吸收因输入转速变化或电气负载变化而引起的扭矩冲击。发电机尾部有冷却风扇(10),它也是由输入轴驱动的,而非电动的。

功率二极管桥式整流器(6)共含 12 个大功率二极管,分成 2 组,每组 6 个构成一例全波整流器。2 组二极管连同散热片固定在发电机的外壳上,其输出的高功率直流电连接到散热片顶端的发电机直流输出接线桩。

发电机外壳电器盒(7)内装有另外 1 组(共 6 个)小功率的整流二极管,向外提供半波整流直流电。此外,电器盒内还有 3 个与传感器相关的电路,可以分别检测过流、转速、轴承的状况,并将信号反馈到 GCU,以便实施控制和保护。

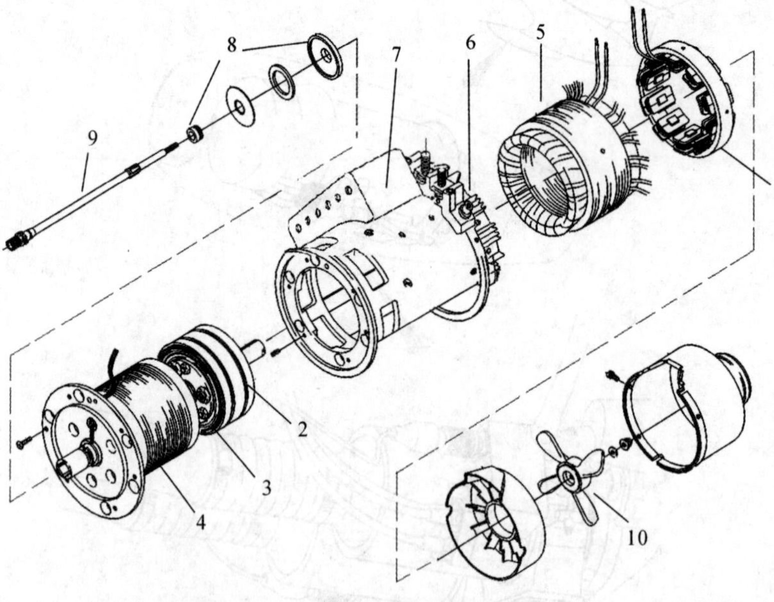

图 4-4-2　ERJ145 主发电机分解图

1—交流励磁机激磁绕组;　2—交流励磁机电枢绕组;　3—旋转整流器;　4—主发电机激磁绕组;　5—主发电机电枢绕组
6—功率二极管桥式整流器;　7—电器盒;　8—离合器片;　9—驱动轴;　10—风扇

发电机的主要技术指标和特点见表 4-1。

表 4-1　技术指标和特点

部件、性能、参数	特点指标
形　式	无刷同步交流发电机＋功率二极管桥式整流器
定子部件	交流励磁机激磁绕组和主发电机的电枢绕组，以及功率整流器
转子部件	交流励磁机的电枢绕组、旋转整流器和主发电机的激磁绕组
电刷	无刷
旋转整流器	三相半波
控制方式	GCU
冷却方式	风扇
驱动方式	发动机附件齿轮箱(AGB)
输入转速	6 700～13 236 RPM
额定功率	12 kW
连续负载电流	400 A
输出电压	29.5 VDC
尺寸(长×高)	342.8 mm×152 mm
质量	12.5 kg

三、工作原理

参考发电机分解图(见图 4-4-2)和电路图(见图 4-4-3)。电瓶电源通过 GCU 后提供 28VDC 的励磁电压，加到交流励磁机的定子激磁绕组(1)，从而产生磁场。当励磁机转子(2)旋转时，转子切割定子磁场，其三个绕组感应出三相交流电。

励磁机转子产生的三相交流电，经旋转整流器(3)半波整流后变为直流电，加到主发电机的激磁绕组(4)产生磁场，由于此激磁绕子是随转子一起旋转的，于是这个主磁场也是旋转的，它扫过定子上的主发电机电枢绕组(5)，后者感应出三相交流电。

主发电机定子绕组产生两组三相交流电，分别经过镶嵌在外壳上的左、右各 6 个功率二极管(6)进行全波整流，产生稳定的直流电输到发电机主接线柱(B＋，E－)，发电机的直流电通过此对接线桩提供到飞机用电系统。

当发电机转速或电气负载变化时，驱动端的缓冲离合器会吸收扭矩冲击，保持转子运行稳定；同时 GCU 会调控交流励磁机激磁绕组(1)的励磁电流，从而保证输出电压的相对稳定。

电流互感器 CT 用来敏感发电机电气负载的大小，电阻 R_2 用来检测发电机转子的转速，这两个信号通过插钉 D 提供到 GCU，作为调压和保护的依据。此外，前、后主轴承旁边各有 1 个备用轴承和 1 个轴承失效敏感电门。当主轴承失效时，备用轴承起作用，同时发电机转轴会压到敏感电门的环上，电门闭合，通过插钉 E 把信息传给 GCU，以便给出故障指示。

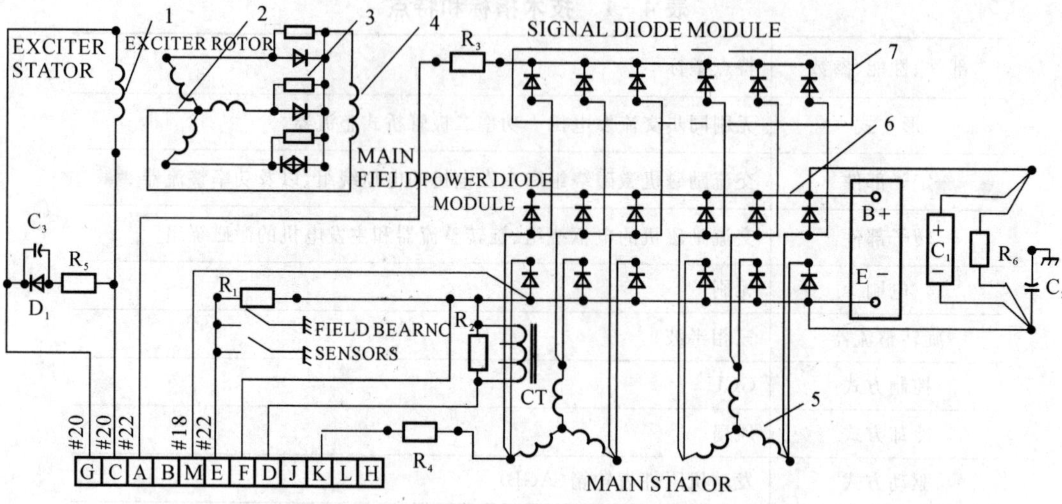

图 4-4-3　ERJ145 主发电机电路图

1—交流励磁机激磁绕组；2—交流励磁机电枢绕组；3—旋转整流器；4—主发电机激磁绕组；5—主发电机电枢绕组；6—功率二极管桥式整流器；7—电器盒内半波整流器

四、故障诊断和检修项目

此发电机实质上是同步交流发电机和功率二极管整流器的组合体，检修方法与同步发电机类似，此处从略。

第五章　直流电动机的运行特性

直流电动机具有良好的起动和调速性能，在飞机上得到了非常广泛的应用，如起动飞机发动机、带动燃油增压泵、放下和收上着陆灯及各种风门、调整片的控制等。它们的工作特性随着励磁方式的不同会有很大的差异，因而不同励磁方式的直流电动机的应用场合也不同。

本章主要介绍不同励磁方式的直流电动机的工作特性及其基本控制方法和原理。

第一节　直流电动机的基本方程

本节主要讨论直流电动机的电压、功率和转矩的平衡方程，说明其能量关系。

一、电枢电路电压平衡方程

1. 电动机的反电动势

在电机工作原理的讨论中，我们知道电枢旋转时，电枢中的载流导体割切磁力线产生感应电动势 $E_a = C_e \Phi n$。这个电动势的方向与电枢电流的方向相反，抵制电枢电流的流入，故称为反电动势。因此，电源要向电枢输入电流，就必须克服反电动势的作用，即必须使加在电枢绕组两端的电压 $U > E_a$。

2. 电压平衡方程

电动机外加电压 U、电枢电流 I_a、电枢电阻 R_a 和电枢压降之间的关系为

$$E_a = U - I_a R_a \tag{5-1-1}$$

式中　I_a—— 电枢电流；

U—— 外加电压；

E_a—— 反电动势；

R_a—— 电枢电阻。

式(5-1-1)改写后即得电压平衡方程为

$$U = E_a + I_a R_a \tag{5-1-2}$$

式(5-1-2)表明，电枢绕组两端的电压 U 可分为两部分，一部分用来平衡反电动势 E_a，另一部分就是电枢绕组的电阻压降 $I_a R_a$。

3. 电枢电流

由 $U = E_a + I_a R_a$ 可导出电枢电流公式，即

$$I_a = \frac{U - E_a}{R_a} \tag{5-1-3}$$

输入电流 I 与电枢电流 I_a 和励磁电流 I_f 的关系为

$$I = I_a + I_f \tag{5-1-4}$$

二、功率平衡方程

电动机输入功率 P_1 为电功率，即

$$P_1 = UI \tag{5-1-5}$$

将式(5－1－4)代入式(5－1－5)得

$$P_1 = U(I_a + I_f) = (E_a + I_a R_a) I_a + UI_f$$

$$P_1 = E_a I_a + I_a^2 R_a + UI_f = P_{em} + P_{Cua} + P_{Cuf} = P_{em} + P_{Cu} \tag{5-1-6}$$

式中　$P_{em} = E_a I_a$——电动机用来转换成机械功率的那部分功率，称为电磁功率；

$P_{Cuf} = UI_f$　励磁回路电阻损耗；

$P_{Cua} = I_a^2 R$——电枢回路电阻损耗，或称电枢绕组铜耗；

$P_{Cu} = P_{Cuf} + P_{Cua}$——总铜耗，随负载电流变化而变化。

电磁功率 P_{em} 产生电磁转矩 T_{em}，使电机转动并拖动机械负载，实现电能到机械能的转换。在此过程中，势必要克服因转动而引起的各种损耗，其成分和物理含义与发电机中的空载损耗完全相同，最终在电机转轴上输出的机械功率为 P_2，即

$$P_{em} = P_2 + P_0 \tag{5-1-7}$$

式中，P_0 是电动机空载时存在的损耗，称为空载损耗，包括机械损耗、铁芯损耗和附加损耗。

综合以上各式得

$$P_1 = P_2 + P_{Cu} + P_0 = P_2 + \sum P \tag{5-1-8}$$

三、转矩平衡方程

稳态恒速运行时，由式(5－1－7)有

$$\frac{P_{em}}{\Omega} = \frac{P_2}{\Omega} + \frac{P_0}{\Omega}$$

得

$$T_{em} = T_2 + T_0 \tag{5-1-9}$$

式中　T_2——输出转矩；

T_0——空载转矩。

第二节　直流电动机的特性

当电源电压 U 不变，而负载转矩变化时，直流电动机的转速 n 与电枢电流 I_a 之间的关系 $n=f(I_a)$，称为转速特性；电磁转矩 T_{em} 与电枢电流 I_a 之间的关系 $T_{em}=f(I_a)$，称为转矩特性；转速 n 和电磁转矩 T_{em} 之间的关系 $n=f(T_{em})$，称为机械特性。这些性能具体地代表了直流电动机的工作性能。各种直流电动机的性能不同，使用的场合也不同。所以，了解各种直流电动机的性能特点，正确地使用它们是非常重要的。

一、转速特性 $n=f(I_a)$

对于并励式电动机，当电枢电流 I_a 增大时，电枢压降 $I_a R_a$ 也增大，电动机的转速降低。根据

$$U = E_a + I_a R_a,\quad E_a = C_e \Phi n$$

得

$$n=\frac{U-I_aR_a}{C_e\Phi} \tag{5-2-1}$$

由于并励式电动机磁通 $\Phi\approx$ 常数，$U=$常数，$R_a=$常数，则有

$$n=C_1-C_2I_a \tag{5-2-2}$$

其中，$C_1=\dfrac{U}{C_e\Phi}$，$C_2=\dfrac{R_a}{C_e\Phi}$，约等于常数。即 $n=f(I_a)$ 为一条直线，如图 5-2-1 所示。直线对横坐标倾斜程度，即转速下降的程度，取决于电枢电路的内阻 R_a 的大小。

这里需要指出的是，当电机带载运行时，电枢反应的去磁作用将使每极磁通减少，即使式(5-2-1)的分母减小。内阻 R_a 的影响将使转速下降，电枢反应的去磁将使转速上升，二者的影响是相反的。所以当负载电流变化时，并励式电动机的转速变化很小。一般说来，电阻电压降的影响较电枢反应的影响为大，故并励式电动机的转速特性是略为向下倾斜的。

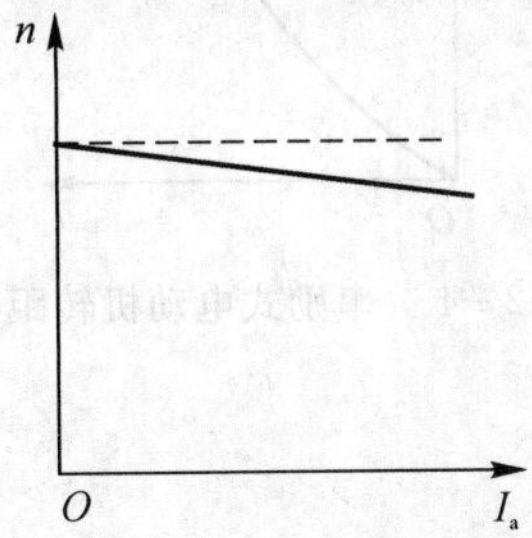

图 5-2-1　并励式电动机的转速特性

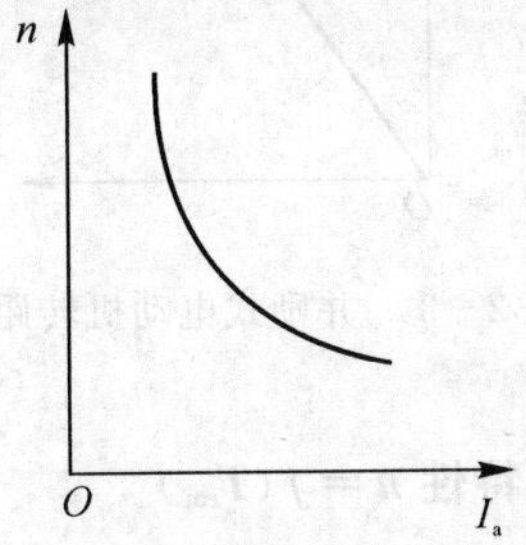

图 5-2-2　串励式电动机的转速特性

对于串励式电动机来说，当电枢电流 I_a 增大时，一方面电枢压降 I_aR_a 增大，使转速下降；另一方面，由于电枢电流 I_a 增大，励磁电流 I_f 也增大，磁通 Φ 也随之增大，因而，使转速 n 降低更多。同理，当电动机负载转矩减小时，相应电动机电流也减小，而电动机转速 n 将很快上升。

串励式电动机当电枢电流较小时，它的励磁电流也较小，铁芯处于未饱和状态，其每极磁通与电枢电流可认为成正比，即 $\Phi\approx KI_a$，将此关系代入式(5-2-1)，则得

$$n=\frac{U}{C_eKI_a}-\frac{R_a}{C_eK}=C_3\frac{1}{I_a}-C_4 \tag{5-2-3}$$

式中，$C_3=\dfrac{U}{C_eK}$，$C_4=\dfrac{R_a}{C_eK}$ 近似为常数。

由式(5-2-3)可见，串励式电动机的转速和电枢电流成反比，转速特性为一双曲线。当负载电流较大时，磁路已饱和，每极磁通 Φ 变化不大，由转速 n 将随 I_a 的增加而略为下降，串励式电动机的转速特性如图 5-2-2 所示。

二、转矩特性 $T_{em}=f(I_a)$

对于并励式电动机来说，$U=$常数，$R_a=$常数，转矩特性可表示为

$$T_{em}=C_T\Phi I_a \tag{5-2-4}$$

当电枢电流很小时，电枢反应的去磁作用也很小，可以认为 $\Phi\approx$ 常数，电磁转矩 T_{em} 与电枢电流 I_a 成正比。并励式电动机转矩特性是通过坐标原点的直线，如图 5-2-3 所示。电枢电

流较大时，由于电枢反应所产生的去磁作用将使每极磁通略为减少，因而这时电磁转矩的增加将较电枢电流的增加略慢。

串励式电动机当负载电流较小时，有 $\Phi \approx KI_a$，将此关系代入公式(5-2-4)，可得

$$T_{em} = C_T K I_a^2 \qquad (5-2-5)$$

可见，当电枢电流较小时，串励式电动机的电磁转矩和电枢电流的二次方成正比，转矩特性为一抛物线，如图 5-2-4 所示。

实际上当负载电流较大时，铁芯已饱和，虽然励磁电流随负载电流增大而增大，但此时每极磁通变化不大，电磁转矩 T_{em} 大致与电枢电流成正比变化。

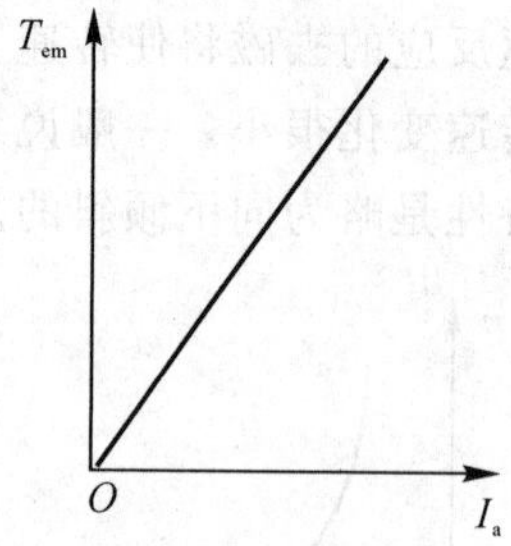

图 5-2-3　并励式电动机转距特性

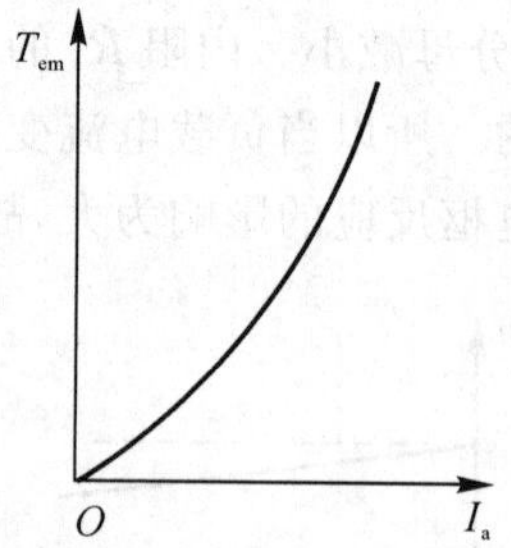

图 5-2-4　串励式电动机转距特性

三、机械特性 $n=f(T_{em})$

直流电动机的机械特性是指电动机的端电压等于额定值，励磁电路的电流和电枢电路的电阻不变的条件下，电动机的转速 n 与电磁转矩 T_{em} 之间的关系，即 $n=f(T_{em})$。机械特性是电动机最重要的工作特性，它是讨论电动机稳定运行、起动、调速和制动等运行的基础。

机械特性可分为固有(自然)机械特性和人为机械特性。固有特性表示电动机在额定参数运行条件下的机械特性；人为特性表示改变电动机一种或几种参数，使之不等于其额定值时的机械特性。

将并励式和串励式电动机的转速特性 $n=f(I_a)$ 和转矩特性 $T_{em}=f(I_a)$ 两式联立，消除中间变量 I_a，可得到并励式和串励式电动机的机械特性。

1. 并励式电动机机械特性

$$n = \frac{U}{C_e \Phi} - \frac{R_a}{C_e C_T \Phi^2} T_{em} \qquad (5-2-6)$$

通过分析可知，并励式电动机的转速 n 随负载的增大而略为减小(R_a 很小)，故其机械特性基本上是一条向下倾斜的直线。当电枢回路中没有另行接入调节电阻时，所得的机械特性称为自然机械特性。如在电枢回路中接入调节电阻，则将使机械特性的倾斜度增大，接的调节电阻越大，所得的机械特性也就越向下倾。并励式电动机的机械特性如图 5-2-5 所示。

当负载变化时，如电动机的转速变化不多。并励式电动机从空载到满载转速的降低通常仅为 3% ~ 8%，因此，我们说并励式电动机机械特性硬。转速的硬特性是并励式直流电动机的主要特点之一。

并励式电动机的励磁回路切不可令其断路，当励磁回路断路时，气隙中的磁通将骤然降至微小的剩磁，电枢回路中的感应电势也将随着减小，由于机械惯性的作用，电动机的速度不能

突然改变，电枢电流将急剧增加，而使电动机发生严重的过载。

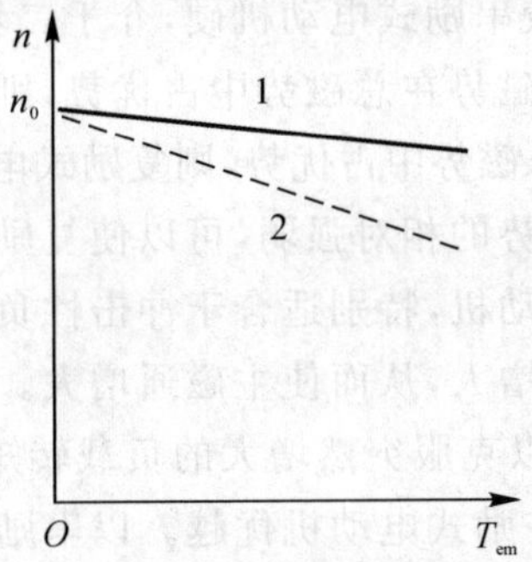

图 5-2-5　并励式电动机机械特性

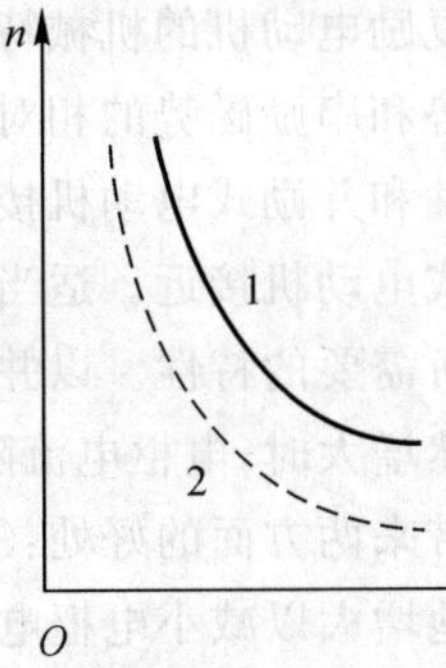

图 5-2-6　串励式电动机机械特性

2. 串励式电动机机械特性

$$n=\frac{U\sqrt{C_T}}{C_e\sqrt{k}}\frac{1}{\sqrt{T_{em}}}-\frac{R_a}{C_e k} \qquad (5-2-7)$$

按式(5-2-7)而得出的串励式电动机的机械特性也是一双曲线，如图 5-2-6 所示。当电枢回路无调节电阻时，所得的机械特性称为自然机械特性。在工作范围内，转速随负载电流急剧变化是串励式电动机的主要特点，因此串励式电动机机械特性较软。

串励式电动机的优点是起动力矩大，过载能力强。由于这个优点，再加上它具有软的机械特性，使其特别适用于经常起动，并且还有可能过载的场合。

串励式电动机的缺点是当轻载时，串励式电动机的转速将急剧上升，会导致电机的损坏，因此串励式电动机不允许轻载，更不允许空载。为了安全起见，串励式电动机不能用皮带传动，以免皮带折断或滑脱，形成电动机空载而产生高速的危险。因此，串励式电动机和所驱动的机械负载必须直接耦合。

3. 复励式电动机机械特性

要利用串励式电动机的优点，同时又避免发生空载时的“飞速”危险，复励式电动机是一种比较好的解决方案。复励式电动机机械特性如图 5-2-7 所示。为便于比较，图中还画出了并励式和串励式电动机的速率特性。

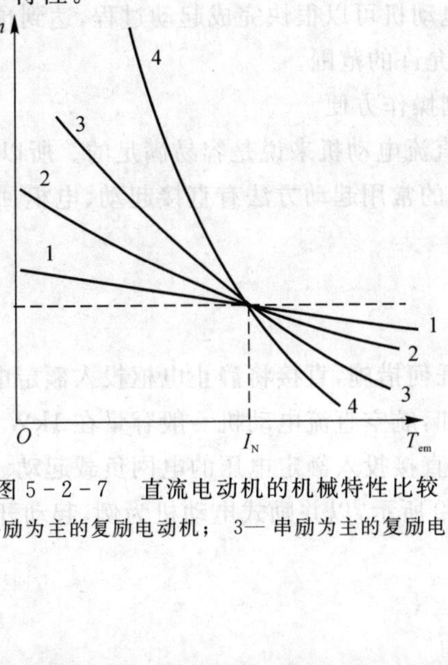

图 5-2-7　直流电动机的机械特性比较

1— 并励式电动机；2— 并励为主的复励电动机；3— 串励为主的复励电动机；4— 串励式电动机

通用的复励式电动机都是积复励。这时串励绕组的磁化作用和并励绕组的磁化作用方向相同。积复励电动机的机械特性较并励式电动机软，但较串励式电动机硬，介于二者之间，并依并励磁势和串励磁势的相对强弱而有所不同。如并励磁势在总磁势中占优势，则复励式电动机的特性和并励式电动机接近。反之，如串励磁势在总磁势中占优势，则复励式电动机的特性和串励式电动机接近。适当地选择并励磁势和串励磁势的相对强弱，可以使复励式电动机具有负载所需要的特性。以并励磁势占优势的复励式电动机，特别适合于冲击性负载。当负载转矩突然增大时，电枢电流随之增大，串励磁势也随之增大，从而使主磁通增大。主磁通的随之增大带来两方面的好处：① 使电磁转矩很快地增大以克服突然增大的负载转矩；② 使反电势很快地增大以减小电枢电流的冲击值。因此，它比并励式电动机优越。以串励磁势为主的复励式电动机保留了串励式电动机的优点，有少量的并励磁势存在，使复励式电动机可以在轻载或空载运行。因此，克服了串励式电动机的缺点。

第三节　直流电动机的起动

一台电动机从静止到稳定运行首先必须通过起动过程，首先要碰到起动问题。起动时要求电动机产生足够大的电磁转矩来克服机组的静止摩擦转矩、惯性转矩，以及负载转矩才能使机组在尽可能短的时间里从静止状态进入到稳定运行状态。另一方面，刚起动时，$n=0$，而 R_a 很小，则有

$$I_a=\frac{U-E_a}{R_a}=\frac{U-C_e\Phi n}{R_a}$$

当起动时 $n=0$，得

$$I_{st}=\frac{U}{R_a} \tag{5-3-1}$$

由式(5-3-1)可知，刚起动时，起动电流将达到很大的数值，通常为额定电枢电流的十几倍甚至更大，以致电网电压突然降低，影响其他用电设备的用电，也使电机本身遭受很大电磁力的冲击，严重时还会损坏电机。因此，适当限制电机的起动电流是必要的。因此，对直流电动机起动性能的要求主要有以下3点。

(1) 起动转矩要大，使电动机可以很快完成起动过程，达到预定的速度而稳定运行。

(2) 起动电流应限制在允许的范围。

(3) 起动设备简单，控制操作方便。

应该指出，上述要求对直流电动机来说是容易满足的。所以说，直流电动机的起动性能优于交流电动机。直流电动机的常用起动方法有直接起动、电枢回路串电阻起动和降压起动三种，下面分别介绍。

一、直接起动

直接起动，是指不采取任何措施，直接将静止电枢投入额定电压电网的起动过程。小型直流电动机可以直接起动，例如，航空直流电动机一般容量在1kW以内，对电网和自身的冲击都不太大，都不附加其他措施，直接投入额定电压的电网负载起动。

如图5-3-1、图5-3-2所示，以并励式电动机为例，起动开始，电流 I_a 增长很快，电流不

突变,但很快上升至最大冲击值 I_{st}。随着转速的增加,反电势也加大,使电枢电流开始下降,到电磁转矩与电动机总的负载转矩相等时,电动机便以某一转速稳定运行,这时电枢电流也达某一稳定值。

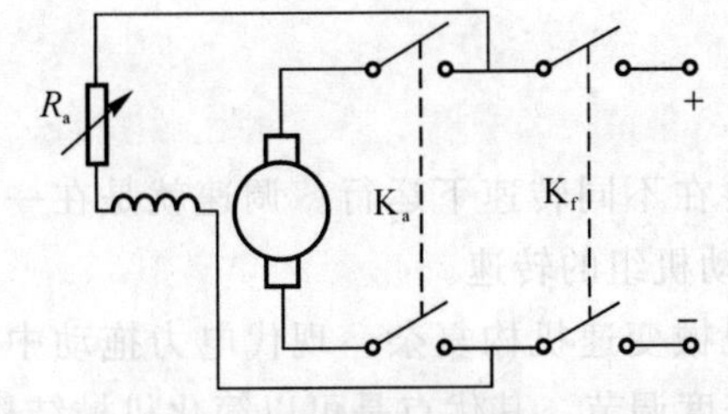

图 5-3-1 并励直流电动机直接起动线路

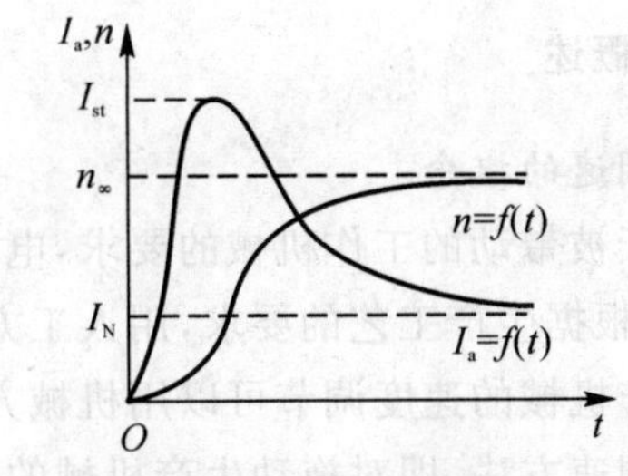

图 5-3-2 并励直流电动机直接起动时 I_a 和 n 的变化

二、电枢回路串电阻起动

图 5-3-3、图 5-3-4 所示描述的是并励式电动机串电阻起动过程(三级切除)。

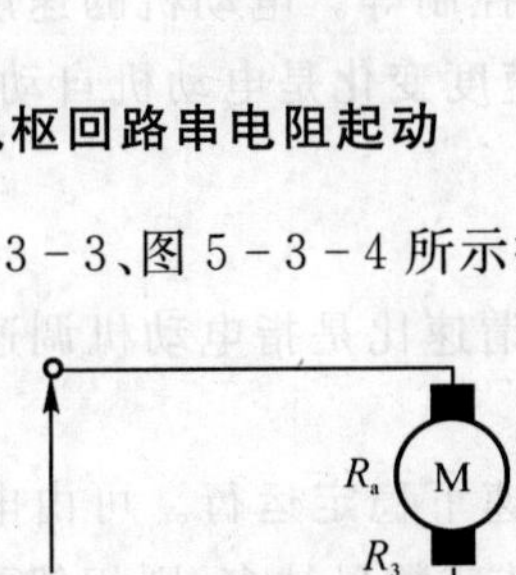

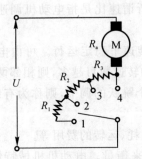

图 5-3-3 直流电动机的串联电阻起动

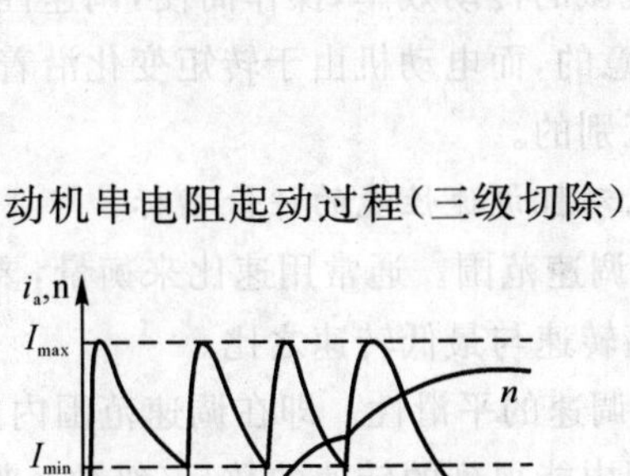

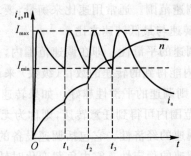

图 5-3-4 直流电动机限流起动过程

一般航空直流电动机功率小,起动电流为额定电流的 3 ~ 4 倍,所以可以直接起动。但功率较大的直流电动机,起动时将在电枢回路中串入起动电阻,以限制起动电流,起动结束后将电阻切除。在实际工程中,可以根据具体需要选择 R_{st} 的数值,以有效限制起动电流。起动电阻一般采用变阻器形式,可为分段切除式,也可以无级调节。常见的直流电动机起动器,起动瞬间接入起动电阻 $R_{st}=R_1+R_2+R_3$。因此起动电流被限制为

$$I_{st}=\frac{U}{R_a+R_{st}} \tag{5-3-2}$$

它仍应产生足够的起动转矩,使电机起转。随着转速及反电势的增加,电流按指数规律衰减,所以要在适当时刻逐级减小起动电阻。如图 5-3-4 所示逐个切去电阻 R_1,R_2,R_3,至最终全部切去起动电阻,使起动电流限制在合适的 I_{max} 和 I_{min} 范围内,以获得最佳的起动效果。

三、降压起动

降压起动是通过降低端电压来限制起动电流的一种起动方式。

降压起动对抑制起动电流最有效,能量消耗也比较少,但需要专用调压直流电源,投资较大。不过,近代已广泛采用可控硅整流电源,无论是调节性能还是经济性能都已经很理想,因此,降压起动有越来越多的应用,尤其是大容量直流电动机和各类直流电力电子传动系统。

第四节　并励(他励)式电动机的调速

一、概述

1. 调速的概念

出于被带动的工作机械的要求,电动机往往需要在不同转速下运行。调速就是在一定的负载下,根据生产工艺的要求,用人工方法来改变电动机组的转速。

生产机械的速度调节可以用机械方法取得,但机械变速机构复杂。现代电力拖动中多采用电气调速方法,即对拖动生产机械的电动机进行速度调节。其优点是可以简化机械结构,提高生产机械的传动效率,操作简便,调速性能好,能实现自动控制等。电动机的速度调节是人为的、有意的,而电动机由于转矩变化沿着某一机械特性的速度变化是电动机自动调节的,两者是有区别的。

2. 电动机调速性能的评价指标

(1) 调速范围。通常用速比来衡量,要求速比要大。所谓速比是指电动机调速时所能得到的最高转速与最低转速之比。

(2) 调速的平滑性。即在调速范围内,是否能在任意转速下稳定运行。可由电动机在其调速范围内能得到的转速的数目(级数)来说明。能得到的转速数目越多,则相邻两个转速的差值越小,则调速的平滑性越好。如果转速只能得到若干个跳跃的调节,则称为有级调速;如果在一定范围内可得到任意转速,则称为无级调速。

(3) 调速的经济性。它包括调速设备的投资、电能的损耗、运转的费用等。

(4) 调速的稳定性。它由负载变化时转速的变化程度来衡量。电动机机械特性越硬,稳定性越高。

(5) 调速方向。所采用的调速方法是使转速比额定转速(基本转速)高的称为向上调速;若是低的,称为向下调速。

(6) 调速时允许的负载。调速时,不同的生产机械需要的功率和转矩是不同的。有的要求电动机在各种转速下都能输出同样的机械功率。由于机械功率是由转矩与转速的乘积决定的,因此要求电动机具有恒功率调速。另一类生产机械,要求电动机在各种转速上都能输出同样的转矩,即为恒转矩调速。

二、直流电动机的调速方法

由直流电动机的机械特性方程可知,改变R_a,Φ,U中的任意一个参数都可以使转速n发生变化。直流电动机的调速方法有下述3种。现在讨论并励(他励)式电动机的调速方法。

1. 电枢回路串电阻调速

电枢回路串入调节电阻R_t后,如图5-4-1所示。保持电源电压U和励磁电流I_f为额定值,在电枢电路中串联一个调速变阻器R_t,速度调节量可由式(5-2-6)可得

$$n=\frac{U}{C_e\Phi}-\frac{R_a+R_t}{C_eC_T\Phi^2}T_{em} \tag{5-4-1}$$

可以看出,R_t的串入使特性变软,即速度下降。显然,保持U,Φ不变,n_0亦不变,调节R_t

的大小即可改变转速 n。

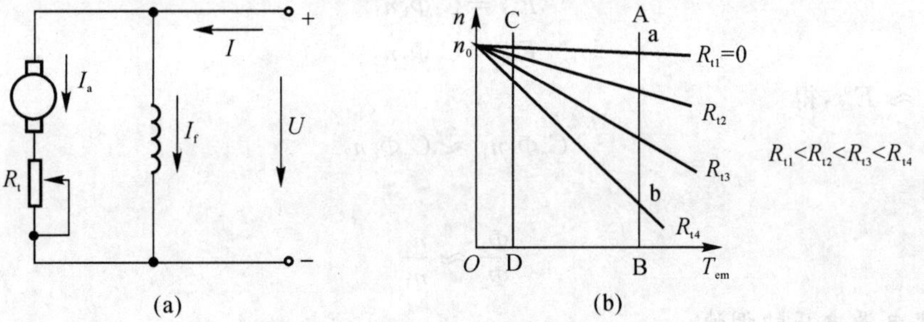

图 5-4-1　电枢回路串电阻调速

这里需要指出的是，当改变 R_t 来改变电枢电路的电阻值时，电枢电流 I_a 在调速过程中会发生改变，但由于调速前后负载转矩不变(设为恒转矩负载)，因此调速前后的电枢电流值亦保持不变，这也是串电阻调速的特点。串入电阻后损耗增加，输出功率将减小，效率降低，很不经济。另外，当负载转矩较小时，如图 5-4-1(b) 中的D点，电枢电流也较小，调速作用也不大。只有在负载较大时，调速才明显，如图 5-4-1(b) 中的B点。因此，这种调速方法只在不得已时才采用。

2. *改变励磁磁通的调速*

保持电源电压 U 为额定值，在励磁电路中串联一个调速变阻器 R_f，改变励磁电流 I_f 以改变磁通 Φ 进行调速，故又称调磁调速。改变励磁磁通的调速如图 5-4-2 所示。

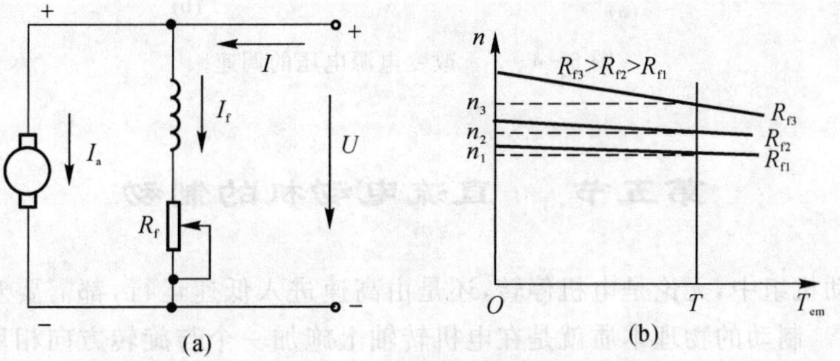

图 5-4-2　改变励磁磁通的调速

这是一种简单、经济而又有效的调速方法，广泛应用于容量约在 50kW 以下的电动机。这种调速方法转速改变的物理过程如下：设调节并励回路中的变阻器使电阻增加，因此使励磁电流减小，每极磁通 Φ 减小。当磁通 Φ 减小时，在最初瞬间电动机的转速还没有来得及变化，反电势便随着磁通的减小而成比例地减小。电动机外施电压是常数，所以反电势减小后，电枢电流便将增加。由于电枢回路中的电阻电压降仅占外施电压的很小部分，使电枢电流的增大程度总较每极磁通的减小程度为大，电磁转矩($T_{em}=C_T\Phi I_a$)便将增加而使电动机加速。

现在给出一个简单的证明方法，电压平衡方程为

$$U=E_a+I_aR_a$$

忽略电枢回路内阻的压降，得

$$U\approx E_a=C_e\Phi n$$

当励磁回路磁通发生改变时，有

$$E_{a1}=C_e\Phi_1 n_1$$
$$E_{a2}=C_e\Phi_2 n_2$$

由 $E_{a1}\approx E_{a2}$，得

$$C_e\Phi_1 n_1\approx C_e\Phi_2 n_2$$

即

$$\frac{\Phi_1}{\Phi_2}\approx\frac{n_2}{n_1}\tag{5-4-2}$$

3. 改变电源电压的调速

改变电源电压的调速的原理如图 5-4-3 所示。采用这种调速方法时，电动机应采取他励式，保持励磁不变，只改变电枢电路的电源电压，故称调压调速。由机械特性方程可以看出，当电枢电路端电压 U 改变时，理想空载转速 n_0 随 U 成正比变化，而转速降落 Δn 和特性曲线的斜率不变，因此电动机在不同电压下的人为机械特性曲线是平行下移于固有机械特性曲线的直线。

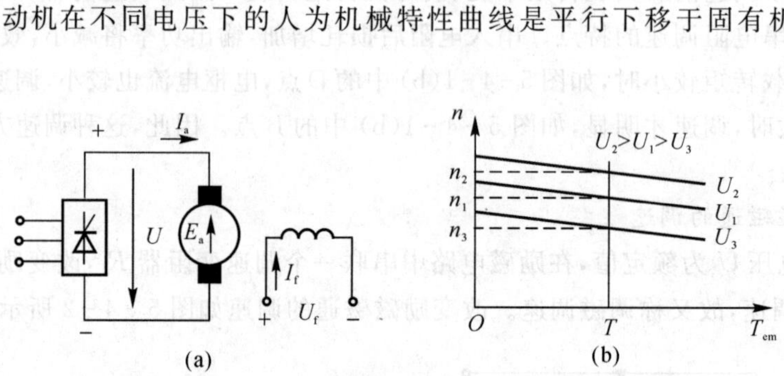

图 5-4-3　改变电源电压的调速

第五节　直流电动机的制动

在电力拖动机组中，无论是电机停转，还是由高速进入低速运行，都需要对电动机进行制动，即强行减速。制动的物理本质就是在电机转轴上施加一个与旋转方向相反的力矩。这个力矩若以机械方式产生，如摩擦片、制动闸等，则称之为机械制动；若以电磁方式产生，就叫作电磁制动。电机学中所讲的制动主要是指电磁制动，并有能耗制动、反接制动、回馈制动 3 种形式，现在分别予以介绍。

一、能耗制动

以并励式电动机为例，接线图如图5-5-1所示。制动时，开关K从“电动”掷向“制动”，励磁回路不变，电枢回路经制动电阻 R_Z 闭合。此时电机内磁场依然不变，电枢因惯性继续旋转，并且感应出电动势在电枢回路中产生电流，但电流方向与电动势相反，相当于一台他励发电机，电磁转矩的方向与旋转方向相反，因而产生制动作用，使转子减速，直至所有可转换利用的惯性动能全部转化为电能，消耗在制动电阻 R_L 及机组本身上，机组停止转动。

能耗制动利用机组动能来取得制动转矩，操作简便，容易实现，但制动时间较长(低速时制动转矩很小)，必要时可加机械制动闸。

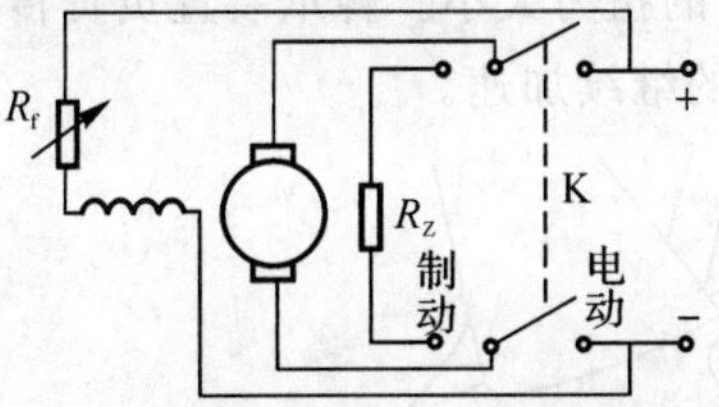

图 5-5-1　并励式电动机能耗制动接线图

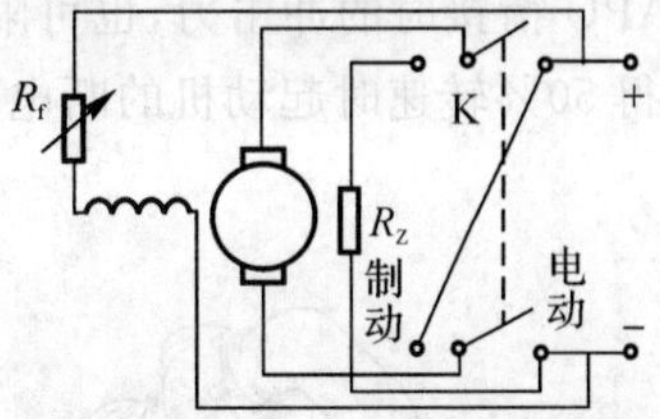

图 5-5-2　并励式电动机反接制动接线图

二、反接制动

在保持励磁电流不变的条件下，利用反向开关把电枢两端反接到电网上的制动方式称之为反接制动。此时电网电压反过来与反电动势同方向，电枢电流其数值很大，并与原电动机运行时的电流方向相反，随之产生很大的与旋转方向相反的制动转矩，随之产生强烈的制动作用。并励式电动机反接制动的接线图如图 5-5-2 所示。

反接制动的优点是能很快地使机组停转，但缺点是电流过大，其数值几乎是直接起动电流的两倍，对电机冲击太大，有必要加以限制。为此，反接时电枢回路中串入了足够大的电阻 R_Z，使 I_a 的冲击值被控制在一个合理的允许范围之内。

应注意的是，当转速接近零值时，应及时把电源断开，否则电机将反转运行起来。需要说明的是，能耗制动和反接制动都是把机组的动能，甚至于电网供给的功率全部消耗在电枢回路中的电阻(R_a+R_Z)上，很不经济。因此，应探讨更先进的制动方式。现在介绍的回馈制动就是一种比较好的方式。

三、回馈制动

以串励式电动机为例，当串励式电动机拖动电车或电力机车下坡时，若不制动，速度会越来越高而达到危险程度。设想此时将串励式改为并励式或他励式，则当转速升高至某一数值时，电流将反向，电机进入发电机运行状态，电磁转矩起制动作用，限制了转速的进一步上升，将下坡时机车的位能转换为电能回馈给电网，故称为回馈制动。

第六节　航空直流电动机实例

——737CL APU 起动机

一、概述

老一代的 737CL 飞机，其 APU 是由一个专门的电动机起动的，这个起动机与 737NG 的起动发电机不同(见图 5-6-1)。

该起动机为有刷、直流、串激式，带摩擦离合器和棘爪。APU 起动时，起动机从电瓶获得电源而转动，通过摩擦离合器和棘爪将扭力传递给 APU。当 APU 速度达到 10%时开始喷注燃油和接通点火；当速度达到 50%时，起动机的供电断开，APU 进入自加速阶段；当 APU 速度升高到 95%时，停止点火。

起动过程的油路、气路和电路的控制都是自动完成的。起动机的摩擦离合器可以吸收起动机与 APU 衔接时的冲击力,也可限制传递到 APU 的扭力大小。棘爪装置负责传递扭力的方向,使得 50%转速时起动机的断电不会妨碍 APU 的继续加速。

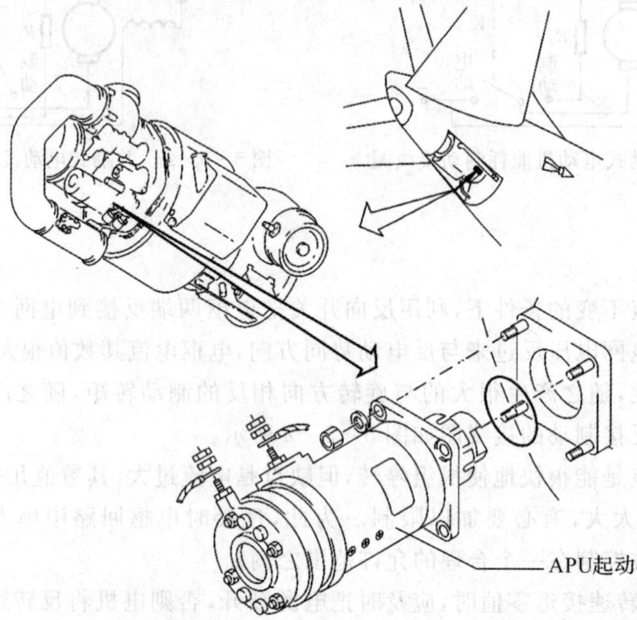

图 5-6-1　737CL 飞机的 APU 起动机

二、组成及特点

图 5-6-2 所示为 APU 起动机部件分解图。该起动机主要由直流电动机和摩擦离合器、棘爪组成。

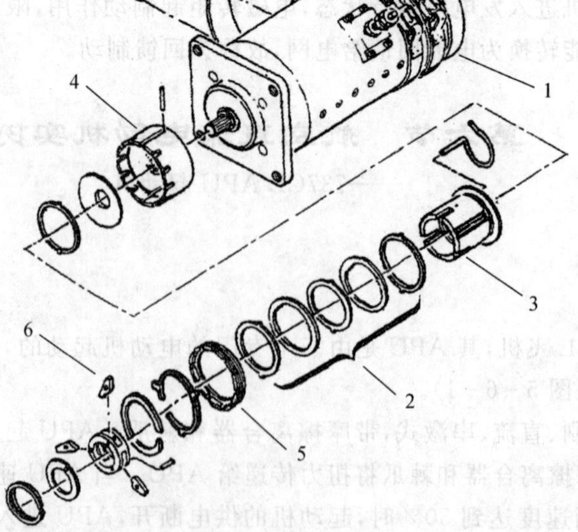

图 5-6-2　737CL 飞机的 APU 起动机分解图

1—直流电动机;　2—摩擦离合片;　3—离合器内座;　4—离合器外壳;　5—离合器锁环;　6—棘爪

电动机(1)为直流、有刷、串激式。定子壳体上固定有4个极靴，上面绕制相应的激磁线圈。线圈一端连到左侧的接线桩，另一端连到2个电刷上。右侧的接线桩连到另外2个电刷上。与4个电刷面接触的是电动机转子的换向片，它把电刷来的外电源引入到电枢绕组。电枢绕组与激磁绕组是串联的，从外部来的直流电同时加到转子和定子上，从而产生电磁转矩。

离合器由多个弹簧钢片(2)组成，有些两头有凸耳，有些无凸耳但有内齿，它们依次叠在一起，装到圆柱形的内座(3)和外壳(4)之间，其中离合片的内齿与内座上的凸槽啮合，离合片的凸耳与外壳上的凹槽啮合。旋紧摩擦片外端的锁环(5)，可使装入离合器座内的弹簧片相互压紧产生摩擦，压紧程度就决定了传递电机转子扭力的大小。

棘爪(6)有3个三角形的凸块，它们装入一个圆环形的圈中，并受到一定的弹簧力预紧，平时3个凸块呈收拢状，达到一定转速时受离心力作用而张开。

直流起动机的主要技术指标和特点见表5-1。

表5-1　直流起动机的主要技术指标和特点

电　机	直流、有刷、串激
工作周期	通1min，停4min
离合器	带预紧弹力的摩擦片
离合器扭矩	130～150 IN-LB
输出功率	2 kW
额定转速	7 500 r/min
额定电压	28 VDC
额定电流	150 A

三、工作原理

起动机的电路图如图5-6-3所示。起动APU时，先将驾驶舱P5板上电瓶电门接通，然后再将APU主电门置于“起动”位后再松手回到“接通”位，APU控制器于是发出指令将APU燃油关断活门和进气门打开，同时APU起动继电器吸合，将28VDC电瓶电压加到起动机的定子激磁绕组和转子电枢绕组，通电的转子绕组在定子磁场中受到电磁扭力的作用，起动机电枢开始旋转。

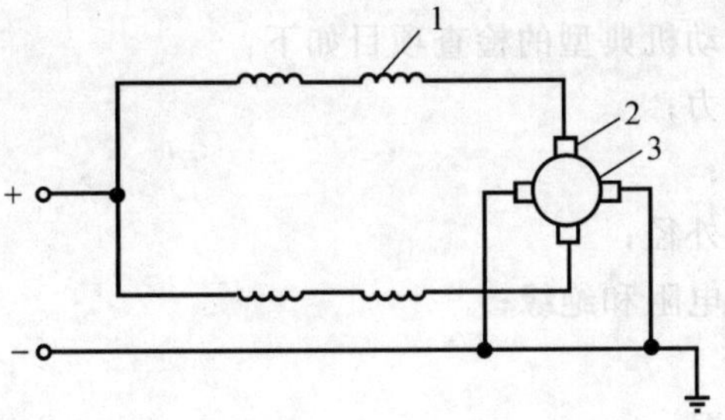

图5-6-3　737CL飞机的APU起动机电路图

1—激磁绕组；　2—电刷；　3—电枢转子

电机的输出轴将扭力传到摩擦离合器外壳，外壳通过离合片带动离合器内座，后者再带动棘爪并使之旋转，离心力以及静止的 APU 会使棘爪张开，进而驱动 APU 旋转。

当 APU 转速达到 50％时，三速电门中的“50％电门”断开，切断起动机的供电，电机将在阻力作用下最终停止运转，而 APU 将在燃烧室能量的作用下开始自加速。在 APU 转速超过起动机转速时，起动机的棘爪是收拢的，犹如下坡时自行车轮中央的棘轮，不会再将驱动力传递给负载。

离合器可以吸收起动机与 APU 衔接时的冲击力，也可限制传递到 APU 的扭力大小。顺便说明一下，当 APU 转速升高到 95％时，“95％电门”切断 APU 的点火；当 APU 超速时，三速电门中的“110％电门”会关断 APU 的燃油和进气，迫使 APU 停车。

为防止起动机过热和电瓶耗电过度，起动机持续工作的时间应限制在 1min 内，然后应停歇 4min，使电机冷却和电瓶恢复。

四、故障诊断及维修检查项目

1. 外场故障诊断

在外场，与 APU 起动有关的故障可归纳为以下几类：

(1)起动机不转；

(2)起动机转速慢；

(3)起动机转但 APU 不转；

(4)APU 转速 50％后起动机仍转；

(5)APU 起动悬挂(加速慢或达不到额定转速)。

APU 起动系统涉及的主要部件有电瓶电门和 APU 主电门、APU 控制器、起动继电器、三速电门、电瓶、起动机，以及燃油、点火、供气等。起动时，电瓶电压只是通过起动继电器的触点而供到起动机的两个接线端。对第 1，2 类故障(起动机不转或转速慢)，在排除电瓶和电路故障的情况下，很可能是起动机电刷磨损过度、电枢换向器过脏，致使电机无法获取足够强的起动电流而影响其正常运转。此时可现场拆下起动机的电刷，检查磨损情况和电枢换向器的清洁状况，如果烧蚀严重应更换起动机。对第 3 类故障，可试着人工转动一下 APU，若无法转动或有异响，很大可能是 APU 内部故障，否则就是起动机离合和棘爪机构故障。第 4 类故障可重点检查三速电门。第 5 类比较复杂，可能是 APU 内部故障，或者供油、点火、供气故障，或者控制系统故障，真正因起动机造成的可能性不大。

2. 内场检查项目(典型)

在内场，针对此直流起动机典型的检查项目如下：

(1)压刷弹簧状况和弹力；

(2)电刷磨损和接触面；

(3)电枢换向器表面及外径；

(4)定子和转子绕组的电阻和绝缘；

(5)转子动平衡；

(6)轴承磨损和润滑状况；

(7)离合器扭矩；

(8)棘爪磨损状况。

3. 内场维修项目(示例)

直流电机在内场可能做的修理项目示例(见图 5-6-4):

(1)电刷磨合。有刷电机在更换上新电刷后,都必须经过一段时间的磨合,使电刷与换向片接触面达到规定要求之后,才允许将电机放行使用。对 737 APU 起动机,电刷磨合主要步骤是:

1)将起动机置于工作台并固定好(最好将电刷护带拆下),并准备风扇或压缩空气(约 90PSI)冷却工作中的电刷。

2)连接上电源,调到 6~8VDC,让起动机空载、低速运转。运转期间保持冷却空气吹向电刷,如果温度太高可停歇一段时间。磨合初期注意观测马达的运行电流,如果超过 100A,应停车检查,排除故障后再继续。

3)总磨合时间约 1~1.5h,之后拆下电刷观察接触面,达到 75%左右即可。

4)拆下所有电刷,用常压压缩空气(25PSI)吹除干净电机内部的碳粉。

(2)转子换向器车削。当转子换向器因长时间使用而有较厚的积碳时,可以用氧化铝砂纸打磨,再抛光。若换向器表面严重烧蚀,应进行车削:

1)车去换向器表面最少量的材料,确保不低于换向器内预装的磨损指示槽(车后换向器直径应不小于 1.92in①)。

2)仔细切去换向片间的云母条,形成 0.02in 深、0.025in 宽的槽。再将换向片沿长度方向在靠近云母槽的两条边缘做倒角处理(0.01in/45°),以免换向片边缘毛刺划伤电刷。

3)用 ANSI B74.18 氧化铝纱布包住换向器进行抛光,使之达到 15 微英寸左右的光洁度。

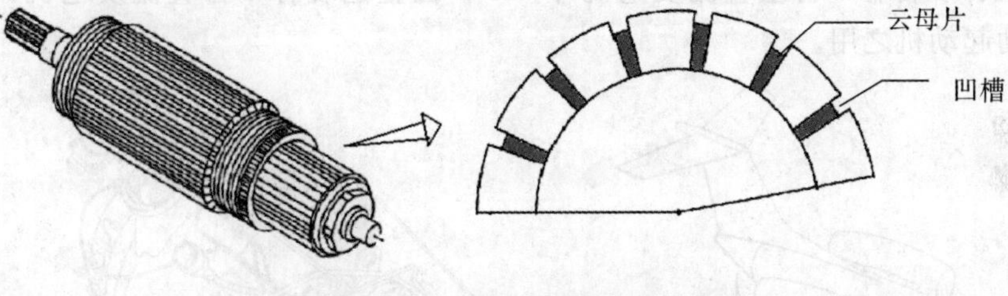

图 5-6-4 直流电机转子换向器修理

(3)电枢转子的动平衡。随着使用时间的增加,电机转子可能由于受热变形、绝缘脱落、换向器磨损不均衡等原因,而造成质量分布不均匀,高速旋转时就可能产生振动或噪声,此时可对转子进行动平衡检查和调整。根据二面平衡原理,只要在转子上沿轴向找到两个垂直于转轴的平面,并在这两个面上进行质量平衡,就可保证整个转子的动平衡。737APU 起动机的动平衡方法(见图 5-6-5):

1)将转子置于动平衡机中,转动支撑点默认为两个轴承的位置。

2)设置好动平衡机,开动机器使转子以规定速度旋转。

3)读出转子的不平衡量。在图示 2 个平面,不平衡量应分别不超过 0.23g-in。

4)如果超标,可在平衡面 1 除去一些材料(在规定的尺寸范围内),或在平衡面 2 所示圆周范围内钻小孔(0.18in 直径,0.5in 深)。

① 1 in=0.025 4 m。

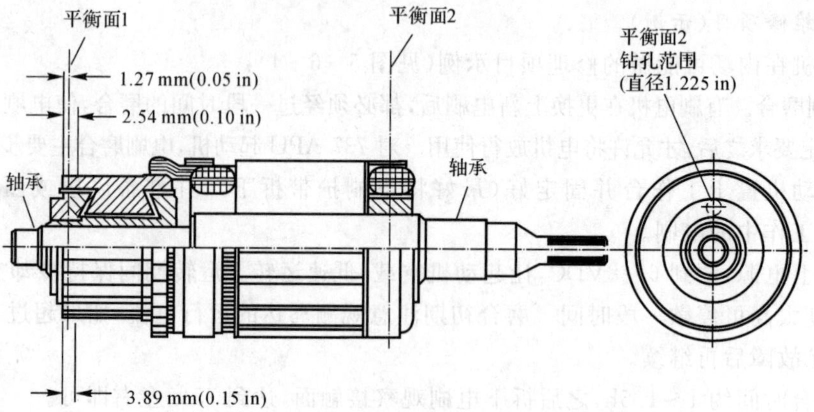

图 5-6-5　直流电机转子动平衡修理

第七节　航空直流起动发电机实例

——ERJ145 APU 直流起动发电机

一、概述

图 5-7-1 所示为 ERJ145 飞机属于小型支线客机，全机采用 28VDC 直流供电系统，除左、右发动机各装备有 2 台主直流发电机外，APU 位置也装有 1 台直流发电机，它同时兼作 APU 的电动起动机之用。

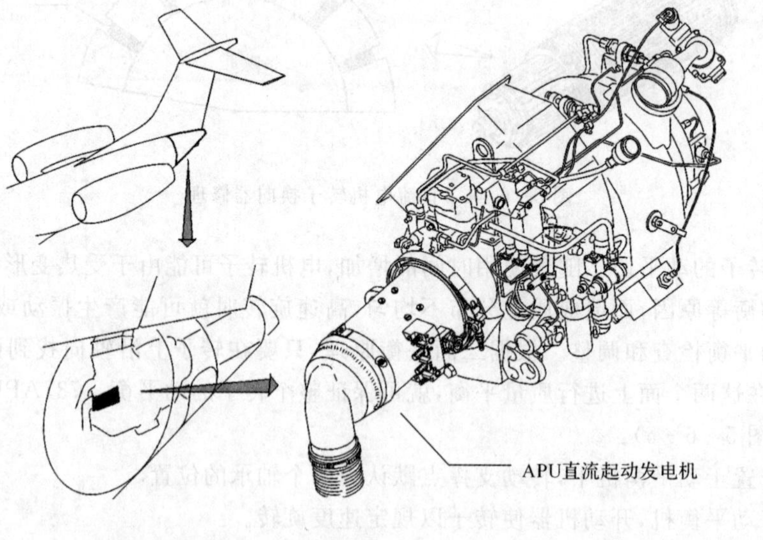

图 5-7-1　ERJ145 飞机的 APU 直流起动发电机

同飞机上的另外 4 台主发电机一样，APU 的直流起动发电机发电功率也是 12kW，额定输出电压 28VDC，输出电流 400A。在用电负载较重的情况下，APU 发电机可提供 600A/2min或 800A/5s 的电气过载能力。APU 发电机主要向中央直流汇流条供电，在特定配电构型下，它可与主发电机或主电瓶并联供电，但不能与地面电源并联。

起动 APU 时，该电机作为起动机带动 APU 压气机旋转，因此该电机采用有别于主发电机的直流、有刷、并激形式。由于发电状态电枢电流高达 400A，起动状态甚至可能急增至上千安培，为降低电枢反应和减小电刷火花，该机还加装了换向极绕组和补偿绕组。

二、组成及特点

图 5-7-2 所示为 ERJ145 飞机的直流起动电动机的部件分解图。该发电机为直流、有刷、并激、风冷形式。

电机的定子部分(1)含 4 个主磁极，分别绕制有激磁线圈(1a)和补偿绕组(1b)；由于电机容量和转速较高，定子内还装有换向极及其绕组(1c)。这些定子绕组是电机实现电磁转换的关键部件。后轴承座的电刷架为 4 个电刷(2)提供安装位置，它负责把外部电流引入到电枢，或把电枢的感应电压引出到外部。前轴承座装有一个测速器(5)，把电机的转速信息传给 GCU。定子壳体上还装有一个热敏开关(4)，负责监视电机的过热状况。

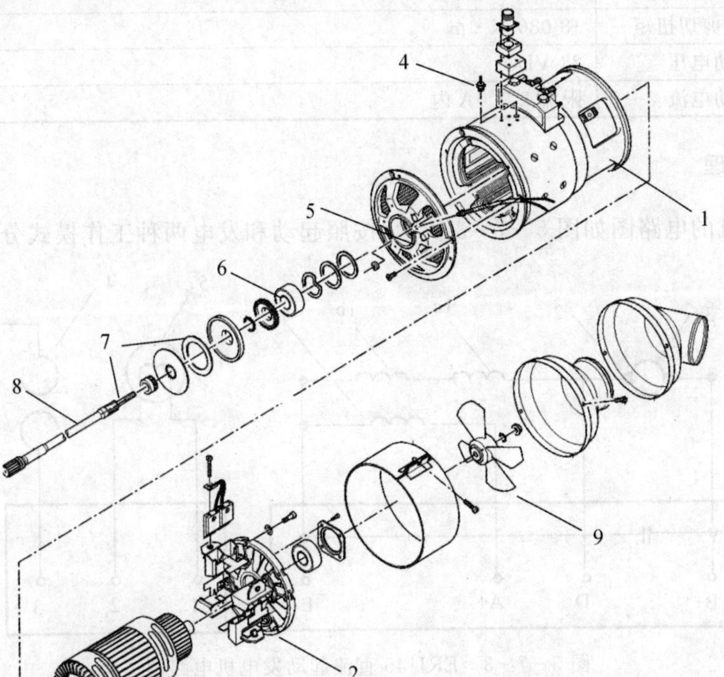

图 5-7-2 ERJ145 直流起动发电机分解图

1—定子(磁极及并激绕组、换向极绕组、补偿绕组)； 2—电刷及后轴承座； 3—电枢转子；
4—热敏开关； 5—测速器及前轴承座； 6—轴承； 7—缓冲离合片； 8—驱动轴； 9—冷却风扇

电机的转子部分(3)含电枢铁芯和绕组，是电机实现机械能与电能转换的关键部件。转子末端的换向片连到电枢绕组，换向片表面与电刷相接。转子中轴是空心的，两端各通过 1 个轴承架到电机壳体内。

驱动轴(8)负责输出起动扭矩或接受发电扭矩，其左端与 APU 压气机相接，右端通过花键啮合到转子空心轴的末端。电机转子前端的缓冲片(7)吸收 APU 转速变化引起的扭力冲击，转子末端的辅助风扇(9)可为电机提供额外的冷却气流。

起动发电机的主要技术指标和特点见表 5-2。

表 5-2　起动发电机的主要技术指标和特点

形式	直流、有刷、并激、风冷
定子部件	磁极及并激绕组、换向极绕组、补偿绕组
转子部件	电枢绕组
电刷数量	4
控制方式	GCU
冷却方式	风冷带辅助风扇
驱动方式	APU
输出电功率	12 kW
输出电流	400 A(连续)；600 A(2min)
输出电压	30 VDC
输入额定转速	12 000 RPM
输入轴剪切扭矩	18 080 N·m
起动电压	28 VDC
起动电流	限流 2 000A 内

三、工作原理

起动发电机的电路图如图 5-7-3 所示，按照起动和发电两种工作模式分述如下。

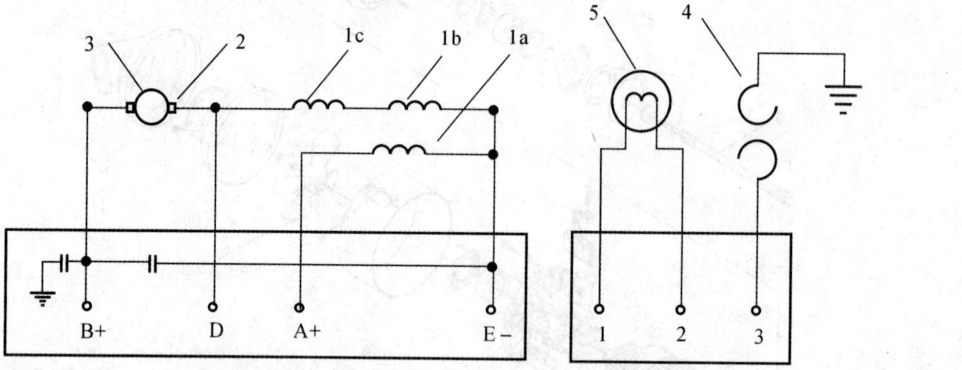

图 5-7-3　ERJ145 直流起动发电机电路图

1a—激磁绕组；　1b—补偿绕组；　1c—换向极绕组；　2—电刷；　3—电枢转子；　4—热敏开关；　5—测速器

1. 起动机模式

驾驶舱 APU 主电门置于“起动”位后，FADEC 对燃油、滑油、点火、空气等系统发出指令，为 APU 的起动做好相应的准备，同时通过 APU GCU 提供 28VDC 的励磁电压，经电机的插钉 A+/E-加到定子的激磁绕组(1a)，产生磁场。APU GCU 还闭合起动接触器，将电瓶电压经电机接线桩 B+/E-和电刷(2)引入到电枢转子(3)的绕组中。通电的电枢转子在定子磁场的作用下，受到扭力的作用而旋转，于是带动 APU 起动。

随着转子转速的升高，转子绕组产生的反电动势越来越大($E_a = C_e \Phi n$)，使得转子的电枢电流逐渐减小($I_a = (U - E_a)/R_a$)，转子获得的电磁扭矩也随之减小($T_{em} = C_T \Phi I_a$)。可见，在转速较高的起动后期，起动机转子的反电动势可降低其输入电流和输出扭矩，使 APU 的转动加速度逐渐降低，转速平稳地向目标值靠近。

此外在高速阶段，控制系统还通过 GCU 来调节激磁绕子的电流 I_f，改变定子的励磁磁通 Φ，来进一步调整转子的输出扭矩（$T_{em}=C_T\Phi I_a$，I_a 不变）或者转速（$\Phi_1/\Phi_2 \approx n_2/n_1$），使起动机和 APU 的运转状态趋同，内部相互作用扭力最小，此即所谓的“弱磁效应”。激磁绕组的弱磁效应，为电机从“驱动 APU”的起动模式转换为“被 APU 驱动”的发电模式作好了准备，同时也降低了起动过热或起动悬挂的可能性，提高了起动性能。

在电机的定子上还安装有补偿绕组和换向极绕组（项目 1b/1c），它们电路上与电枢绕组串联，流过与电枢相同的电流，但产生与电枢磁势反方向的磁通，从而抵消大电流情况下强烈的电枢反应，改善换向，削弱电刷火花。

热敏开关(4) 安装在电机外壳上，感受电机工作温度，正常时电门断开，当温度升高到 300 ℉时，开关闭合，接地信号被送到 GCU，后者发出相应保护指令。测速器(5) 通过磁电方式检测转子的速度，将信号反馈给 GCU，当起动机/APU 转速达到 70% 时，GCU 和 FADEC 均发出“起动关断”的指令，电机完成起动使命。

2. 发电机模式

起动完毕之后，APU 带动电机以相同的方向运转，电机进入发电机工作模式。GCU 仍然通过插钉 A＋/E－将励磁电压加到定子激磁绕组（项目 1a）而产生磁场，电枢(3) 在 APU 带动下切割定子磁场，电枢绕组感应出交变电压，经过换向器和电刷(2) 整流为直流后，送到发电机的主接线桩 B＋/E－。当 APU 速度达到 95% 时，发电机的电参数是合格的，可向外供电。

当发电机转速变化，或用电负载变化时，GCU 调节定子激磁绕组的电流，改变定子磁通大小，从而调节发电机输出电压（$E_a=C_e\Phi n$），使之维持在 30VDC 的额定范围。

四、维修检查项目

在外场，可以对发电机的外表、电气导线、连接卡箍、冷却气管等进行目视检查，如有过热、破损、松动、漏气等问题，应作相应修理。在外场，还可以打开冷却管罩旁边的电刷护带，取出电刷，检查其磨损程度。若磨损超过一半，应将电机拆下，送内场更换电刷（见图 5-7-4）。

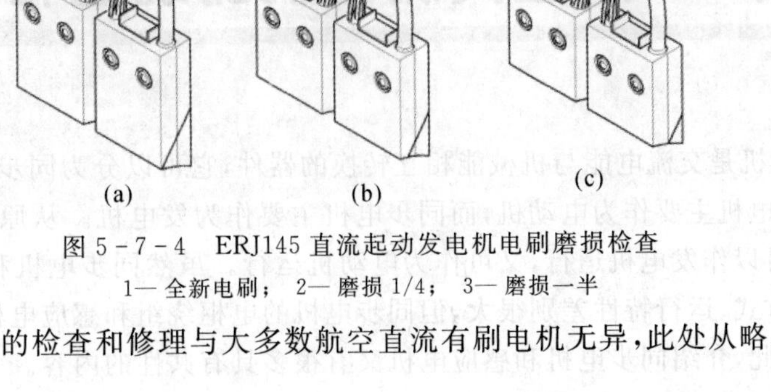

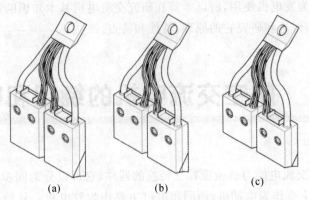

图 5-7-4　ERJ145 直流起动发电机电刷磨损检查

1— 全新电刷；　2— 磨损 1/4；　3— 磨损一半

在内场，此电机的检查和修理与大多数航空直流有刷电机无异，此处从略。

第三篇 航空同步电机

同步电机和直流电机、感应电机一样，也是根据电磁感应原理而工作的一种旋转交流电机。和感应电机相比，同步电机的转子转速 n 与定子电流的频率 f，交流电机的磁极对数 p 之间维持严格不变的关系，即

$$n = n_1 = \frac{60f}{p}$$

式中，n_1 为同步转速。若电网的频率保持不变，则同步电机的转速为恒定的常值而与负载大小没有关系。现代民用飞机交流电源的频率一般为 400Hz。

同步电机主要作为产生三相交流电的发电机运行，现在全世界交流电的绝大部分都是由同步发电机提供的。另外同步电机还可以用作电动机运行，作为电动机运行时可以通过调节其励磁电流来改善电网的功率因数。

早期的飞机电源都是由直流发电机供给的。随着飞机用电设备增加，飞机用电量增加，飞机飞行速度加快、飞行高度提高，直流发电机越来越难以适应航空技术飞速发展要求。经过科技人员多年的努力，现代民用飞机把同步发电机应用到飞机上，把同步发电机作为现代民用飞机主电源设备。

随着电力电子技术的发展，已出现了几种不用恒装的飞机电源系统方案，如变速恒频电源系统、高压直流系统等。它们都把同步发电机作为主电源发电机，只不过需要通过变频器、逆变器等，将同步发电机的变频交流电变为恒频交流电或直流电，然后再将直流电逆变为交流电。

航空同步发电机作为飞机交流电源设备，具有把飞机发动机的机械能转换为交流电能的功能，其原理和在工业中使用的同步发电机原理相似。

同步电机主要作为发电机使用，所以本篇在研究交流电机基本知识的基础上，将以航空同步发电机为主要对象，讨论和研究它的原理、特性和特点。

第六章 航空交流电机的绕组和电动势

交流旋转电机是交流电能与机械能相互转换的器件，它可以分为同步电机和感应电机两大类。其中感应电机主要作为电动机，而同步电机主要作为发电机。从原理上旋转电机是可逆的，即电机既可以作发电机运行，又可作为电动机运行。虽然同步电机和感应电机的结构、工作原理、励磁方式、运行特性差别很大，但同步电机的电枢绕组和感应电机的定、转子绕组都是交流绕组。因此，介绍同步电机和感应电机又有很多具有共性的内容。

交流绕组的线圈通常是嵌放在电机定子(或转子)铁芯圆周上均匀分布的槽内.交流电机绕组的作用是与磁场做相对运动时产生感生电动势,电机绕组在形成闭合通路时流过电流,电流与磁场相互作用产生电磁转矩,使交流电机能够实现机电能量转换。所以,绕组是交流旋转电机中的一个重要组成部件,是电机进行机电能量转换的关键部件。

第一节　交流电机的基本工作原理

一、同步电机的工作原理

同步电机主要作为发电机使用,图 6-1-1 所示为航空同步发电机的原理图。

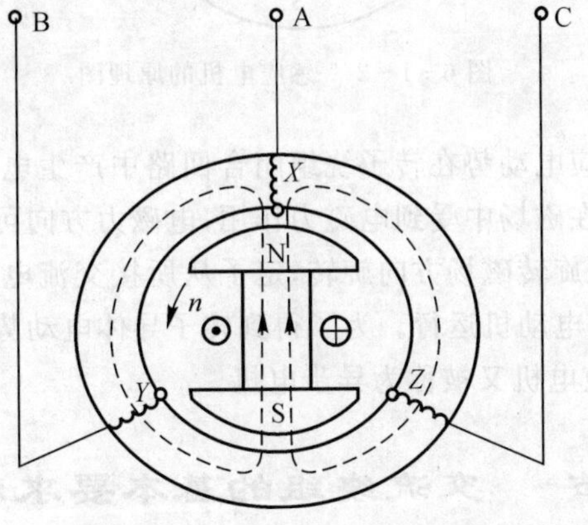

图 6-1-1　同步电机的工作原理

定子上有三相对称绕组,每相有相同匝数,其轴线在空间互差 120°。转子上有磁极,磁极绕组中通以直流电流激磁,产生方向恒定的磁场。当飞机发动机拖动同步发电机转子以恒定转速 n 旋转时,磁力线将切割定子绕组,根据法拉第电磁感应定律,定子绕组中将感应出交变电动势。每经过一对磁极,感应电动势就交变一周,若同步电机有 p 对极,则感应电动势的频率为

$$f=\frac{pn}{60} \tag{6-1-1}$$

三相电枢绕组在空间位置上有 120° 相位差,其感应电动势在时间相位上也存在 120° 相位差。若在三相电枢绕组的出线端接上三相负载,这样就有电能输出,定子电流与磁场相互作用产生的电磁转矩与原动机拖动转矩相平衡,即航空发电机将航空发动机的机械能转换成电能。由于同步电机的转子转速 n 与定子感应电动势的频率 f 有严格的关系,即 $n=\frac{60f}{p}$,所以把该表达式又称之为同步关系。

二、感应电机的工作原理

感应电机主要用作电动机使用,图 6-1-2 所示为笼型感应电机的原理图。

定子与同步电机定子相似,转子绕组为短路绕组。当定子三相对称绕组接上三相交流电源,定子绕组中就有三相对称电流流过,它们联合产生一个旋转磁场,该磁场与转子导体做相

对运动，在转子导体中感应出电动势，电动势的方向可以由右手定则确定。

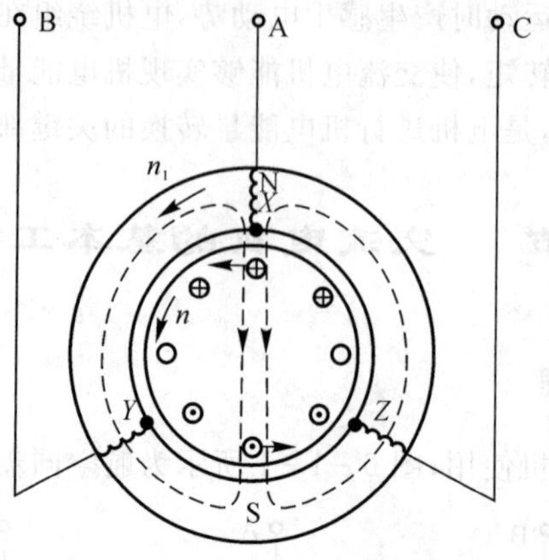

图 6-1-2　感应电机的原理图

转子绕组中产生的感应电动势在转子绕组闭合回路中产生电流，电流的有功分量与电动势同相位。转子载流导体在磁场中受到电磁力作用，电磁力方向可以用左手定则确定，该电磁力形成电磁转矩，使转子顺旋转磁场方向旋转，定子从所接交流电源中吸收电能，然后转变为转子轴上的机械能，电机作电动机运行。为了得到转子导体电动势和电流，转子转速 n 始终低于旋转磁场转速 n_1，故感应电机又被称为异步电机。

第二节　交流绕组的基本要求和分类

一、电机的参数介绍

1. 电角度（或空间电角度）

在电路理论中，随时间按正弦规律变化的物理量交变一次经过 360° 电角度。在电机理论中，导体经过一对磁极，其感应电动势交变一次，因此把一对磁极所对应空间距离称为 360° 空间电角度（或者 2π 弧度）。而一个圆周有几何角度 360°，在电机分析中常将电角度称为机械角度。若电机极对数为 p，则机械角度 θ 对应的空间角度为 $p\theta$。即一个圆周代表 $p\times 360°$ 空间电角度。

2. 极距 τ

一个磁极在电枢圆周表面所占的位置称为极距。它可以用长度、所占的槽数、电角度或电弧度来表示。设 D 为电枢直径，Z 为电枢铁芯定子槽数，则极距 τ 可以表示为

$$\tau=\frac{Z}{2p} \tag{6-2-1}$$

或者 τ 还可以用空间长度 $\frac{\pi D}{2p}$cm 或者电角度（180° 或 π）来表示。

3. 槽距角 α

槽距角 α 表示相邻两槽导体间隔的空间电角度，即

$$\alpha=\frac{p\times 360°}{Z} \tag{6-2-2}$$

4.线圈(元件)

由两根相距一定距离的导体末端相连构成线匝，N_c 匝串联构成线圈。嵌放在槽内的部分称为线圈边，一个线圈有两个线圈边，线圈边之间的连接部分称为端部，如图 6-2-1 所示。

在制造电机的绕组时，一般是先用绕线模把绝缘导线绕成线圈，然后按照一定规律把线圈装入铁芯槽内，再按照一定规律连接成绕组。由于线圈是组成绕组的元件，因而又把线圈称为绕组元件，简称为元件。

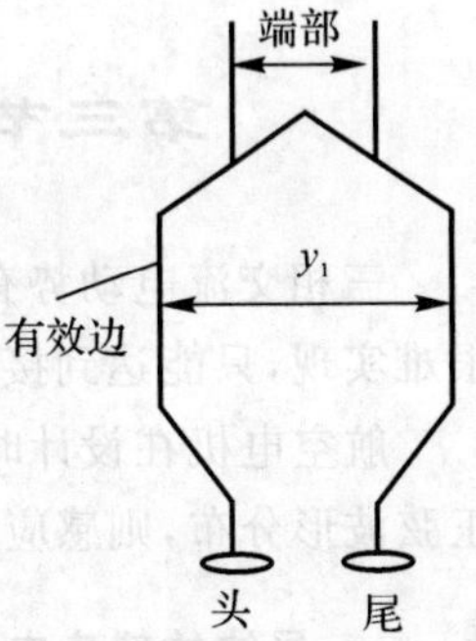

图 6-2-1　线圈

线圈可以是单(或 $N_c=1$)匝，也可以是多($N_c>1$)匝。

线圈放在铁芯槽内的直线部分是线圈的有效部分，称为有效边，如图 6-2-1 所示，其中电磁能量的转换主要是通过该部分进行的。在槽外的部分称为端部，它的作用是把线圈的两个有效边连接起来，而不直接转换电磁能量。

5.线圈节距 y_1

y_1 表示线圈的宽度，见图 6-2-1。即两个线圈边之间的距离，通常用所跨的槽数来表示。若 $y_1=\tau$ 称为整距，$y_1<\tau$ 称为短距，$y_1>\tau$ 称为长距。

6.每极每相槽数

在交流电机中，每极每相占有的平均槽数称为每极每相槽数，一般用 q 表示，即

$$q=\frac{Z}{2pm_1} \tag{6-2-3}$$

式中，m_1 为交流电机定子的相数。

7.相带

相带是指在每个磁极下每相绕组所连续占有的区域，一般用电角度来表示。即

$$q\alpha=60^\circ \tag{6-2-4}$$

式(6-2-4)表示三相交流电机一般都采用 60° 的相带绕组。

二、对交流绕组的基本要求

(1) 在一定的导体数下，要能感应较大的基波电动势和产生较大的基波磁动势，且电动势和磁动势的波形尽量接近正弦波形，谐波分量要尽可能小。

(2) 在三相交流电机中，三相绕组要对称，即三相绕组要有相同阻抗，相同的线圈和线圈分布，三相绕组的轴线在空间互差 120° 电角度。

(3) 在产生一定大小的电动势和磁动势条件下，在保证绝缘性能、机械强度、散热条件可靠的条件下，尽量减少用铜量。

(4) 在绕组中通过三相对称电流时，气隙中要有旋转磁场。

(5) 制造工艺简单，检修方便。

三、交流绕组的分类

(1) 按照相数分类，交流绕组可以分为单相、两相、三相和多相绕组。

(2) 按槽内层数分类，交流绕组可以分为单层、双层绕组。

(3) 根据连接方式不同，单层绕组又可以分为链式、交叉式和同心式绕组；双层绕组又可

以分为叠绕组和波绕组(具体内容可以查阅相关参考资料,本书不做详细介绍)。

(4) 按每极每相占有的槽数 q 是整数还是分数分类,交流绕组又可以分为整数槽绕组和分数槽绕组(具体内容可以查阅相关参考资料,本书不做详细介绍)。

第三节　正弦分布磁场下绕组的感应电动势

三相交流电动势有大小、频率、波形和对称等 4 个方面要求。其中要获得严格的正弦波形很难实现,只能达到接近正弦波。国家标准是用波形正弦畸变率来控制其近似程度。

航空电机在设计时,从磁极形状、气隙大小和绕组选择等方面考虑,力求使气隙磁场按照正弦波形分布,则感应电动势的波形可以达到所要求的波形。

一、导体的感应电动势

图 6-3-1 所示为一台简单的交流同步发电机模型。

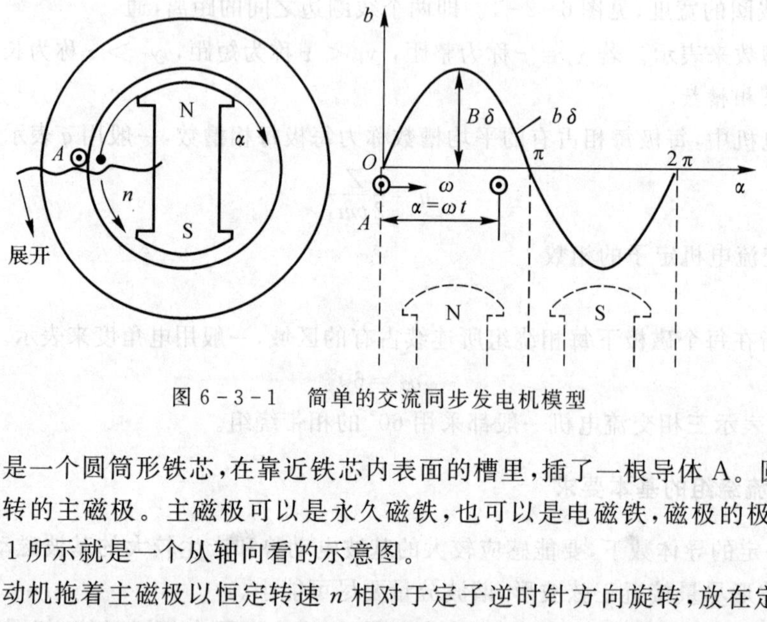

图 6-3-1　简单的交流同步发电机模型

它的定子是一个圆筒形铁芯,在靠近铁芯内表面的槽里,插了一根导体 A。圆筒形铁芯中间放了可以旋转的主磁极。主磁极可以是永久磁铁,也可以是电磁铁,磁极的极性用 N,S 表示。图 6-3-1 所示就是一个从轴向看的示意图。

用航空发动机拖着主磁极以恒定转速 n 相对于定子逆时针方向旋转,放在定子槽内的导体 A 与主磁极之间就有了相对运动。根据电磁感应定律,导体 A 中会感应出感应电动势,若气隙磁场在电机空间按照正弦规律分布,用公式表示为

$$B_{\delta} = B_{\mathrm{m1}} \sin\alpha \qquad (6-3-1)$$

式中　B_{m1}—— 气隙磁密最大值;

α—— 距离原点的电角度。

则导体与磁场相对运动时,导体中感应电动势将随时间按照正弦规律变化。若相对转速用每秒转过电弧度 w(角频率)表示,当时间为 t 时,转过的电角度 $\alpha = wt$,则导体切割磁感应线所产生感应电动势的大小为

$$e_{\mathrm{c1}} = B_{\delta} l v = B_{\mathrm{m1}} l v \sin wt = E_{\mathrm{c1m}} \sin wt \qquad (6-3-2)$$

式中　B_{δ}—— 气隙磁密;

l— 切割磁感应线的导体长度;

v—— 导体垂直切割磁感应线的相对线速度；

E_{c1m}—— 导体电动势的最大值，$E_{c1m}=B_{m1}lv$。

导体电动势的有效值为

$$E_{c1}=\frac{E_{c1m}}{\sqrt{2}}=\frac{B_{m1}lv}{\sqrt{2}}=\frac{B_{m1}l}{\sqrt{2}}\frac{\pi Dn}{60}=\frac{\pi}{2}B_{av}\frac{l}{\sqrt{2}}\frac{2p\tau n}{60}=$$

$$\frac{\pi}{\sqrt{2}}B_{av}l\tau\frac{np}{60}=\frac{\pi}{\sqrt{2}}f\phi_1=2.22f\phi_1 \qquad (6-3-3)$$

式中　B_{av}—— 正弦分布磁密的平均值，$B_{av}=\frac{2}{\pi}B_{m1}$；

Φ_1—— 每极磁通量，$\Phi_1=B_{av}l\tau$；

f—— 感应电动势的频率，$f=\frac{pn}{60}$；

当磁通的单位为 Wb，频率的单位为 Hz 时，电动势的单位为 V。

感应电动势的瞬时实际方向，用右手定则确定。

二、整距线匝电动势

由图 6-3-2 可知，对整距线匝来说，$y_1=\tau$。两根导体的感应电动势相量大小相等，相位差 180°，故整距线匝的电动势为

$$\dot{E}_{t1}=\dot{E}_{c1}-E'\ c1=2\dot{E}_{c1} \qquad (6-3-4)$$

整距线匝的电动势有效值为

$$E_{t1}=2E_{c1}=4.44f\Phi_1 \qquad (6-3-5)$$

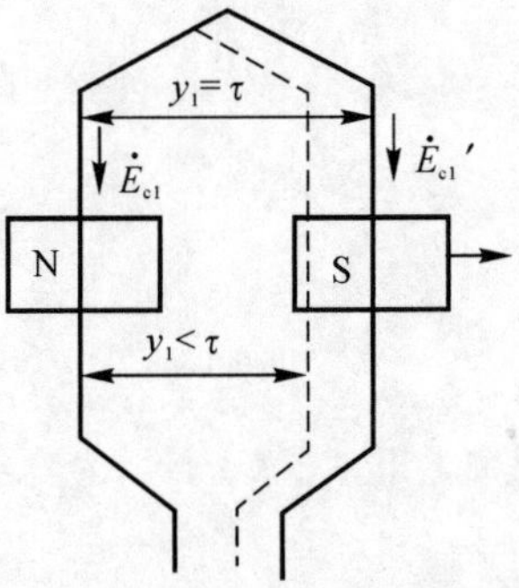

图 6-3-2　匝电动势计算示意图

三、线圈电动势

由于线圈内各匝电动势大小相同，相位相同，当线圈有 N 匝时，则线圈电动势的有效值为

$$E_{y1}=NE_{t1}=4.44Nf\Phi_1 \qquad (6-3-6)$$

顺便指出，一个线圈与一个磁密为空间正弦分布的磁场相切割时，产生的切割电动势 $E_{y1}=NE_{t1}=4.44Nf\Phi_1$；若线圈环链的是一个正弦变化的磁场，变压器电动势 $E_{y1}=NE_{t1}=4.44Nf\Phi_1$。二者表达式完全一样，说明了切割电动势也是线圈环链的一个交变磁通的缘故。

四、线圈组电动势

为了充分利用电机定子内圆空间，无论单层绕组还是双层绕组，每个线圈组都由 q 个线圈串联组成，并均匀分布在定子内表面的槽里，线圈感应电动势相位差为 α。所以线圈组的电动势等于 q 个相邻线圈电动势向量和，即

$$E_q = 4.44Nqk_d f\Phi_1 \tag{6-3-7}$$

式中，k_d 为整距线圈基波分布系数，则有

$$k_d = \frac{\sin q\dfrac{\alpha}{2}}{q\sin\dfrac{\alpha}{2}}$$

第七章　航空同步发电机的基本结构和原理

第一节　航空同步发电机的基本工作原理

一、三相同步电机基本原理

同步发电机的定子上装有对称的三相定子绕组，转子上装有励磁线圈。图 7-1-1 所示为同步发电机原理图。

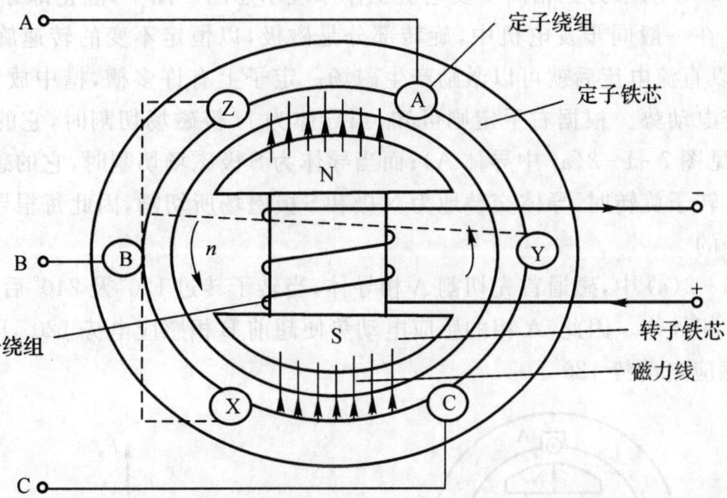

图 7-1-1　同步发电机原理图

励磁线圈（转子绕组）由直流电源供电，转子磁极产生一定极性的磁场。当转子被原动机带动沿一定的方向转动时，在对称三相定子绕组中产生对称的三相感应电动势。其三相感应电动势的解析式为

$$\left.\begin{aligned} e_A &= E_m \sin(\omega t) \\ e_B &= E_m \sin(\omega t - 120°) \\ e_C &= E_m \sin(\omega t + 120°) \end{aligned}\right\} \qquad (7-1-1)$$

同步发电机的感应电势由电动势的角频率、初相位和幅值大小这 3 个基本要素所决定。

设转子转速为 n，转子的极对数为 p，则定子三相绕组中三相感应电势的频率为

$$f_1 = \frac{pn}{60} \qquad (7-1-2)$$

航空同步发电机三相感应电动势频率为 400Hz，则 $pn = 60 f_1 = 24\ 000$ 。即在不同磁极对数 p 下，就可以确定航空同步发电机转速 n。

将三相定子绕组与用电设备接通，则电机供给用电设备所需的三相交流电，电机作为发电

机工作。如三相定子绕组接于对称的三相负载，则在三相定子绕组中流过对称的三相电流。定子三相绕组中的对称电流将在电机中产生旋转磁场。由于定子三相绕组中电流达到正的最大值的空间顺序与转子转向相同，因而三相定子电流产生的旋转磁场的转向与转子的转向相同。三相定子电流产生的旋转磁场的转速 n_1，取决于定子电流的频率 f_1 及定子绕组的极对数 p，即

$$n_1 = \frac{60f_1}{p_1} \tag{7-1-3}$$

另由式(7-1-2)可知，转子转速为

$$n = \frac{60f_1}{p} \tag{7-1-4}$$

因定子绕组极对数 p_1 与转子的极对数 p 相等，则

$$n = n_1 \tag{7-1-5}$$

这就是说，转子转速 n 与定子三相绕组中的电流产生旋转磁场的转速 n_1 相等，且转向相同，所以，这种电机称为同步电机。

图 7-1-2(a) 所示为三相同步发电机工作原理示意图。图中，静止部分称为定子，旋转部分称为转子。在一般同步发电机中，旋转部分是磁极，以恒定不变的转速旋转。转子上有绕组，绕组中通以直流电流后就可以激励产生磁场。定子上有许多槽，槽中放置导体，可以在其中感应出感应电动势。根据右手定则可知，当导体为 N 极磁场切割时，它的感应电动势方向为流出纸面(见图 7-1-2(a) 中导体 A)；而当导体为 S 极磁场切割时，它的感应电动势方向便为流入纸面。转子旋转时，导体交替地为 N 极和 S 极磁场所切割，因此每根导体中的感应电动势方向是交变的。

在图 7-1-2(a) 中，磁通首先切割 A 相导体，当转子转过 120° 及 240° 后，磁通再依次切割 B 相导体和 C 相导体。因此，A 相的感应电动势便超前 B 相感应电势 120°，B 相的感应电动势又超前 C 相感应电动势 120°。

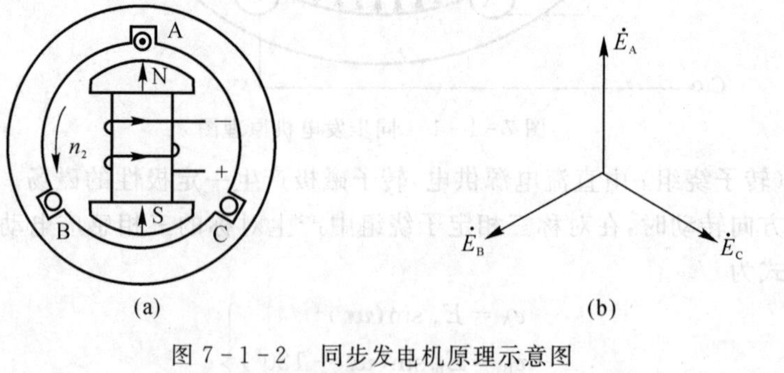

图 7-1-2 同步发电机原理示意图

(a) 工作原理示意图； (b) 电动势矢量

于是就可以得到图 7-1-2(b) 所示的电动势矢量关系，三相感应电动势的大小相等，相位互差 120°。

二、航空同步发电机的型号、额定数据和技术指标

1. 型号

国产航空同步发电机有 JF(交流发电机) 及 YJF(油冷交流发电机) 两种型号。例如 YJF—30 是额定容量为 30kVA 的油冷交流发电机。

2. 额定数据

(1) 额定电压 U_N。额定电压是指航空同步发电机在正常运行时，定子绕组出线端线电压有效值。电压单位为 V 或 kV，航空同步电机的额定电压为 115/200V。

(2) 额定电流 I_N。额定电流是指航空同步发电机正常运行时，流过定子绕组线电流有效值，电流的单位为 A。

(3) 额定容量 S_N。额定容量是指铭牌规定运行条件下航空同步发电机线端的视在功率，计算公式为

$$S_N = \sqrt{3} U_N I_N \tag{7-1-6}$$

一般 S_N 的单位为 kV·A。

(4) 额定功率 P_N。额定功率是指航空同步发电机在额定运行时出线端输出的有功功率，或指电动机在额定运行时轴上输出的有效机械功率，一般以 kW 或 MW 为单位。对于同步调相机，则用线端的额定无功功率来表示其容量，以 Kvar 或 Mvar 为单位。即

发电机：

$$P_N = \sqrt{3} U_N I_N \cos\varphi_N \tag{7-1-7}$$

电动机：

$$P_N = \sqrt{3} U_N I_N \eta \cos\varphi_N \tag{7-1-8}$$

式中　η——电动机效率；

$\cos\varphi_N$——交流电机功率因数。

(5) 额定频率 f_N。额定频率是额定运行时定子电枢绕组电气量的频率，我国民用飞机交流电的额定频率为 400Hz，额定工业频率为 50Hz。

(6) 额定功率因数 $\cos\varphi_N$。额定功率因数是指额定运行时定子绕组侧的功率因数.

(7) 额定效率 η_N。航空同步发电机的额定效率是指额定运行时定子绕组输出电功率（额定功率）与转轴输入机械功率（额定输入功率）的比值。电动机的额定效率是指在额定运行时转轴输出机械功率（额定功率）与定子绕组输入电功率（额定输入功率）的比值。

(8) 额定转速 n_N。额定转速是指航空同步发电机额定运行时的转速，是与额定频率相对应的转速，在一定极数和频率时，它的转速也是定值，即

$$n_N = \frac{60 f_N}{p} \tag{7-1-9}$$

单位为 r/min。

(9) 额定励磁电流 I_{FN} 和额定励磁电压 U_{FN}。额定励磁电流 I_{FN} 和额定励磁电压 U_{FN} 是指航空同步发电机在额定运行条件下，转子励磁绕组外施的直流励磁电流和直流励磁电压。

3. 技术指标

技术指标主要是指输出电性能的指标。有一些指标是由发电机本身性能决定的，也有不少是与配套设备共同决定的。根据有关标准，恒速恒频三相航空同步发电机的主要技术指标如下：

(1) 电压允许偏差。一般规定电压值精度为 ±2%，这主要取决于调压器配套的性能。

(2) 频率精度。对于恒速恒频系统其频率精度主要决定于恒速传动装置的稳速精度。一般可以达到 ±1% 以内。

(3) 电压波形。电压理想波形是正弦波。衡量其波形失真的指标有以下几个指标：

1）波峰系数为$\sqrt{2}\pm10\%$。

2）波峰系数等于电压峰值与电压有效值的比值。

3）任何一次谐波含量不超过基波的3%。

4）总谐波含量不超过基波的5%。

这些波形指标都是以相电压波形为要求的。为实现这些要求，必须正确设计电机的枢绕组及磁极形状。

（4）三相对称性。理想的三相电压应该是对称的，即有效值大小相等、相位互差120°。但由于工艺上的原因，三相总不能绝对对称，同时在实际使用中由于三相负载的不平衡也会引起三相电压的偏差，就规定了各种情况下各相之间相位移和电压的不平衡度，见表7-1。

表 7-1

条　件	相位移	电压不平衡度
空载和平衡负载	$120°\pm0.5°$	0.5%
$\frac{1}{6}$ 不平衡负载	$\pm1°$	1%
$\frac{1}{3}$ 不平衡负载	$\pm2°$	2%
$\frac{2}{3}$ 不平衡负载	$\pm4°$	4%

表7-1中，$\frac{1}{6}$不平衡负载即三相中有一相电流比其他两相大$\frac{I_N}{6}$，其他类同，电压不平衡度的定义为各相电压相对于三相电压平均值之百分偏差。

三相对称性要求除了要工艺上保证参数和结构对称之外，还必须有较强的阻尼绕组。

(5)过载能力。在航空同步发电机和调压器配套工作的情况下，规定要能承受：

1)1.5倍额定负载2min；

2)2倍额定负载2min。

(6)短路能力。规定航空同步发电机和调压器配套条件下，三相短路时短路电流应大于3倍额定电流，且能持续5s不损坏。

(7)机械强度。一般规定航空同步发电机要能承受1.2倍额定转速之超速试验2min。

第二节　航空同步电机的基本结构及分类

一、航空同步电机的基本结构

同步电机主要由定子、转子以及气隙等部分组成，如图7-2-1所示。

1.定子

定子由定子铁芯、定子绕组、机座等部件组成。定子铁芯一般用0.5mm厚的硅钢片叠压而成。整个铁芯用非磁性压板压紧，固定在机座上。

2.转子

转子由转子铁芯、励磁绕组、转子支架和轴承等部件组成。转子铁芯是构成电机磁路的主要组成部件，一般采用整块的高机械强度和良好导磁率的合金钢锻压而成，与转轴锻成一个整体;励磁绕组是由扁铜线绕制而成的,励磁(转子)绕组靠外接直流电源形成励磁电流,励磁绕组中流过直流电流后,产生的磁极磁场称为旋转磁场,原动机拖动转子旋转时,主磁场同转子一起旋转,就得到一个机械旋转磁场,该磁场对定子发生相对运动,在定子绕组中感应出三相对称交流感应电动势;转子支架与转轴连接,由于要传递轴上的转矩,因而转子支架应有足够的强度;转轴用来传递转矩,并承受转动部分的重量和轴向的推力,通常用高强度的钢整体锻压而成,转轴一般做成空心,以减轻重量和便于检查锻件质量。

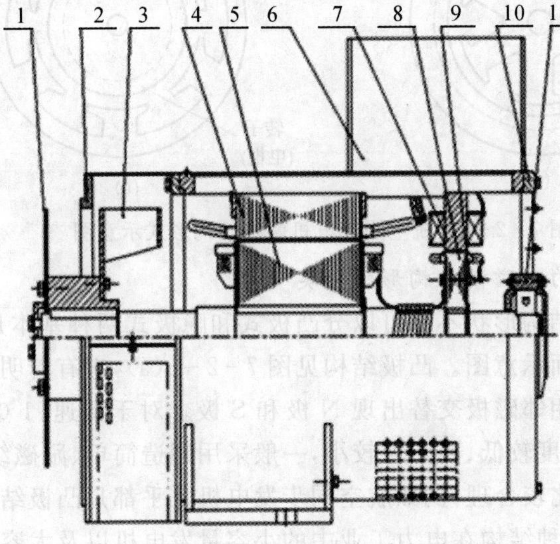

图 7-2-1　航空同步电机结构示意图

1—连接钢片及联轴器；2—前端盖；3—风扇；4—定子；5—转子；6—励磁调节器装配
7—励磁机定子；8—励磁机电枢；9—励磁整流器；10—后端盖；11—后轴承及内外盖

3.气隙

气隙是构成电机磁路中必不可少的一部分。

二、航空同步电机的分类

航空同步电机的定子和转子中有一个是磁极,则另一个就为电枢。电枢主要由电枢铁芯和电枢绕组组成。电枢铁芯都是采用电工钢片冲制叠成,在它的槽内敷设电枢绕组。对于磁极,一般由磁极铁芯和励磁绕组组成,励磁绕组接通直流电后,就可以建立起励磁磁场。

1.按照航空同步电机结构形式分类

航空同步电机按结构形式不同可以分为旋转磁极式和旋转电枢式两类,如图 7-2-2 所示。

旋转磁极式电机,转子是磁极,定子是电枢,一般情况下磁极在电枢之内,见图 7-2-2(a),故也称之为内极式。转子的磁极励磁绕组电流要用两个滑环和电刷引入,这种结构形式的同步电机可以使电刷和集电环的负载大大减轻,工作条件得以改善,所以旋转磁极式结构已成为中、大型同步电机的基本结构形式,例如 JF—20 型航空同步发电机就属于这种形式。

旋转电枢式见图 7-2-2(b),它的定子是磁极、转子是电枢,也称为内枢式。

旋转磁极式和旋转电枢式这两种同步发电机虽然结构形式不同,但原理上它们没有本质差别。旋转电枢式的电枢绕组在转子上,因此所发出的电能必须用滑环电刷引出。若是三相发电机就要用3只滑环,而且和励磁绕组相比,电枢绕组的电压高、电流大,因此旋转电枢式一般要比旋转磁极式复杂,只宜在小容量或特殊的同步电机中应用。例如,变流机中的单相同步发电机以及无刷电机中的励磁发电机,就是采用旋转电枢式结构。

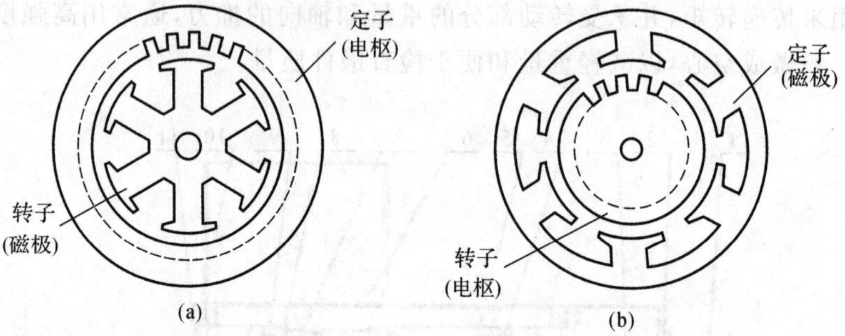

图7-2-2　航空同步电机两种结构形式示意图

2.按照航空同步电机的主磁极结构形状分类

航空同步电机按磁极结构形状不同可以分凸极式和隐极式两种基本形式。如图7-2-3所示即为这两种结构的截面示意图。凸极结构见图7-2-3(a),它有着明显的磁极外形,气隙不均匀,励磁绕组通电后,相邻磁极交替出现N极和S极。对于低速(1 000r/min及以下)同步电机,由于转子的圆周速度较低、离心力较小,一般采用制造简单、励磁绕组集

中安放的凸极式结构比较合理,例如航空同步发电机几乎都是凸极结构的,其中磁极铁芯采用电工钢片冲制叠成,这种结构在电力工业中的小容量发电机以及大容量低速发电机(如水轮发电机)中也广泛采用。

隐极结构没有明显的极形,在圆柱体的磁极铁芯上开有一些槽,把隐极式转子做成圆柱形状,气隙均匀,励磁绕组就嵌在这些槽内,隐极结构的截面见图7-2-3(b)。这种结构对于高速(3 000r/min及以上)同步电机,从转子机械强度和妥善地固定励磁绕组考虑,应用隐极式结构较为可靠,例如在大型和高速的汽轮发电机中就使用了隐极式同步发电机。

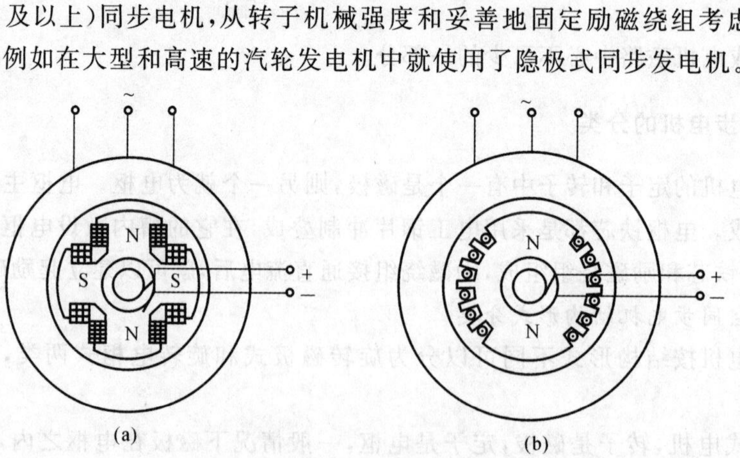

图7-2-3　航空同步电机两种结构形式示意图

(a)凸极式;(b)隐极式

3.按照航空同步电机有无电刷滑环分类

航空同步电机按有无电刷滑环,可分有刷和无刷两种。图7-2-4所示为有刷航空同步发电机的结构原理图。

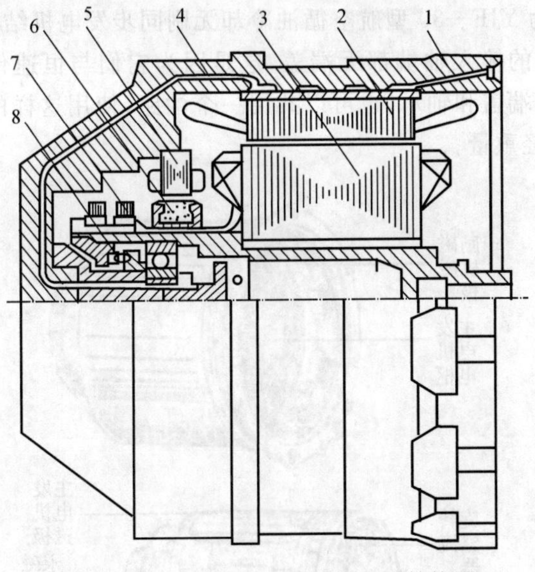

图 7-2-4　有刷航空同步发电机结构图

1—机壳；　2—主发电机定子；　3—主发电机转子；　4—冷却油道；　5—励磁机定子
6—励磁机永磁转子；　7—电刷与滑环；　8—动密封组件

而现代飞机广泛采用的是旋转整流器式无刷同步发电机，其原理线路图如图 7-2-5 所示。本篇将在后面重点对这种同步发电机加以分析和讨论。

由图 7-2-5 可知，无刷同步发电机装有主发电机和交流励磁机。主发电机为旋转磁极式同步发电机，交流励磁机是旋转电枢式同步发电机。电机转子上还装有整流器，由于它随转子旋转，因而常称为旋转整流器。这样，电机运转时，励磁机电枢产生的交流电直接经整流而供主发电机励磁。显然，可通过调节励磁机的励磁电流，来改变主发电机的励磁，实现无刷控制。这种无刷电机避免了电刷滑环，所以可靠性高，也不需要经常维护，这对航空电机来说，具有重要意义。在图 7-2-5 中还画出了一个永磁式发电机，它专为调压器及控制保护器供电，常称为副励磁机。

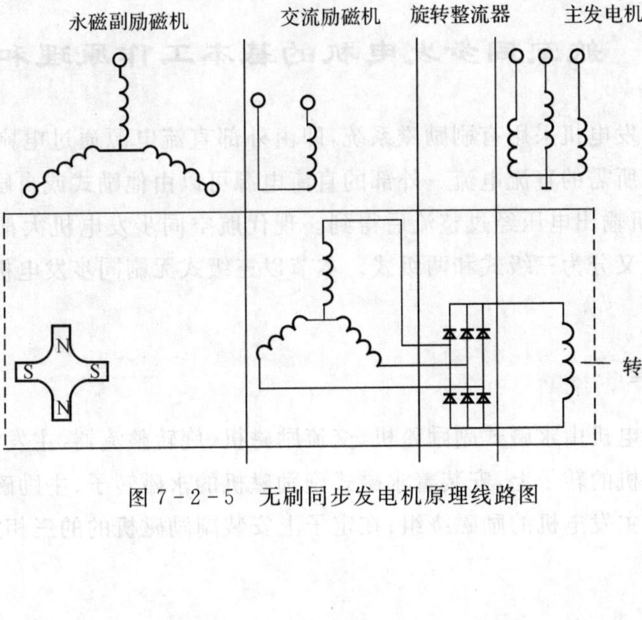

图 7-2-5　无刷同步发电机原理线路图

如图 7-2-6 所示为 YJF—30 型航空循油冷却无刷同步发电机结构图。它是作为恒速恒频电源系统的发电机,它的输入轴端都无端盖,这是因为它们与恒速传动装置装配成一体工作,这样就可以共用一个端盖和轴承,也可以共用一个油路,使用这样的结构就有利于航空同步发电机缩小体积和减轻重量。

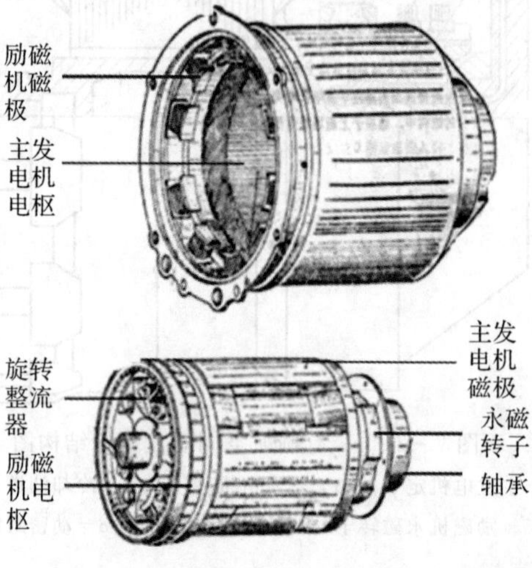

图 7-2-6　YJF—30 型航空循油冷却无刷同步发电机结构图

4. 按照运行方式和功率转换方向分类

航空同步电机按照运行方式和功率转换方向不同可以分为同步发电机、同步电动机和同步补偿机三类。其中,同步发电机是把机械能转换成电能;同步电动机是把电能转换成机械能;同步补偿机不进行功率的转换,它专门用来调节电网的无功功率,改善电网的功率因数的无功发电机。

除此以外,还可以按照冷却介质不同可以分为空气冷却、水冷却、油冷却等;按安装方式不同可以分为卧式和立式;按原动机的类别来分成不同形式的同步电机。

第三节　航空同步发电机的基本工作原理和结构

早期的航空同步发电机采用有刷励磁系统,即由外部直流电源通过电刷和滑环供给航空同步发电机励磁绕组所需的直流电流。外部的直流电源可以由他励式或自励式的直流发电机提供,或由同步发电机输出电压经过整流后得到。现代航空同步发电机大都采用无刷励磁系统。无刷同步发电机又分为三级式和两级式。本节以三级式无刷同步发电机为主来介绍基本结构和原理。

一、基本工作原理

航空无刷同步发电机由永磁式副励磁机、交流励磁机、旋转整流器、主发电机等组成。

在无刷同步发电机的转子上,安装着永磁式副励磁机的永磁转子、主励磁机的三相电枢绕组、三相旋转整流器、主发电机的励磁绕组;在定子上安装副励磁机的的三相定子绕组、主励磁机的励磁绕组、主发电机的三相电枢绕组。

当航空发动机带动转子旋转时，永磁式副励磁机的永磁转子产生的磁通，永磁式副励磁机的三相定子绕组中产生三相感应电动势。永磁式副励磁机定子绕组产生的三相交流电经调压器变压整流后，供给交流励磁机励磁绕组所需的直流电。交流励磁机三相电枢绕组产生的三相交流电经同轴安装的三相旋转整流器整流后，供给交流发电机励磁绕组所需的直流电。交流发电机三相电枢绕组就可以产生用电设备所需的三相交流电。调压器根据主发电机的电压变化调整交流励磁机的励磁电流，来保证主发电机输出负载所需要的恒定电压。图7－3－1所示为三级式无刷同步发电机的原理线路图。

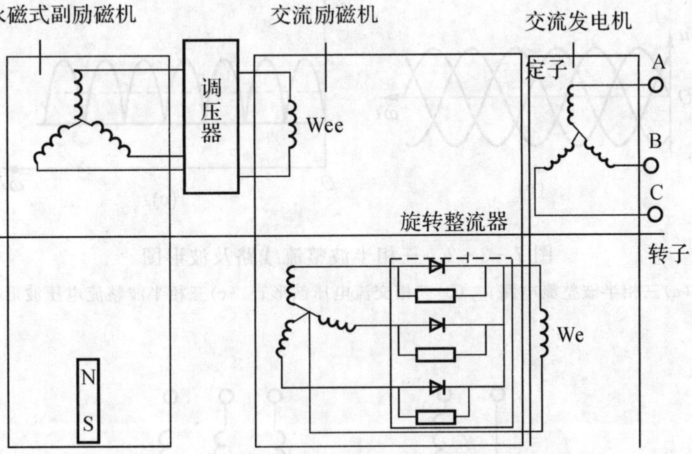

图 7－3－1　三级式无刷同步发电机的原理线路图

永磁式副励磁机的转子采用永磁式，可以保证主发电机不会失磁；电网短路时，永磁式副励磁机仍能提供保护装置所需的电源，同时，因永磁式副励磁机以及交流励磁机都仍能正常工作，可以使交流发电机产生足够大的短路电流，以使保护装置能可靠地把交流发电机从电网断开，所以该航空同步发电机具有强行励磁能力，如图 7－3－1 所示的无刷同步发电机相当于一种特殊的他励式发电机。

由于整个发电机没有电刷和滑环，可以采用直接喷油冷却方式，实现发电机内部的热量散失，从而就大大改善同步发电机的冷却条件。

三级式无刷同步发电机的优点是励磁可靠；主发电机输出短路时，具有强励磁能力。

二、旋转整流器式无刷同步发电机的特点

1. 旋转整流器的形式

旋转整流器是实现无刷励磁的关键部件，常用的有三相半波、三相全波以及六相半波等几种整流电路。图 7－3－2 所示为整流电路及部分电路整流后的波形。从整流效果来说，三相全波最好，应用较多，图 7－3－3 所示画出了采用三相全波整流器的无刷同步发电机原理线路。但对于循环油冷却电机应采用半波形式的旋转热量要通过与油直接接触的金属部件来传导，所以半波整流器的 3 个硅整流管可共极，同接在一个金属支架上，既导热又可以做电极，见图 7－3－3，电路结构简单。有少数电机采用六相半波整流器如图 7－3－4 所示，但它所用的

二极管多，使每一只管子承担的负荷小，在需要较大励磁电流时使用这种整流方式是有利的。

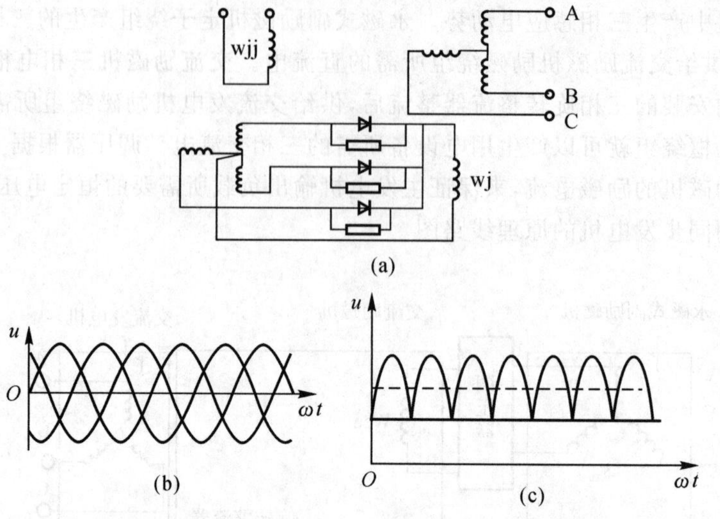

图 7-3-2　三相半波整流线路及波形图

(a)三相半波整流电路；　(b)三相交流电压波形；　(c)三相半波整流电压波形

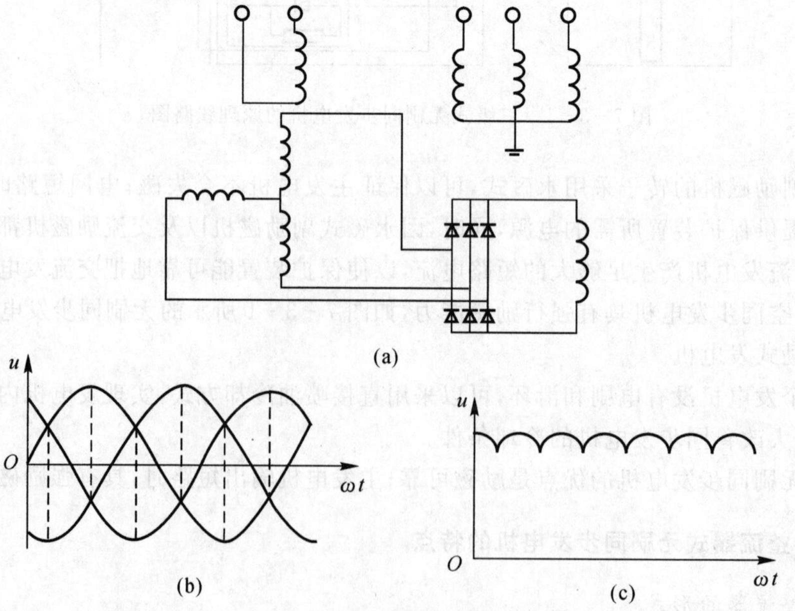

7-3-3　三相全波整流线路及波形图

(a)三相全波整流电路；　(b)三相交流电压波形；　(c)三相全波整流电压波形

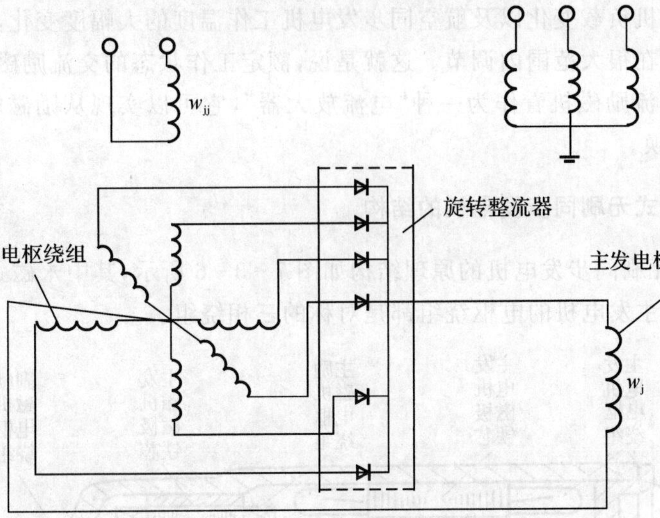

图 7-3-4　六相半波整流线路图

2. 交流励磁机的特点

交流励磁机是一旋转电枢式同步发电机，它输出的三相交流电经整流器给主发电机励磁绕组供电，所以它的工作条件与一般同步发电机不同。如果以图 7-3-5 所示的原理线路图来分析时，主发电机励磁绕组得到的电压为

$$U_F = I_F r_F \tag{7-3-1}$$

式中，I_F 和 r_F 分别为主发电机励磁绕组的电流和电阻值。

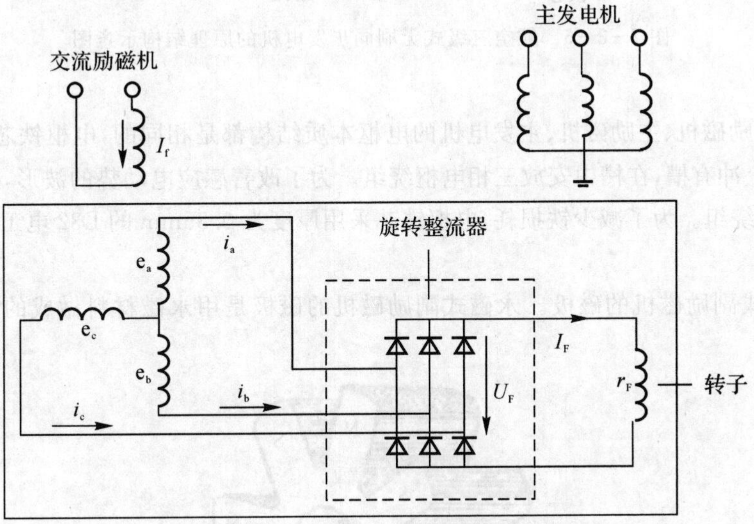

图 7-3-5　无刷同步发电机原理线路图

电流 I_F 的大小完全取决于主发电机工作的需要，可根据主发电机的调节特性来决定。考虑到航空同步发电机要能 2 倍过载运行，这时所需的 I_F 将比额定值成倍增加；按航空同步发电机技术要求，还要能发出大于 3 倍额定电流的短路电流，这往往需要交流励磁机提供更大的电流 I_F；再看电阻 r_F，从冷态到热态温度变化范围可达 300℃，相应电阻值则可能增加一倍。所

以，要适应主发电机负载变化以及航空同步发电机工作温度的大幅度变化，应使交流励磁机整流输出电压U_F能在很大范围内调节。这就是说，额定工作状态的交流励磁机磁路一定不能饱和，因此可以把交流励磁机看作为一种"电流放大器"，它可以实现从励磁电流I_f到输出电流I_F的近似线性变换。

三、航空三级式无刷同步发电机的结构

航空三级式无刷同步发电机的原理结构如图 7－3－6 所示，其中永磁式副励磁机、主励磁机（交流励磁机）、主发电机的电枢绕组都是对称的三相绕组。

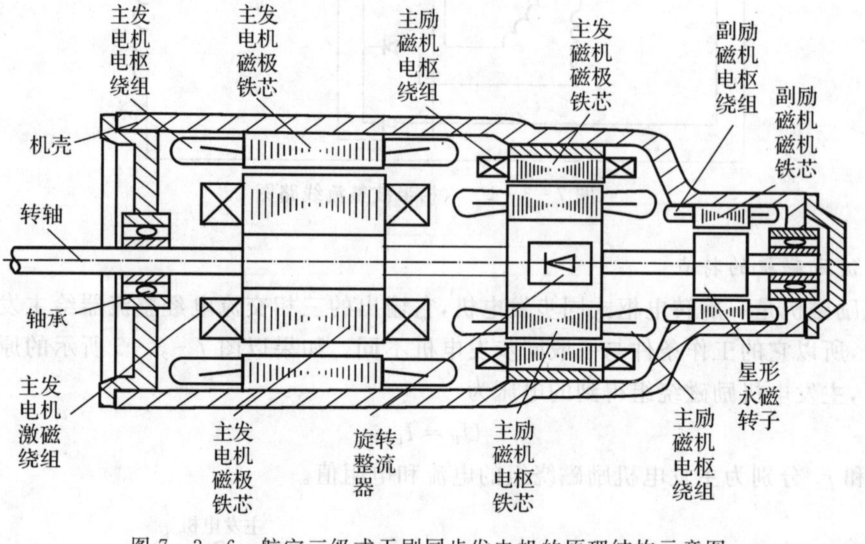

图 7－3－6　航空三级式无刷同步发电机的原理结构示意图

1. 电枢

永磁式副励磁机、主励磁机、主发电机的电枢本质结构都是相同的，电枢铁芯由硅钢片叠压而成，硅钢片上冲有槽，在槽中安放三相电枢绕组。为了改善感应电动势的波形，提高分布效果，均采用分数槽绕组。为了减少铁损耗，电枢铁芯采用厚度为 0.35mm 的 D32 电工钢冲片。

2. 磁极

(1)永磁式副励磁机的磁极。永磁式副励磁机的磁极是用永磁材料做成的，如图 7－3－7 所示。

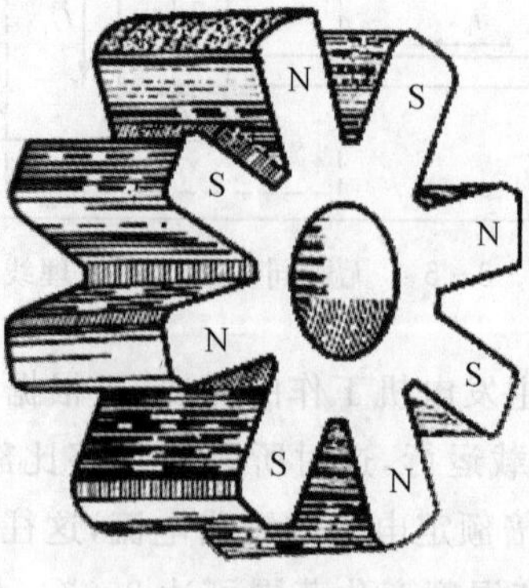

图 7－3－7　永磁式副励磁机的磁极

永磁合金属于硬磁材料，不便于进行机械加工，所以采用精密铸造后研磨而成。为防止电枢绕组短路时电枢电流产生去磁作用使转子去磁，在星形转子周围铸铝，电枢绕组短路时，铝中产生涡流抵消了电枢电流产生的去磁作用。否则，因为永磁材料电阻大，涡流小，阻尼作用弱，不能有效地抵消电枢电流的去磁作用，永磁转子的磁性将被削弱。同时，转子铸铝后，也增加了转子的机械强度。

永磁星形转子虽然结构简单，但永磁材料磁阻很大，充磁困难。同时，要铸造各部分磁性相同的永久磁铁很困难。而且，永久磁铁产生的磁通不能随意调节。所以，永磁转子只用于小容量的同步发电机，如副励磁机。

(2)主励磁机的磁极。主励磁机的磁极铁芯材料为硅钢片。

主励磁机的磁极放在定子上，有较大的空间来安放磁极及激磁绕组，可以制成较多极对数，提高电枢电动势的频率，减小整流输出电压的脉动强度。

(3)主发电机的磁极。主发电机的磁极用导磁性能良好的钴钢片制成，全部磁极铁芯冲片叠装起来后压在轴上，形成一个整体，如图 7-3-8 所示。

图 7-3-8　主发电机的磁极示意图

整体结构的磁极铁芯能承受较大的离心力。激磁绕组安放在磁极铁芯间气隙中，并用非磁性金属槽楔将励磁绕组固紧。

3.机壳与转轴

机壳用来安装和固定主发电机的电枢、主励磁机的磁极、副励磁机的电枢。为了减轻电机的重量和便于制造，机壳一般用铝合金制成。

转轴用来安装和传动主发电机的磁极、主励磁机的电枢、副励磁机的磁极等，转轴一般采空心轴和柔性轴组成的组合轴。空心轴用来支撑转子部件，柔性轴用来传递转矩，空心轴与柔性轴依靠半月键齿合。

第四节　航空同步发电机的励磁方式

供给航空同步发电机励磁的装置称为励磁系统。为了保证同步发电机的正常运行，励磁系统应该满足下述几方面的要求。

(1)当航空同步发电机从空载到满载以及过载时，应能够稳定地提供所需的励磁电流；

(2)当飞机电源系统发生故障而导致电网电压下降时，励磁系统应能快速强行励磁，以提高系统的稳定性；

(3)当航空同步发电机内部发生故障时，应能快速灭磁，以便迅速排除故障，并使故障局限在最小的范围内；

(4)励磁系统能够应能长期可靠地运行，且维护要方便，力求简单、经济。

航空同步发电机的励磁(激磁)绕组需要通过直流电励磁。航空同步发电机的种类可根据励磁方式划分。励磁方式有多种，按照励磁系统结构中是否带有电刷可分为有刷励磁和无刷励磁两大类，每一类中又包含自励与他励两种方式。此外，一些新的励磁形式，如谐波励磁、旋转整流器式无刷励磁等，不断出现并得到广泛的应用。

一、航空同步发电机有刷励磁系统

1. 他励式系统

与主发电机运行状态无关的独立电源供电给励磁绕组的形式即为他励式。他励式有刷交流发电机的励磁电源由飞机直流电网或由直流励磁机提供，它们的原理电路如图 7-4-1 所示。

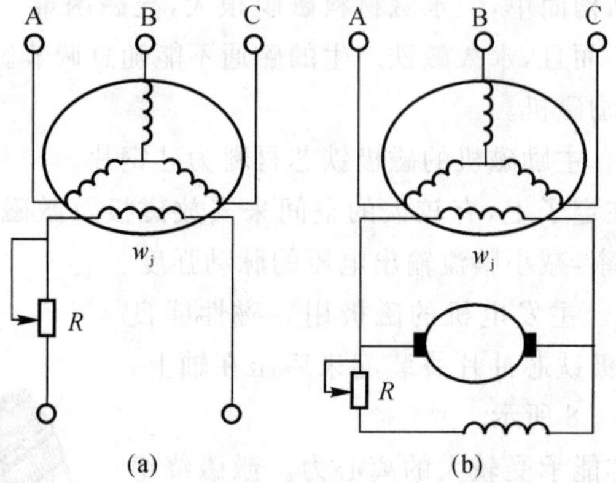

图 7-4-1　他励式有刷交流发电机励磁方式线路图

(a)直流电网励磁；(b)直流励磁机励磁

(1)直流电网励磁系统。航空同步发电机的励磁绕组在转子上，三相电枢绕组在定子上。当通过飞机直流电网供电给励磁绕组时，必须经过电刷、滑环将直流电源加到转子上，如图 7-4-1(a)所示，图中 R 为可调电阻，通过改变流经励磁绕组的电流来调节发电机输出电压。由于交流发电机的电枢反应比直流发电机强，因此需要的励磁功率较大，例如安-24 飞机的交流发电机功率只有 16kV·A，但励磁电流最大能达到 20A 以上，它们的电压调节器一般使用磁炭式(磁放大器—炭片调压器式)，炭片损耗功率达数百瓦。

通过直流电网励磁的优点是结构比较简单，但缺点是，一旦飞机上直流电源掉电，势必导致整个飞机交流电源系统掉电；带有电刷和滑环，容易产生火花，工作条件受到限制；可调电阻损耗功率比较大，发热严重，需要使用专门的通风冷却设备等。

(2)直流励磁机励磁系统。直流励磁机励磁系统的电路如图 7-4-1(b)所示。励磁机实际是一台小功率发电机，采用并励形式。直流励磁机与交流发电机同轴旋转，并向交流发电机提供励磁电流。图 7-4-1 (b)中，W_j 是交流发电机的励磁绕组，W_{jj} 是直流励磁机的励磁绕组，R 代表电压调节器。与直流电网励磁系统比较，这种励磁方式不依赖于直流电网，提高了励磁、发电的可靠性；同时，可调电阻 R 只调节直流励磁机的励磁电流，因此电阻 R 消耗功率比较小。但是交流发电机励磁绕组的励磁电流仍然是通过直流励磁机的换向器和电刷来引入的，所以可靠性比较差，使用的局限性很大。

2. 自励式系统

自励式系统就是利用同步发电机输出交流电压的一部分经变压、整流、调压，然后再提供给励磁绕组。由于励磁绕组所需要的励磁电流不大，因而通过同步发电机输出的电能一部分来作为励磁电源是可行的。

由于自励式系统不再使用单独的励磁电源，因而这种自励式系统得到了比较广泛的应用。

要实现自励，自励式电机要具备一定的自励条件。这与航空直流发电机自励条件相似。一是发电机必须有足够的剩磁；二是并联在电枢绕组两端的励磁绕组极性要正确；三是励磁回路总电阻应小于临界电阻，以确保发电机端有一个恰当的端电压。具备上述3个条件后，自励式发电机在起动后，就存在剩磁电压，以此提供初始的励磁电流，使电压逐步建立至正常工作，图7-4-2所示为一个航空同步发电机自励式系统的电路图。

相比他励式系统，自励式系统不需要专门的励磁电源，但自励式系统的电路存在着如下的缺点。一是自励发电机的外特性较软；二是自励发电机出现三相短路故障时，发电机端电压为零，励磁电流也就为零，使自励发电机失去了励磁能力。这种发电机在短路时失去励磁的现象，称为发电机没有强励能力。

为了使主发电机在输出端短路或开路时具有强励能力，常采用相复励电路。

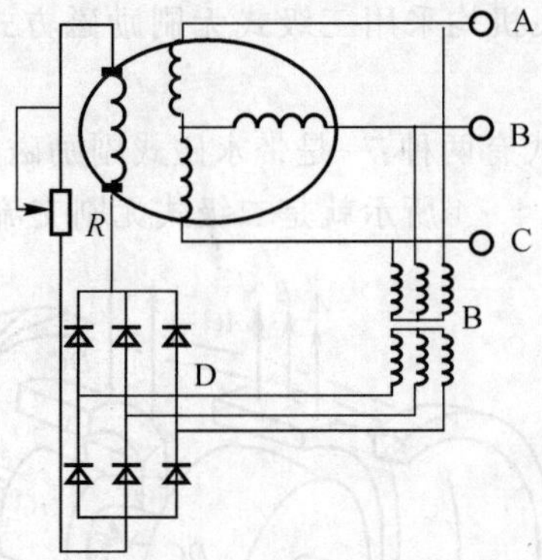

图7-4-2　航空同步发电机自励电路线路图

3. 三次谐波励磁

一般凸极同步发电机，它的气隙磁场中存在3次谐波空间磁场，而且，负载时在电枢反应作用下，3次谐波磁场被增强了。所以可以在电枢上设置一个绕组，专门感应3次谐波电势，并以此交流电经整流去励磁，这就是3次谐波励磁，如图7-4-3所示。

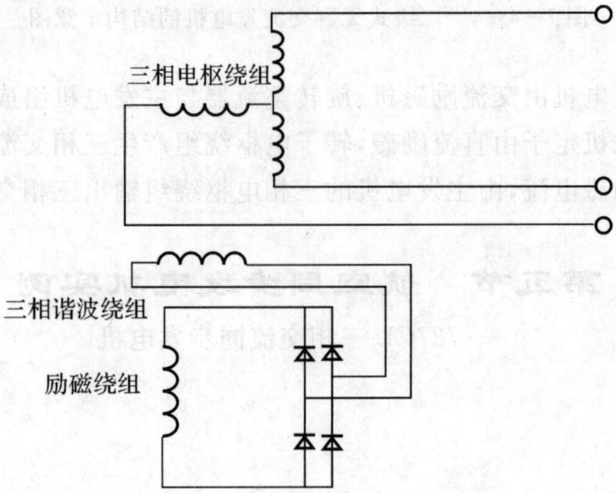

图7-4-3　3次谐波励磁原理图

3次谐波绕组的节距应按3次谐波磁场的极距来设计，同时为了保证有足够的3次谐波磁场，所以应合理选择磁极极弧长度和气隙大小等参数。另外，要保证稳压调压等方面有较高精度，则也应配以适当的控制调节线路。

由于3次谐波励磁系统具有结构简单，自然调压率高等优点，因而虽然对它的研究时间不长，但很快在中小型同步发电机中推广使用。

二、同步发电机无刷励磁系统

以上几种励磁系统的航空同步发电机均存在电刷、滑环。有电刷、滑环的航空同步发电机，就需要经常维护。

采用旋转整流器式励磁系统，就是将交流励磁机电枢绕组上的三相交流电经旋转整流器整流后，直接供给主发电机的励磁绕组（见图7-3-1和图7-3-5）。这样就可以省去电刷滑环，成为一种无刷励磁系统。目前的航空同步发电机就广泛采用了这种励磁方式，例如B747，B757，B767，MD-82，A320等飞机均采用三级式无刷励磁方式；B707，B737等飞机采用两级式无刷励磁方式。

无刷交流发电机的基本形式有两种：一是带永磁式副励磁机的三级式交流发电机；二是两级式无刷交流发电机。如图7-4-4所示就是二级式无刷交流发电机的结构示意图。

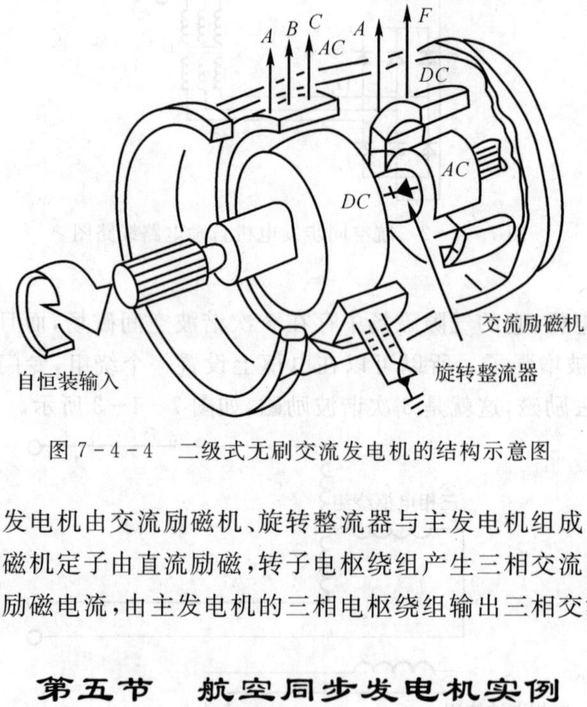

图7-4-4　二级式无刷交流发电机的结构示意图

两级式无刷交流发电机由交流励磁机、旋转整流器与主发电机组成。右边是交流励磁机，左边是主发电机。励磁机定子由直流励磁，转子电枢绕组产生三相交流电，经过旋转整流器整流后给主发电机提供励磁电流，由主发电机的三相电枢绕组输出三相交流电。

第五节　航空同步发电机实例

——737CL三相交流同步发电机

一、概述

737CL飞机的左发动机、右发动机和APU分别装备了一台三相交流同步发电机，为飞机的主交流汇流条和整个电源系统提供主要电力（见图7-5-1）。发动机上的发电机由机械液压式恒速传动装置（CSD）驱动，额定输入转速为6 000r/min，额定输出功率为40kV·A；发电机的冷却由发动机风扇函道的空气负责。

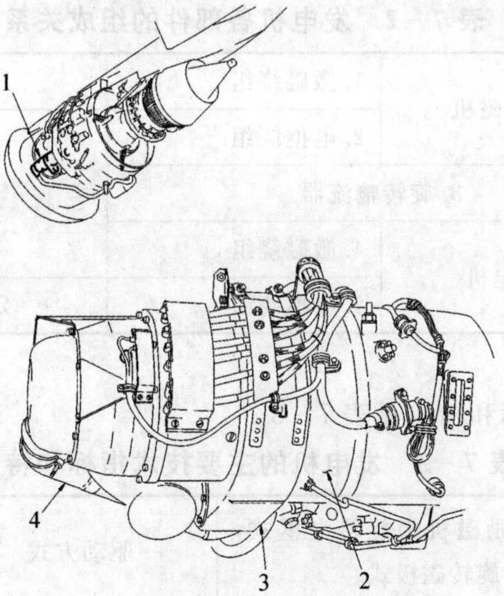

图 7-5-1　737CL 飞机的主发电机

1—发电机安装位置； 2—恒速传动装置； 3—交流发电机； 4—发电机风冷管

二、组成及特点

图 7-5-2 所示为 737CL 飞机发电机的部件分解图。该发电机为自激式、两级(交流励磁机、主发电机)、无刷(带旋转整流器)。其中交流励磁机的激磁绕组(1)和主发电机的电枢绕组(5)装在电机的定子壳体上，励磁机的电枢绕组(2)、旋转整流器(3)和主发电机的激磁绕组(4)则装在电机的转子上。各主要部件的组成关系可简洁地表示，见表 7-2。

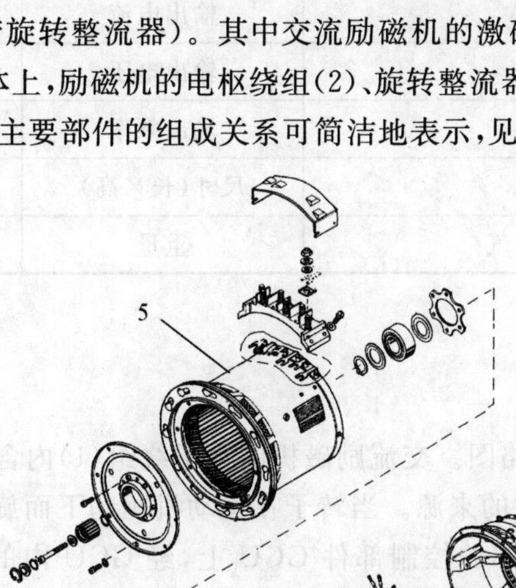

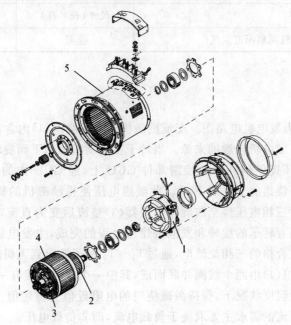

图 7-5-2　737CL 飞机发电机分解图

1—交流励磁机激磁绕组； 2—交流励磁机电枢绕组； 3—旋转整流器

4—主发电机激磁绕组； 5—主发电机电枢绕组

表 7-2　发电机各部件的组成关系

<table>
<tr><td rowspan="2">交流励磁机</td><td>1.激磁绕组</td><td>定　子</td></tr>
<tr><td>2.电枢绕组</td><td rowspan="3">转　子</td></tr>
<tr><td colspan="2">3.旋转整流器</td></tr>
<tr><td rowspan="2">主发电机</td><td>4.激磁绕组</td></tr>
<tr><td>5.电枢绕组</td><td>定　子</td></tr>
</table>

发电机的主要技术指标和特点见表 7-3。

表 7-3　发电机的主要技术指标和特点

级　数	两级:交流励磁机为旋转电枢式，主发电机为旋转磁极式	驱动方式	恒速传动装置(CSD)
定子部件	交流励磁机激磁绕组和主发电机的电枢绕组	输入转速	6000±300 RPM
转子部件	交流励磁机的电枢绕组、旋转整流器和主发电机的激磁绕组	额定功率	40 kVA
电刷	无刷	输出电流	111 A
旋转整流器	三相全波	输出电压	120 Vac
激磁方式	自激	输出频率	400±20 Hz
控制方式	GCU	尺寸(长×高)	320mm×300mm
冷却方式	发动机风扇函道空气	重量	35kg

三、工作原理

图 7-5-3 所示为发电机电路图。交流励磁机的定子绕组(1)内含若干块永久磁铁，它们为发电机提供剩磁，是发电机自激的来源。当转子在发动机驱动下而旋转时，励磁机和主发电机感应产生的剩磁电压提供到外部的控制部件 GCU 上，经 GCU 内的调压器整流后变为直流，返回到励磁机定子绕组的 A－和 F 端。此激磁电压使得励磁机的旋转电枢(2)感应出更高的三相交流电压，此三相电压经全波旋转整流器(3)整流后变为直流，供应到转子上的主发电机激磁绕组(4)。随着转子的旋转和发电机建压过程的完成，主发电机定子绕组(5)最终感应出频率、幅值等参数合格的三相交流电，通过 $T_1 \sim T_6$ 端子输出到飞机的用电系统。

励磁机的激磁绕组(1)由两个线圈并联而成，其中一个线圈串接有一个负温度系数的热敏电阻，以便在不同环境温度状况下，保持激磁绕组的电阻近似为恒定值。励磁机电枢(2)设计成高电抗，使得激磁电流的需求主要取决于负载电流，而非负载电压。

励磁机定子(1)的 S 端接有阻尼绕组，可以在线电压故障时降低高电压冲击，也可降低三相负载不平衡引起的电压失衡。由于其特别的设计和安装方式，阻尼绕组还可缓冲发电机驱动端扭力引起的机械震动。

旋转整流器(3)含6个大功率硅二极管,接成三相全波桥式整流电路。二极管有150%的反压能力。桥式整流器的输出端并联有一个电容器,可以抑制电压冲击,以便在电源转换时减低干扰电压和二极管的过压状况。

转子上的主发电机激磁绕组(4)包含8组线圈,以磁极相互交错的方式串联连接。每组线圈有一大一小两个绕组,同心地绕在一个磁极上。这8组激磁绕组为主发电机提供极对数$P=4$的旋转磁场,当输入轴转速$n=6\ 000$r/min时,发电机输出的交流电压频率$f=(Pn)/60=400$Hz。

主发电机定子的输出绕组(5)包含3个绕在定子凹槽上、空间上互成120°的线圈。在737飞机上,这些输出绕组被接成Y形,可以提供三相四线,相电压120V、线电压208V、额定频率400Hz的交流电。每个绕组的两个线端($T_1\sim T_4$,$T_2\sim T_5$,$T_3\sim T_6$)都引出到发电机外壳的接线盒上,其中T_4,T_5,T_6接在一起构成Y形电路的中线,T_1,T_2,T_3则是Y形电路的相线,且这3个相线的接线片置于接线桩的顶端,飞机电源馈线的接线片是与发电机的这3个相线直接贴接的,从而使得发电机电力馈线输出的大电流直接流到飞机馈线,而不必再经过接线桩的中转。

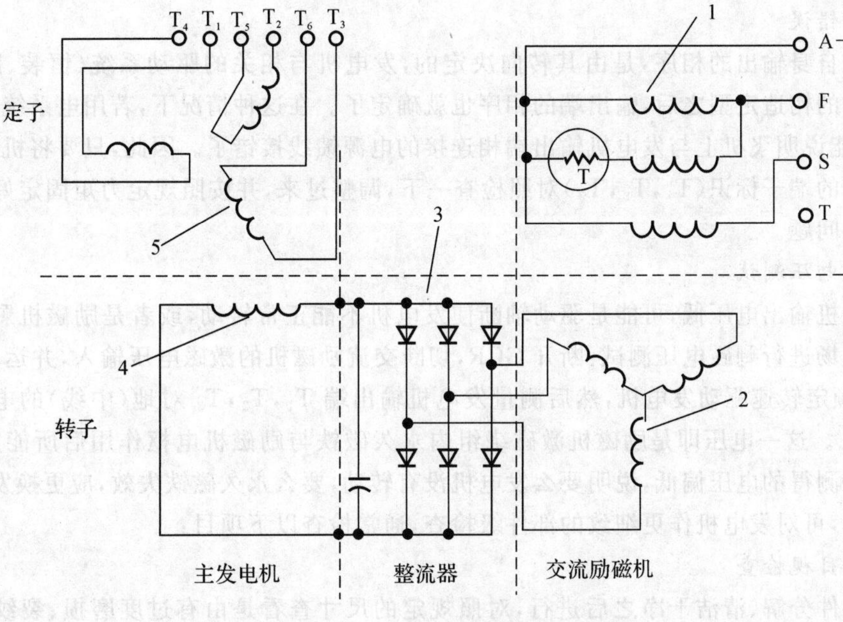

图7-5-3　737CL发电机电路图

1—交流励磁机激磁绕组；2—交流励磁机电枢绕组；3—旋转整流器；4—主发电机激磁绕组；5—主发电机电枢绕组

四、故障诊断和检修项目

发电机发出的三相正弦交流电的若干参数,如幅值、频率、相序、波形等,时刻都在GCU的监视之下,若参数超出设计允许的范围,则GCU会实施相应的保护,通过GCB切断发电机的输出,或者用GCR切断发电机的励磁。电源问题有些是发电机本身引起的,有些则是发电机外部的用电系统引起的。现就发电机本身一些故障的表现、可能原因及检修方法列举如下。

1. 发电机电压低或电压建立不起来

可能原因如输入轴断、励磁机定子或转子绕组故障、旋转整流器故障、主发电机转子绕组故障、主发电机输出馈线接触不良……

在外场，通过脱开发电机与CSD之间的连接，可以目视检查输入轴的状况；或者通过测量剩磁电压，间接判断发电机是否正常运转（见下面第4点）。通过测量绕组电阻可以判断励磁机定子是否开路或短路，正常时，A～F之间电阻应为6.7～9Ω之间。通过特别的测试装置（如西屋公司P/N939D192－1）也可在位测试旋转整流器。主发电机定子绕组的电阻非常小，如T_1～T_4之间仅为0.03Ω左右，如果在外场，可用测量连通性的办法粗略判断定子绕组的电气状况。如须进一步对转子组件或定子组件进行检查，建议拆下发电机在内场进行。

2. 电源频率误差大

众所周知，同步发电机的输出频率f，由其输入转速n和主发电机旋转磁场的磁极对数P决定（$f=(Pn)/60$）。此发电机的磁极对数是由转子的8个直流绕组产生的，而且被设计成不可调节。因此，电源的频率问题一般是驱动系统（如CSD）转速不稳造成的，而不是发电机本身有问题。

3. 相序错误

发电机自身输出的相序，是由其转向决定的，发电机与相关的驱动系统（恒装、附件齿轮箱、发动机）的构造定型之后，输出端的相序也就确定了。在这种情况下，若用电系统报告相序有问题，只能说明飞机上与发电机输出端相连接的电源馈线接错了。因此，只要将机上馈线与发电机馈线的端子标识（T_1，T_2，T_3）对照检查一下，调整过来，并按照规定力矩固定好接线，应该可以解决问题。

4. 剩磁电压测试

若发电机输出电压低，可能是驱动轴断使发电机不能正常转动，或者是励磁机剩磁不足，此时可在外场进行剩磁电压测试：断开GCR，切断交流励磁机的激磁电压输入，并运转发动机使CSD以额定转速驱动发电机，然后测量发电机输出端T_1，T_2，T_3对地（中线）的电压，应有12～19VAC。这一电压即是励磁机激磁绕组内永久磁铁与励磁机电枢作用后所能产生的剩磁电压。若测得的电压偏低，说明要么发电机没有转动，要么永久磁铁失效，应更换发电机。

在内场，可对发电机作更细致的部件级检查，通常检查以下项目：

1. 零件目视检查

所有零件分解、清洁干净之后进行，对照规定的尺寸查看是由有过度磨损、裂纹、绝缘失效、导线损坏等。

2. 绕组的电阻测试

发电机转子和定子上的各个绕组，是实现电磁转换的关键部件，它们的电气指标对发电机的正常功能起重要作用。电阻测试包括励磁机激磁绕组（A～F和A～S）、转子的直流线圈（主发电机激磁绕组）、转子交流线圈（励磁机电枢绕组）、主发电机定子绕组（T_1～T_6）。

3. 绕组绝缘强度测试

还是针对发电机定子、转子中的各个绕组。在900VAC/50Hz的电压下保持1min，漏电流应不超过5mA。

4. 转子的动平衡测试

发电机转子是重量大、转速高的部件，经过长时间的使用之后，可能存在磨损、漆层脱落等引起运转不平稳的故障。当发电机运行存在震动、噪声等现象时，可以考虑选作转子的动平衡测试：在动平衡机上以 1 500r/min 转速测试转子的动平衡，并在主直流激磁绕组（大圆柱）左、右两个端面的 1～6 号孔，通过加装不同重量的平衡快来调整平衡量。

5. 旋转整流器测试

每一个二极管的正向压降应为 0.5VDC 左右、反向漏电流 50μA 左右，滤波电容器容量 0.22μF左右。

6. 定子、转子的尺寸检查

涂绝缘漆之后，定子内径最大 6.970in，转子外径最小 6.925in（大端）和 3.853in（小端）。这些尺寸是转子与定子之间的轴向间隙的衡量，间接反映了它们之间是否可能磨损或已经磨损过度。

第八章　航空同步发电机的运行原理

本章主要研究三相同步发电机在对称负载稳态运行时的一些电磁物理现象以及基本的分析方法。在分析运行原理之前，首先从磁场性质出发，研究同步发电机的基本原理和分析方法。

第一节　航空同步发电机的基本原理

一、两种旋转磁场

在前面分析同步电机工作原理时说过，当对称的三相电流流过对称的三相绕组时，将在空气隙中产生旋转磁动势，由旋转磁动势建立旋转磁场，它的旋转速度为同步电机的同步转速，即 $n=\frac{60f}{p}$ r/min；它的旋转方向是从带有超前电流的相转向带有滞后电流的相。而当某相电流达到最大值的瞬间，旋转磁动势的振幅刚好转到该相绕组的轴线处。

航空同步发电机只要在其定子三相绕组中通过三相对称的电流，都将在气隙中产生旋转磁动势，由旋转磁动势建立旋转磁场。因为该旋转磁场是由交流电流激磁产生的，所以又称该磁场为交流激励的旋转磁场。而航空同步发电机的定子绕组又称为电枢绕组，因此又把该磁场称为电枢磁场。

在航空同步发电机的转子上装有直流激磁的磁极，它和转子无相对运动。当转子旋转时，在气隙中又形成了另一种旋转磁场。该旋转磁场是由直流电流激磁，又因为随转子一起旋转，常常称为直流激磁的旋转磁场或者机械旋转磁场。

正是因为航空同步发电机中存在这样两类不同的旋转磁场，所以同步电机的分析方法，以及同步电机的特性和后面要介绍的感应电机具有不同的性能。

二、航空同步发电机的作用力

既然在航空同步发电机的气隙中存在两种不同方式产生的旋转磁场，只要这两个旋转磁场在空间上有位移，那么它们之间就要产生电磁力，就像两块磁铁之间存在着相互作用力一样。

三、航空同步发电机的运行方式

航空同步发电机的电枢磁场和机械磁场之间虽然没有相对运动，但是，依据负载电流的性质不同，两磁场之间有着不同的相对位置。这个相对位置就决定着航空同步发电机的运行方式，例如对于有功功率，如果顺着旋转方向，机械磁场超前于电枢磁场，这时转子由外加的航空发动机拖动，对于转子而言电枢磁场相互作用力是一个电磁阻力。反之，如果电枢磁场超前机械磁场则航空同步发电机此时不作为发电机运行，而是作为电动机运行，这时，电枢磁场作用到转子上的转矩就是驱动转矩。

第二节　航空同步发电机的空载运行

一、空载运行时的物理情况

当航空同步发电机被发动机拖动到同步转速时，转子励磁绕组通入直流励磁电流而定子绕组开路时的运行情况称为同步发电机的空载运行。

当同步发电机空载运行时，定子(电枢)电流等于零，电机内的气隙中只有转子励磁电流 I_f 单独产生的磁动势 F_f 和磁场，称为励磁磁动势和励磁磁场。图 8-2-1 所示为一台同步发电机空载运行时的励磁磁场分布示意图。

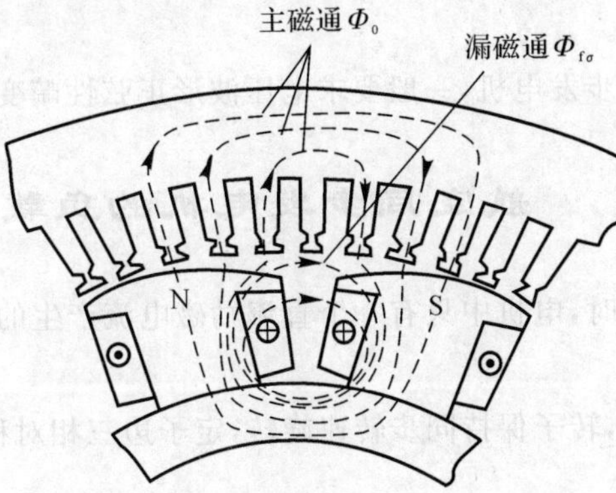

图 8-2-1　同步发电机的空载磁场分布示意图

图 8-2-1 表示的既交链又经过气隙交链定子的磁通，称为主磁通，形成的磁场称为主磁场。主磁场的路径为主磁极铁芯 → 气隙 → 电枢齿 → 电枢磁轭 → 电枢齿 → 气隙 → 另一主磁极铁芯 → 转子磁轭。该磁场是一个被发动机拖动到同步转速的机械旋转磁场，其磁密波形沿气隙圆周近似作正弦分布，基波分量的每极磁通量用 Φ_0 表示。Φ_0 将参与电机的机电能量转换过程。

除去主磁通 Φ_0 以外的所有谐波成分的磁通均称为谐波漏磁通，把励磁磁场中仅与转子励磁绕组交链而不与定子交链的磁通称为主极漏磁通。其中谐波漏磁通和主极漏磁通均不参与同步电机的机电能量转换过程，所以把谐波漏磁通和主极漏磁通统称为漏磁通，用 $\Phi_{f\sigma}$ 表示。由漏磁通形成的漏磁场的路径主要是气隙和非磁性材料。

当同步发电机的转子以同步转速 n_1 旋转时，则基波主磁通切割定子绕组感应出频率 $f=\frac{pn_1}{60}$ 的对称三相基波电动势，其有效值为

$$E_0=4.44fNk_{N1}\Phi_0 \tag{8-2-1}$$

式中，E_0 也称为空载电动势。如果改变励磁电流 I_f，则可以改变主磁通 Φ_0，同时空载电动势 E_0 也将发生改变。

二、气隙谐波磁场的影响

实际的同步发电机，由于气隙磁密的波形不可能为我们所设想的正弦波，因而在定子绕组电动势中势必会存在一系列谐波，各次谐波电压有效值的计算公式为

$$U_v = 4.44 f_v N k_v \Phi_v \quad (v=2,3,4,\cdots) \tag{8-2-2}$$

式中 f_v——v 次谐波频率；

k_v—— 同步电机 v 次谐波系数；

Φ_v—— 同步电机 v 次谐波主磁通。

采用电压波形正弦性畸变率 k_m 来衡量波形的质量，即

$$k_m = \frac{\sqrt{\sum_{v=2}^{\infty} U_v^2}}{U_1} \times 100\% \tag{8-2-3}$$

式中，U_1 为基波电压有效值。

对于中等容量以上的同步发电机，一般要求电压波形正弦性畸变率 $k_m < 5\%$。

第三节　航空同步发电机的负载运行

同步发电机在空载运行时，电机中只有一个直流励磁电流产生的励磁磁场，同时以同步转速旋转的励磁磁动势 F_f。

定子绕组带上负载以后，转子保持同步转速旋转，定子边三相对称电流流入三相对称绕组产生的电枢磁动势 F_a。

电枢磁动势 F_a 和励磁磁动势 F_f 共同形成气隙中的合成磁动势，由合成磁动势建立负载时的气隙磁场。这时同步发电机中的励磁电流尽管没有变化，但气隙磁场已经不同于原来的空载时的励磁磁场了，所以在绕组中形成的感应电动势已经不是 E_0 了。本节主要分析对称负载时的电枢磁动势的基波对气隙磁场基波的影响，简称对称负载时的电枢反应。

一、同步发电机电枢磁动势与励磁磁动势的关系

从前面的分析知道，对称三相绕组中流过三相对称负载电流时所产生的电枢磁动势的基波是一个旋转磁势波，其转速为 $n=\frac{60f_1}{p}=n_1$，即同步发电机电枢磁动势的基波与励磁磁动势的转速一定相等。同时电枢磁动势的基波与励磁磁动势的转向为沿通电相序 A,B,C 的方向。

由此可见，电枢磁动势的基波与励磁磁动势同转速、同转向，彼此在空间上始终保持相对静止关系。正是这种相对静止，使电枢磁动势的基波与励磁磁动势之间的相互关系保持不变，从而共同建立数值稳定的气隙磁场和产生平均电磁转矩，实现机电能量的转换。

与同步发电机空载运行相比较，同步发电机在带对称负载以后，发电机内部的磁动势和磁场将发生显著变化，会使发电机端电压发生变化，还将影响到发电机的机电能量转换和运行性能，这些变化主要是由于电枢磁动势的出现所致。

二、同步发电机的电枢反应

电枢磁动势的存在，将使气隙磁场的大小和位置发生变化，这一现象就是前面说过的电枢反应。电枢反应的增磁、去磁和交磁取决于电枢磁动势和励磁磁动势幅值在空间的相对位置。而这一位置与励磁电动势 E_0 和电枢电流 $\dot{I}$ 之间的相位差 φ，同时 φ 角又取决定同步发电机所带负载的性质。下面具体分析在不同负载性质下的电枢反应的作用（本节在分析电枢反应的作用时忽略了电枢电阻的影响）。

1. $\varphi=0°$ 时的电枢反应（励磁电动势 $\dot{E}_0$ 和电枢电流 $\dot{I}$ 同相）

当 $\varphi=0°$ 时同步发电机输出的负载电流和空载电动势是同相位的，有功功率将从发电机输送到电网。由于此时功率因数为 1，因而该同步发电机不发出无功功率。图 8-3-1 所示为同步发电机 $\varphi=0°$ 的时空矢量图。

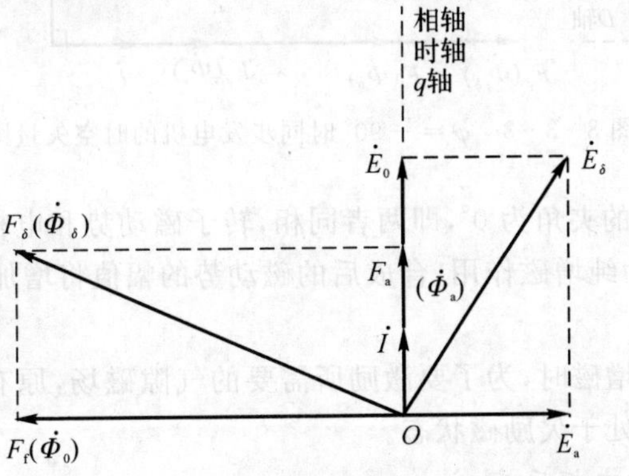

图 8-3-1　$\varphi=0°$ 时同步发电机的时空矢量图

此时 F_{f1} 和 Φ_0 在 d 轴上，$\dot{E}_0$ 在 q 轴上，$\varphi=0°$ 则 $\dot{I}$，F_a 都与 $\dot{E}_0$ 重合，电枢磁动势在交轴上，这种作用在交轴上的电枢反应称为交轴电枢反应，起纯粹的交磁作用。

2. $\varphi=90°$ 时的电枢反应

当 $\varphi=90°$ 时同步发电机带纯电感性负载，输出的负载电流滞后于空载电动势90°。图 8-3-2 表示了同步发电机 $\varphi=90°$ 时的时空矢量图。

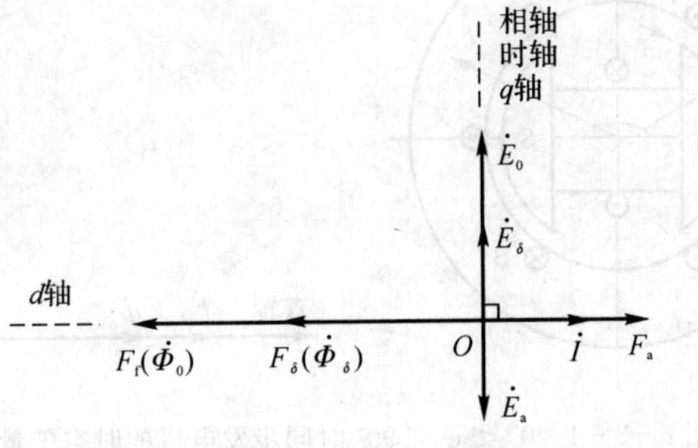

图 8-3-2　$\varphi=90°$ 时同步发电机的时空矢量图

此时 F_a 与 F_{f1} 之间的夹角为180°，即两者反相，转子磁动势和电枢磁动势一起作用在直轴上，方向相反，电枢反应为纯去磁作用，合成后的磁动势的幅值将减少，把这一电枢反应称为直轴去磁电枢反应。

因此，当电枢反应为去磁时，为了要激励所需要的气隙磁场，原有的直流励磁电流就需要增大，即此时同步发电机处于过励磁状态。

3. $\varphi=-90°$ 时的电枢反应

当 $\varphi=-90°$ 时同步发电机带纯电容性负载，输出的负载电流超前于空载电动势90°。图 8-3-3 所示为同步发电机 $\varphi=-90°$ 时的时空矢量图。

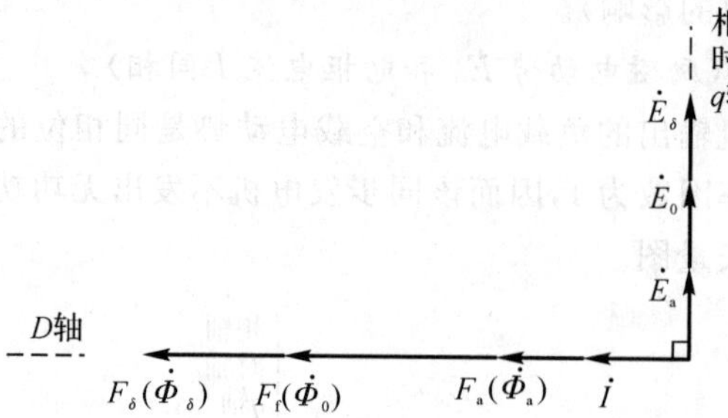

图 8-3-3　$\varphi=-90°$ 时同步发电机的时空矢量图

此时，F_a 与 F_{f1} 之间的夹角为 0°，即两者同相，转子磁动势和电枢磁动势一起作用在直轴上，方向相同，电枢反应为纯增磁作用，合成后的磁动势的幅值将增加，把这一电枢反应称为直轴增磁电枢反应。

因此，当电枢反应为增磁时，为了要激励所需要的气隙磁场，原有的直流励磁电流就需要减少，即此时同步发电机处于欠励磁状态。

4. $0°<\varphi<90°$ 时的电枢反应

当 $0°<\varphi<90°$ 时可以将 $\dot{I}$ 分解为直轴分量 $\dot{I}_d$ 和交轴分量 $\dot{I}_q$，其中 $\dot{I}_d$ 产生直轴电枢磁动势 F_{ad}，F_{ad} 与 F_{f1} 反相，起去磁作用；$\dot{I}_q$ 产生交轴电枢磁动势 F_{aq}，F_{aq} 与 F_{f1} 正交，起交磁作用。如图 8-3-4 所示为同步发电机 $0°<\varphi<90°$ 时的时空矢量图。

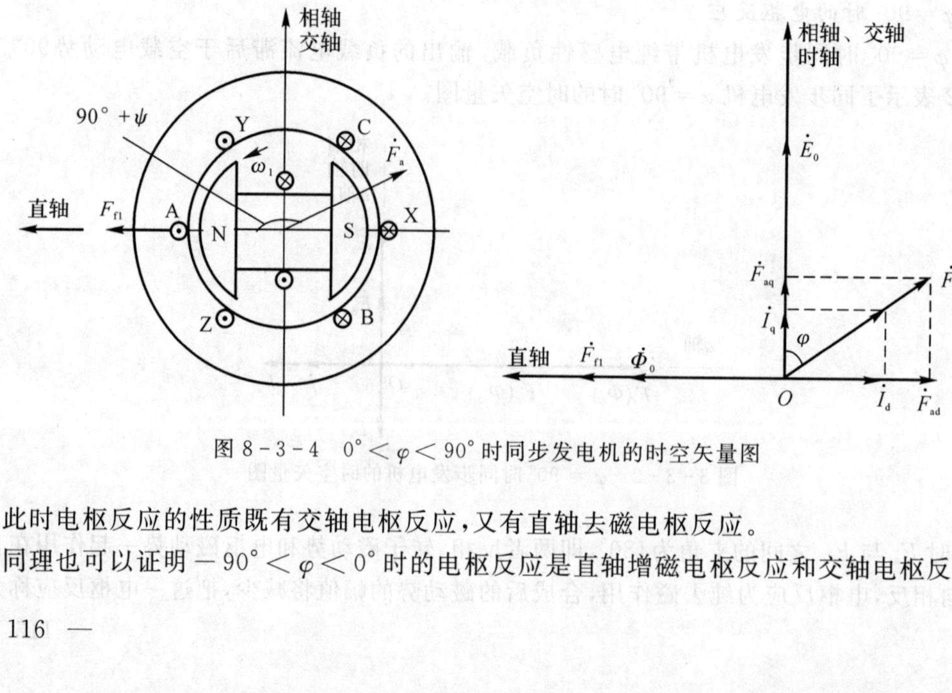

图 8-3-4　$0°<\varphi<90°$ 时同步发电机的时空矢量图

此时电枢反应的性质既有交轴电枢反应，又有直轴去磁电枢反应。

同理也可以证明 $-90°<\varphi<0°$ 时的电枢反应是直轴增磁电枢反应和交轴电枢反应。

三、电枢反应对同步发电机能量转换的影响

电枢反应的存在是同步发电机实现能量传递的关键，当同步发电机空载运行时，定子绕组开路，没有负载电流，不存在电枢反应，因此也就不存在由转子到定子的能量传递。

同步发电机带负载后，就产生了电枢反应，图 8-3-5 所示为不同负载性质时电枢反应磁场与转子电流的相互作用的情况。

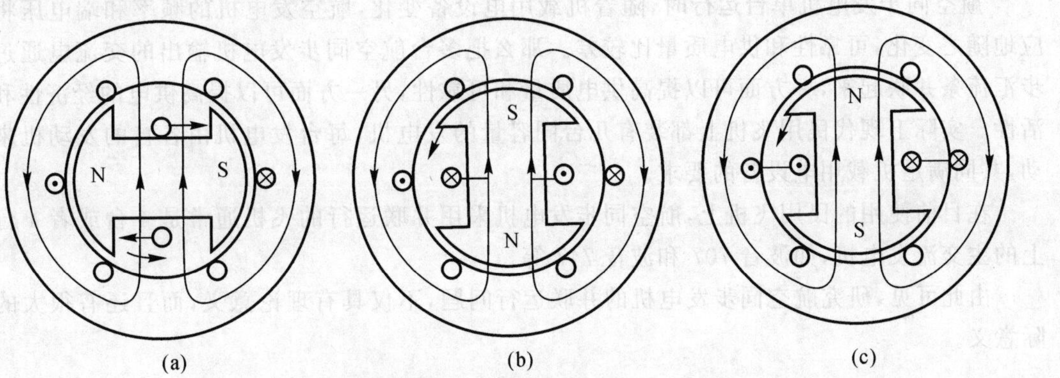

图 8-3-5　不同负载性质时电枢反应磁场与转子电流的相互作用

(a)$\varphi=0°$；(b)$\varphi=90°$；(c)$\varphi=-90°$

图 8-3-5(a) 表示当 $\varphi=0°$ 时，负载电流产生的交轴电枢磁场对转子电流产生电磁转矩的情况。根据左手定则知道，这时电磁力将形成一个电磁转矩，它的方向和转子的旋转方向相反，对转子旋转起到制动作用，此时交轴电枢磁场是由与空载电动势同相的电流分量产生的，所以发电机要输出有功功率，航空发动机就必须克服由于有功电流分量引起的阻力转矩，输出的有功功率越大，有功电流分量越大，交轴电枢反应就越强。所产生的阻力转矩也就越大，这就需要发动机产生更大的推进力，这样同步发电机才能克服电磁反转矩，以保证同步发电机的转速不变。

图 8-3-5(b) 和(c) 分别表示当 $\varphi=90°$ 和 $\varphi=-90°$ 时，负载电流的无功分量 $\dot{I}_d=\dot{I}\sin\varphi$ 所产生的直轴电枢反应磁场与转子电流相互作用所产生的电磁力的情况，它们不形成转矩，并不妨碍转子的旋转。这些表明，当同步发电机的负载为纯电感或者纯电容的无功功率负载时，并不需要发动机增加能量，但是直轴电枢磁场对转子磁场起到去磁作用或增磁作用，所以为了维持一定电压所需要的转子直流励磁电流也就应增加或减少。

综上所述，为了维持同步发电机的转速不变，必须随着有功负载的变化调节发动机的输入功率；为了维持发电机端电压不变，必须随着无功负载的变化，调节转子直流励磁电流。

第九章　航空同步发电机的并联运行

航空同步发电机单台运行时，随着机载用电设备变化，航空发电机的频率和端电压将相应地随之变化，可靠性和供电质量比较差。那么把多台航空同步发电机输出的交流电通过同步汇流条并联起来，一方面可以提高供电质量和可靠性，另一方面可以提高供电的经济性和灵活性。实际上现代民用飞机上都装有几台同容量的发电机，每台发电机由各自的发动机来传动，共同满足机载用电设备的要求。

在目前使用的民用飞机上，航空同步发电机采用并联运行的飞机通常是 4 台或者 4 台以上的主交流发电机，如波音 707 和波音 747 等。

由此可见，研究航空同步发电机的并联运行问题，不仅具有理论意义，而且还有很大的实际意义。

第一节　航空同步发电机投入并联的条件

航空同步发电机投入并联时为了避免发电机和并联电网中产生冲击电流，应使发电机输出的交流电和并联电网中的交流电要符合一定的条件才能投入并联，这样可以保证在并联后发电机能够正常运行。具体来讲，就是要求待并联发电机输出的交流电与并联电网中的交流电必须满足以下条件：波形相同，相序相同，频率相等，电压大小相等，投入并联瞬间电压的相位相同。

一、待并联发电机输出交流电压波形与并联电网中交流电压波形相同

如果波形不同，将在航空发电机和并联电网中产生高次谐波环流，使运行损耗加大，温度升高，严重影响到同步发电机的寿命。

多台同步发电机输出交流电的波形要达到相同，则必须采用同型号的同步发电机。在同步发电机设计和制造时，要求发电机输出交流电压波形必须与理想的正弦波接近，并且对波形的畸变系数和波峰系数都作了限制，所以同型号的同步发电机能完全满足并联运行中波形相同的要求。

二、待并联发电机输出交流电压相序与并联电网中交流电压相序相同

如果相序不同，发电机输出交流电在并联时对并联电网中电流冲击很大，导致机载用电设备无法正常工作，所以必须避免这种情况出现。

发电机输出交流电的相序取决于航空发电机的旋转方向和发电机输出交流电馈电线连接顺序。由于航空发动机的旋转方向是固定不变的，则发电机的旋转方向也是不变的。因此，只要在敷设发电机馈电线时，注意发电机输出交流电馈电线顺序与发电机输出三相交流电相序的对应关系就可以保证相序相同条件的实现。

三、待并联发电机输出交流电的频率与并联电网中交流电压的频率相等

如果频率不等，或者频率相差越大，并联操作就越困难，即使投入并联电网中，也不容易在并联电网中同步运行，同时会在航空同步发电机和并联电网之间引起很大的电流和功率振荡。

根据民用飞机交流发电机输出交流电频率的形式，现将同步发电机做下述分析。

1. 航空同步发电机由飞机发动机直接刚性传动

涡轮螺旋桨飞机的交流发电机是由航空发动机直接刚性传动的。交流发电机的功率一般只占发动机功率的5%以下，它属于发电机功率比发动机功率小很多的情况，所以必须在频率相同时才能并联，也就是说涡轮螺旋桨飞机由发动机直接刚性传动的交流发电机均未实现并联。

2. 通过恒速传动装置传动的发电机

通过恒速传动装置传动的航空发电机，频率（转速）调节一般是有偏差的，即频率随着负载的增加而降低，其频率负载特性是下倾的，见图 9-1-1 所示曲线 1 或 2。

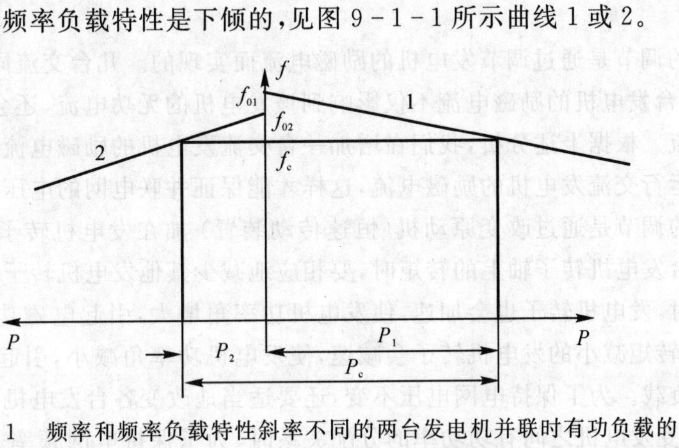

图 9-1-1　频率和频率负载特性斜率不同的两台发电机并联时有功负载的分配

在这种情况下，对调定频率为 f_{01}，f_{02} 不等的两台发电机是可以并联的，并联后，电网的共同工作频率为 f_c。

四、待并联发电机输出交流电压与并联电网中交流电压大小相等

为了使航空发电机输出交流电压恒定，一般都通过交流电压调节器来调节，调压器的调压作用，使并联的各台发电机电压在数值上差别不大，在投入并联时冲击电流不会太大，可以满足投入并联时电压大小相等的条件。

五、待并联发电机输出交流电压的相位在投入并联瞬间与并联电网中交流电压的相位差最小

若交流电压相位差太大，则在投入并联时将会产生过大的冲击电流，导致机载用电设备无法正常工作，这是不允许的。一般要求航空发电机在投入并联瞬间它们的相位差小于或等于90°（除了 B707 要求相位差 $\phi \leqslant 15°$ 外）。

第二节　功率的均衡分配

飞机上均是同容量的几台发电机并联，电网的容量不能视为无穷大，当调节一台发电机的无功或有功功率时，将会引起电网电压和频率变化。例如，当一台发电机输出的有功功率增大时，若不减少其他发电机的有功功率，则各发电机总的有功功率输入将会多于负载的有功功率，多余的有功功率会使整个电网上发电机转子加速而提高电网电压和频率，从而使输出也增大，结果总的输入和输出就在一个新的频率和电压下达到新的平衡。同样，如果改变一台发电机输出的无功功率，则电网总的无功功率输入将会有相应的变化，而使总的无功功率输入和输出在一个新的电网电压下达到新的平衡。因此，若要保持电网的频率和电压不变，在总负载不变的情况下，当一台发电机的有功功率或无功功率增加（减少）时，必须相应地减少（增加）其他发电机的输出。

并联运行的同步发电机的功率可以根据需要来灵活地调配，这正是同步发电机并联供电的突出优点。

无功功率的调节是通过调节发电机的励磁电流而实现的。几台交流同步发电机并联运行时，改变任何一台发电机的励磁电流不仅影响到该发电机的无功电流，还会影响到并联运行发电机的无功电流。根据上述分析，我们在增加一台交流发电机的励磁电流的同时，必须相应地减少其他并联运行交流发电机的励磁电流，这样才能保证并联电网的电压和频率不变。

有功功率的调节是通过改变原动机（恒速传动装置）加在发电机转子轴上的转矩而实现的。在增加一台发电机转子轴上的转矩时，要相应地减少其他发电机转子轴上的转矩。这样，转矩增大的同时，发电机转子也会加速，使发电机功率角增大，引起电磁功率增大而分担较多的有功负载；而转矩减小的发电机转子会减速，使发电机功率角减小，引起电磁功率减小而分担较少的有功负载。为了保持电网电压不变，还要适当地改变各台发电机的励磁电流。

总之，在改变发电机之间有功功率的分配关系时，为了保持电网频率、电网电压及无功功率分配不变，对有功负载增大的发电机要增大其输入转矩并适当地增加其励磁电流，而对有功负载减小的发电机就要减小其输入转矩并适当地减小其励磁电流。

第三节　无功电流的自动均衡

一、基本方法及要求

1.基本方法

从上面分析可知，若要改变发电机输出的无功功率，使并联发电机的无功负载均匀分配，则必须调节发电机的励磁电流，即对分担无功电流少的发电机增强励磁，同时对分担无功电流多的发电机减弱励磁电流，这样才能保证输出总的无功功率和电网电压不变。

调节发电机的励磁电流可以实现无功电流的自动均衡。这一现象可以用磁动势平衡关系来解释。同步发电机与电网并联时，其端电压为常值，所以无论励磁电流怎么变化，电枢绕组的合成磁通应该基本不变。当励磁电流为过励磁时，主磁通增多，为了维持电枢绕组的合成磁通不变，同步发电机应该输出滞后电流，使之去磁电枢反应增加，以削弱过多的主磁通；励磁电流为欠励磁时，主磁通减少，为了维持合成磁通不变，同步发电机必须输出超前电流，使电枢反应变为增磁电枢反应，以补偿主磁通的不足。

2.基本要求

无功电流均衡电路的形式可以不同，但从上述基本方法中可归纳出以下基本要求。

(1)正确取出信号。无功电流均衡线路应能判别各台发电机无功电流分配是否均衡，不均衡才调节，信号的大小应与无功电流的偏差成正比，而与有功电流的分配情况无关。

(2)正确调整励磁。无功电流偏差的极性要与调压器电压检测线路的主信号正确配合，使分担无功电流多的发电机减弱励磁电流，分担无功电流少的发电机增强励磁电流。

(3)工作要协调。无功电流均衡线路只在发电机并联工作时才起作用，未投入并联时不应工作。

二、无功功率调节情况分析

无功功率的调节情况如图9-3-1所示。

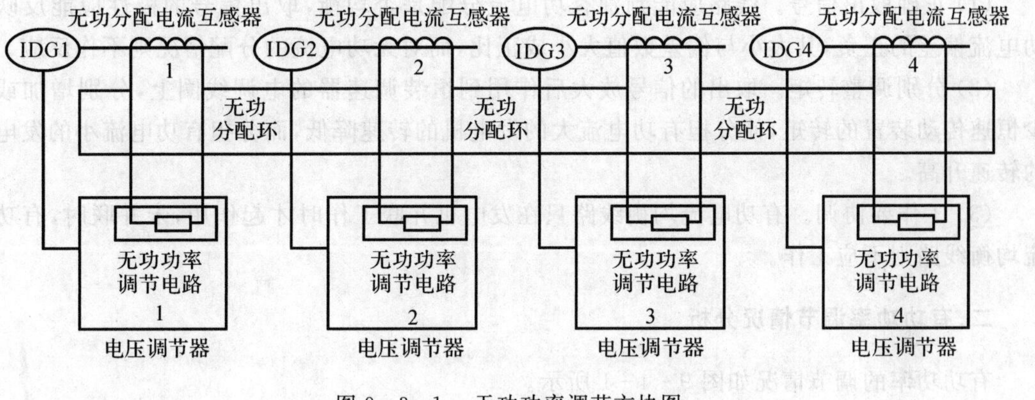

图9-3-1　无功功率调节方块图

无功功率的调节是通过无功分配电流互感器、无功分配环、无功功率调节电路、整体传动发电机等环节来实现的。其中无功功率调节电路一般要和电压调节器组合在一起。

无功功率调节系统的调节量是被同步发电机所承担的无功功率与所有被并联发电机平均无功功率之差，当某一台同步发电机所承担的无功功率大于平均无功功率时，该同步发电机的电压调节器输出的励磁电流减小，致使该同步发电机承受的无功功率下降；反之，当某一台同步发电机所承担的无功功率小于平均无功功率时，该同步发电机的电压调节器输出的励磁电流增加，致使该同步发电机承受的无功功率增加，以此来达到无功功率均匀分配的目的。

综上分析可得如下结论：当同步发电机与并联电网并联时，如果同步发电机的输入有功功率不变，只调节励磁电流，不仅可以改变无功功率大小，而且能够改变无功功率的性质，在过励磁时，同步发电机发出电感性无功功率；在欠励磁时，同步发电机发出电容性无功功率。

无功均衡电路对有功电流基本不起作用。负担无功电流大的发电机励磁电流减弱，负担无功电流小的发电机励磁电流增加，从而使无功电流趋于均衡。

第四节　有功功率的自动均衡

一、基本方法和要求

1. 基本方法

从有功功率调节的基本概念可知,交流同步发电机有功功率的调节是通过改变原动机传输给发电机转子轴上的转矩而实现的,即通过调节转速,改变发电机的功率角而改变有功功率的输出。恒速传动装置输出转速是通过转速调节器来调节的,因此,有功电流自动均衡的基本方法是给恒速传动装置的转速调节器附加一个有功电流偏差的信号,使输出转速从原来的调定值按有功电流偏差信号的极性与大小作相应的变化,从而使有功电流的分配趋于均衡。

2. 基本要求

与无功电流自动均衡相似,有功电流的自动均衡线路必须满足下述原则。

(1) 正确取出信号。线路应能判别有功电流分配是否均衡,取出信号的极性应能反映有功电流偏差的正负,其大小与偏差数值大小成正比,而对无功电流的分配情况则不作反应。

(2) 分别调整转矩。取出的信号放大后作用到恒装调速器的电调线圈上,分别增加或减少恒速传动装置的转矩,使分担有功电流大的发电机的转速降低,而分担有功电流小的发电机的转速升高。

(3) 工作要协调。有功电流均衡线路只在发电机并联工作时才起作用,未并联时,有功电流均衡线路则不应工作。

二、有功功率调节情况分析

有功功率的调节情况如图 9-4-1 所示。

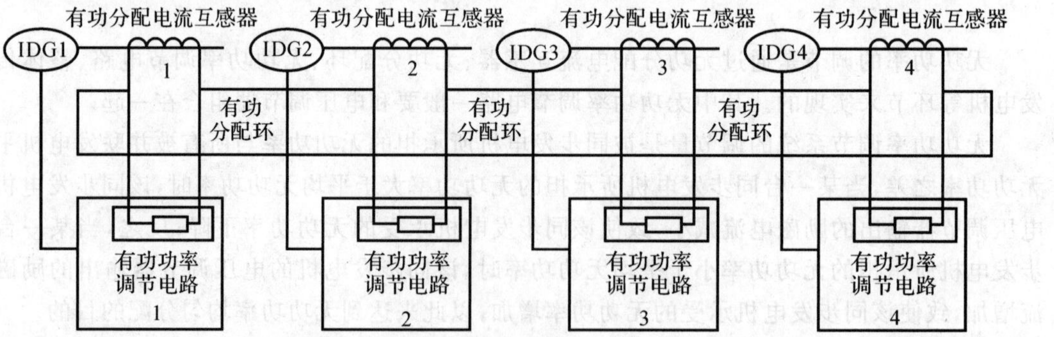

图 9-4-1　有功功率调节方块图

有功功率的调节是通过有功分配电流互感器、有功分配环、有功功率调节器(即负载控制器)、整体传动发电机 IDG(恒速传动装置与同步发电机组合在一起)等环节来实现的。

有功功率的调节同无功调节相类似,有功功率调节系统的调节量是被并联的同步发电机所承担的有功功率与所有被同步发电机平均有功功率之差,当某一同步发电机所承受的有功功率大于平均有功功率时,该负载控制器就输出一个偏差电流,作用在恒速传动装置的电调线圈上,使恒速传动装置输出给同步发电机的转矩减小,然后就可以使同步发电机输出的有功功率减小；当某一同步发电机所承受的有功功率小于平均有功功率时，该负载控制器就输出一个偏差电流，作用在恒速传动装置的电调线圈上，使恒速传动装置输出给同步发电机的转矩增大，然后就可以使同步发电机输出的有功功率增大，以此达到使并联运行的同步发电机有功功率均匀分配的作用。

通过对以上的分析，可以得到如下结论：该电路能够反映有功电流偏差，而对无功电流不起作用；取出的有功电流偏差信号，只要正确地连接到恒速传动装置调速器的电调线圈，就能实现有功电流的自动均衡。

与无功功率自动分配一样，现代并联运行发电机组之间有功功率分配也是自动控制的，这样就大大提高了并联发电机的供电质量，保证了飞机电网的安全稳定运行。

第五节　投入并联的自动控制

飞机上多台同步发电机投入并联工作时，必须满足前面分析的五个条件，在这些条件中，除电压波形和相序已经确定外，要求待并联的发电机与电网电压大小，频率和相位完全相同是不可能的，因此只要求将这些参数限制在一定的范围内。

关于交流同步发电机并联操作方法有两种，即自整步法和精确同步法。自整步法，首先是使未励磁的发电机投入并联电网，然后再给交流发电机励磁，接着交流发电机被并联电网拉入同步。精确同步法，是先给交流发电机励磁使其发电，然后检测发电机与电网之间的频率差、电压差、相位差，并在误差允许范围内就使交流发电机投入并联电网。

自整步法和精确同步法，都可以采用手动操作、半自动和自动操作。在民用飞机上，为了减少飞行人员的工作量和避免错误地操作导致严重的故障，机载交流电源系统中的并联控制通常都是自动控制的。

波音 707 所采用的并联装置，是属于半自动的精确同步装置。在该电源系统中每台交流发电机都有自己的频率与电压调节器，由于电机之间没有均频、均压装置，没有并联前电机之间的频率和电压不可能完全一致。在这里自动并联装置的作用，仅是检测到允许的频率差、电压差和相位差后发出的合闸脉冲，使交流发电机接触器 GCB 合闸，完成自动并联的任务。如果频率差、电压差、相位差不在允许并联的范围内，该并联装置将不发出合闸信号。这时并联参数的调整，将依赖于飞机上人员手动调节频率微调或电压微调电位器。手调后，并联装置检测的频率差、电压差和相位差符合并联条件，它将能发出合闸信号，使交流发电机投入并联电网。

目前，一般要求电压差不超过额定电压的 9％～10％；频率差不超过额定频率的 0.5％～1％；相位差不超过90°，即可投入并联。这些条件由自动并联电路进行检测，当满足要求时，将待并联的发电机自动投入电网。

自动并联装置基本原理是，飞机发电机投入并联供电的控制电路采用自动控制电路的方式，即通过自动并联的控制来检测待并联发电机输出交流电压与并联电网中存在交流电压的频率、电压、相位这三个参数是否在误差允许的范围内，当这三个参数的大小在允许的误差范围内时，就可以通过发电机断路器 GCB 合闸，从而可以实现并联供电。自动并联装置的原理电路如图 9－5－1 所示。

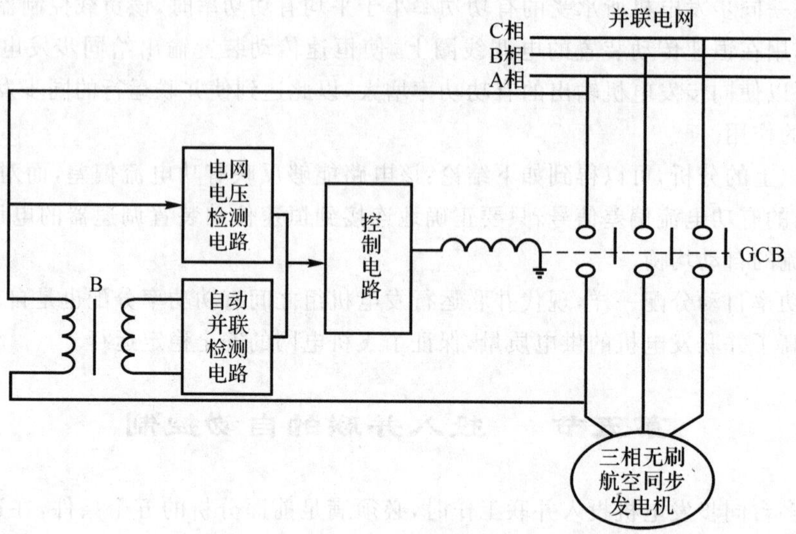

图 9-5-1　自动并联控制原理电路

在图 9-5-1 中，电网电压检测电路又称汇流条无电检测电路，其作用是当并联电网上无交流电压时，就不存在并联问题，可以使发电机立即投入并联电网，实现并联供电。

当并联电网上有交流电压时，需要由自动并联检测电路的信号去决定 GCB 是否闭合，来决定发电机是否投入并联运行。变压器 B 的原边绕组跨接在并联电网和待并联发电机输出的交流电上，变压器副边输出的交流电压的大小决定于并联电网和待并联发电机输出的交流电的频率、电压、相位是否满足并联供电的条件，如果满足并联供电的条件，则自动并联检测电路输出的信号去控制 GCB 的触点吸合，发电机从而实现并联供电；反之如果上述 3 个条件不满足并联供电的条件，则 GCB 的触点无法吸合，发电机输出的交流电无法投入到并联电网中实现并联供电。

在实行并联供电的飞机上，汇流条连结接触器 BTB 平时总是处于接通状态，发电机投入并联电网实现并联供电的控制执行元件是由发电机交流接触器 GCB 控制的。

第十章　航空同步发电机的稳态运行特性

同步发电机的稳态运行特性是指同步发电机转速为额定值且保持恒定，并供给三相对称负载时的一种稳态运行方式。它是同步发电机最基本的运行方式。

同步发电机的稳态运行特性是确定电机主要参数、评价电机性能的基本依据。同步发电机在对称运行时，其主要变量有端电压 U、电枢电流 I、励磁电流 I_f 和功率因数 $\cos\varphi$。表示这些变量之间关系的函数或曲线就是我们所说的航空同步发电机的基本特性。一般用特性曲线只能表示两个变量之间的关系，即

(1) 空载特性：当 $I=0$ 时，$E_0=f(I_f)$；

(2) 短路特性：当 $U=0$ 时，$I_k=f(I_f)$；

(3) 外特性：当 I_f，$\cos\varphi$ 及 n 为一定常数时，$U=f(I)$；

(4) 调整特性：当 U，$\cos\varphi$ 为一定常数时，$I_f=f(I)$。

第一节　同步发电机的空载特性和短路特性

一、空载特性

1. 空载特性

同步发电机的空载特性是指同步发电机运行时 $n_1=$常数，$I=0$ 时，励磁电动势 E_0 与励磁电流 I_f 之间的关系 $E_0=f(I_f)$。图 10-1-1 所示为同步发电机空载特性曲线图。

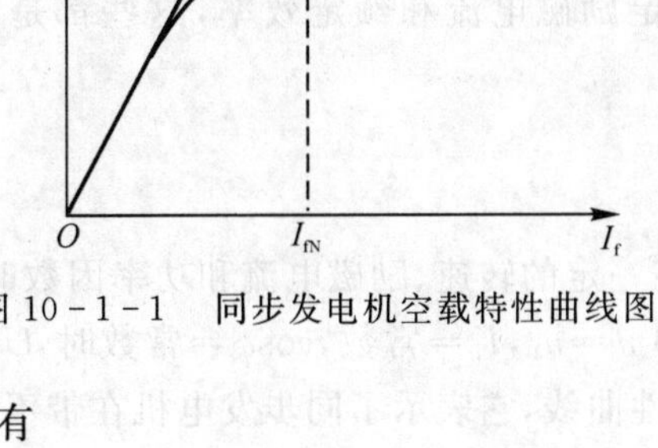

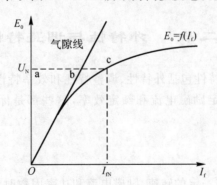

图 10-1-1　同步发电机空载特性曲线图

根据空载时的电磁过程，有

$$I_f \rightarrow F_f \rightarrow \phi_0 \rightarrow E_0$$

每相定子绕组的感应电动势为

$$E_0 = 4.44 f N k_{N1} \phi_0 \qquad (10-1-1)$$

其中，E_0 也称为空载电动势。如果改变励磁电流 I_f，则可以改变主磁通 φ_0，同时空载电动势 E_0

也将发生改变。

由图 10-1-1 知，当励磁电流较小时，由于磁通较小，发电机磁路没有饱和，空载特性呈直线；随着励磁电流的增大，磁路逐渐饱和，磁化曲线开始进入饱和段。磁路饱和后，需磁动势迅速增大，为了合理地利用材料，空载额定电压一般设计在空载特性的刚好弯曲处，如图中的的 c 点，c 点也叫特性曲线的拐点。

2. 空载特性的工程应用

空载特性在同步发电机理论中有着重要作用。

(1) 将设计好的发电机的空载特性与标准空载曲线的数据相比较，如果两者接近，说明同步发电机设计合理，反之，则说明该发电机的磁路过于饱和或者材料没有充分利用。如果太饱和，将使励磁绕组用铜过多，且电压调节困难；如果饱和度太低，则负载变化时电压变化较大，铁芯利用率较低，铁芯耗材太多。

(2) 空载特性曲线结合短路特性曲线可以求取同步发电机的参数。

(3) 同时可以通过测取空载特性曲线来判断三相绕组的对称性以及励磁系统的故障。

二、短路特性

同步发电机的短路特性是指在进行发电机三相稳态短路实验时，当发电机转速 $n=n_1$，端电压 $U=0$ 时，电枢短路电流 I_k 与励磁电流 I_f 之间的关系曲线，即 $I_k=f(I_f)$ 称为短路特性。

同步发电机的短路特性不仅可以用来说明同步发电机的性能，更主要的可以测定同步发电机的参数。其短路特性曲线如图 10-1-2 所示。

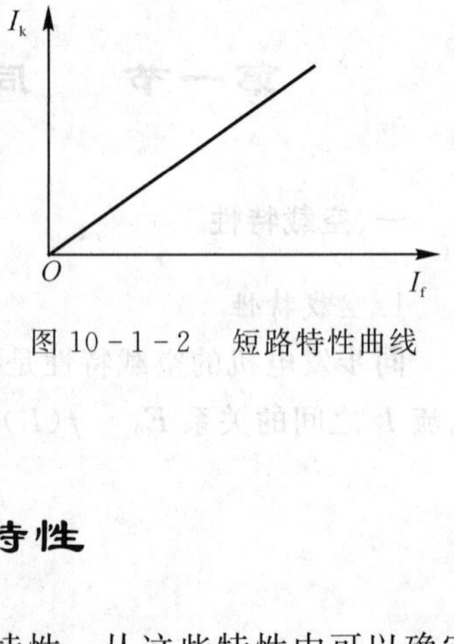

图 10-1-2　短路特性曲线

通过图 10-1-2 曲线图可以看出，在短路时，气隙感应电动势很小，磁路处于不饱和状态，又因为 $I_k \propto E$，$E_0 \propto I_f$，即 $I_k \propto I_f$，所以短路特性曲线是一条直线。

第二节　外特性与调整特性

同步发电机的稳态运行特性包括外特性、调整特性和效率特性。从这些特性中可以确定同步发电机电压调整率、额定励磁电流和额定效率，这些都是标志同步发电机性能的基本数据。

一、外特性

所谓外特性，即发电机在一定的转速、励磁电流和功率因数时，同步发电机端电压 U 随负载电流 I 变化之间的关系，即 $n=n_1$，$I_f=$常数，$\cos\varphi=$常数时，$U=f(I)$。如图 10-2-1 所示表示了三相同步发电机外特性曲线，它表示了同步发电机在带不同功率因数的负载时，同步发电机具有不同的外特性。

外特性曲线(见图 10-2-1)说明同步发电机的端电压随负载电流而变化，这可由电压平衡方程式来解释。原因之一是励磁电流一定而负载电流变化时，电枢反应作用将使电机气隙磁场及气隙电势发生变化，这是主要原因；原因之二是由于绕组的电阻、漏抗的压降随负载电流的变化而变化，因此端电压将随之而变化。其中，对于电感性负载，主要由于电枢磁场的直轴分量起去磁作用，因此随着电流增加，电压下降较大；对于电容性负载，则主要因直轴电枢反应的增磁作用，故端电压可能很少下降，甚至随负载电流增加而升高。

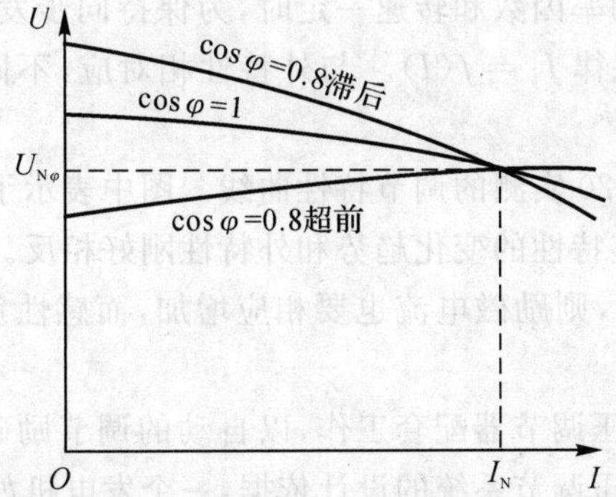

图 10-2-1　外特性曲线

由此足以解释负载性质对外特性的影响。

同步发电机的电压随负载而变化，其大小可用电压变化率 ΔU 表示，它是衡量发电机性能的一个重要指标。如图 10-2-2 所示为根据外特性求电压调整率的曲线图。

电压变化率 ΔU 按我国标准规定为：额定电压和额定负载情况下，切除负载而不改变励磁电流时，电压升高的相对百分数，即

$$\Delta U=\frac{E_0-U_N}{U_N}\times 100\% \tag{10-2-1}$$

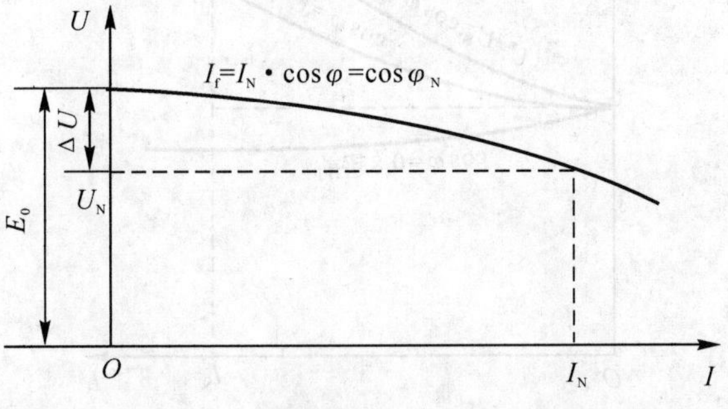

图 10-2-2　根据外特性求电压调整率的曲线图

ΔU 除了通过试验测试外，也可以用计算的方法求得。例如 JF-20 在额定负载（感性）状态下，$U_N=120\text{V}$，$E_0=154.5\text{V}$，则

$$\Delta U=\frac{154.5-120}{120}\times 100\%=28.8\%$$

显然，为了使同步发电机的端电压不随负载电流的变化而剧烈波动，一般要求电压变化率应尽量小，例如航空同步发电机的 ΔU 大多为 30% 左右，比一般地面同步发电机要略低一点。这主要因为航空同步发电机的磁路饱和程度要高些，因此电枢反应效果也相对要弱一点。

二、调整特性

由外特性可知，负载电流改变时如果要维持电压不变，那么励磁电流必须调节。调整特性曲线就是反映这一规律，即功率因数和转速一定时，为保持同步发电机的端电压不变，励磁电流 I_f 随负载电流 I 变化的规律 $I_f = f(I)$。与外特性相对应，不同负载性质的调节特性也不一样。

图 10－2－3 所示为 JF－20 实测的调节特性曲线。图中表示了端电压为额定电压，不同负载功率因数的调整特性，调整特性的变化趋势和外特性刚好相反。例如，当感性负载电流增大时，要维持端电压 120V 不变，则励磁电流也要相应增加，而感性负载比电阻负载增加得更多一些。

航空同步发电机要和电压调节器配套工作，以自动的调节励磁维持发电机端电压基本恒定不变。所以调节特性是电压调节系统的设计依据，一个发电机如果调节特性差，即要维持电压不变则励磁电流调节量要大，这就会加重调节器的负担，或影响调压精度。

同步发电机在不同性质负载时，外特性和调节特性是不一样的。所以，不仅要注意电压、电流的额定值，而且必须注意发电机铭牌所规定的负载性质。例如，航空同步发电机常以 $\cos\varphi = 0.8 \sim 1$（感性）为指标，如果使用时负载功率因数低于 0.8(感性)，即使电压和电流为额定值，但励磁电流会超过额定值，这也是一种过负荷状态。

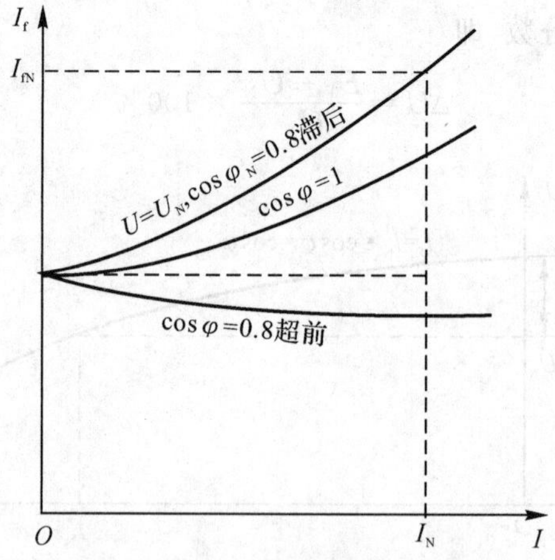

图 10－2－3　调节特性曲线

三、效率特性

同步发电机的效率特性是指转速为同步转速、端电压为额定电压、功率因数为额定功率因数时，发电机的效率与输出功率的关系，即 $n = n_N$，$U = U_N$，$\cos\varphi = \cos\varphi_N$ 时，同步发电机的效率 $\eta = f(p_2)$。同步发电机的效率可以通过直接负载法或者损耗分析法求出。

同步发电机的损耗可以分为基本损耗和杂散损耗两部分。基本损耗包括电枢的基本铁耗 P_{Fe}、电枢的基本铜耗 P_{Cua}、励磁损耗 P_{Cuf} 和机械损耗 P_{mec}。电枢基本铁耗是指主磁通在电枢铁芯齿部和轭部中交变引起的损耗；电枢基本铜耗是指换算到基准工作温度时，电枢绕组的直流电阻损耗；励磁损耗包括励磁绕组的基本铜耗、变阻器内的损耗、电刷的电损耗以及励磁设备的全部损耗；机械损耗包括轴承、电刷的摩擦损耗和通风损耗。而杂散损耗包括电枢漏磁通在电枢绕组和其他金属部件中引起的涡流损耗，以及高次谐波磁场掠过转子表面引起的表面损耗等。

在总的损耗 $\sum P$ 求出后，效率就可以确定了，即

$$\eta=\frac{P_2}{P_2+\sum P}\times 100\%=\left(1-\frac{\sum P}{P_2+\sum P}\right)\times 100\% \qquad (10-2-2)$$

额定效率是同步发电机的性能指标之一。现代航空同步发电机的效率大致在74％～79％。

第三节　航空同步发电机的冷却方式

航空同步发电机在冷却方式上，目前主要有风冷和油冷两类。风冷即强迫通风冷却，这种冷却系统和电机结构特点在前面相关知识部分作了介绍。随着现代民用飞机的升限和航程的增大、飞行速度的提高以及航空同步发电机的容量增加(例如单机 30，60 甚至 120kVA)，其风冷方式已逐步被油冷方式代替。目前在航空同步发电机中得到普遍应用的油冷方式，而油冷方式有循环油冷却和喷油冷却两种，现简要介绍如下。

一、循环油冷却

所谓循环油冷却是指利用飞机滑油循环通入发电机的机壳油路和转轴油路，由此将电机的损耗热量带走。

图 10-3-1 所示为油冷却航空同步发电机结构图。其中冷却油从拖动端油入口 1 进入电机机壳，循机壳上的螺旋油道通到小端盏，然后由小端盖的中心油口 2 进入螺旋小轴的内孔，由于空心轴组件是盲孔，因而冷却油将循轴内的螺旋油路返回，然后流动的滑油冷却和润滑轴承，并走小端盖的另一油槽 3 再流至机壳的另一螺旋油道，最后从油口 4 流出。冷却油循油道流动，吸收电机的损耗热量，流出的热油经冷却(常用飞机燃油冷却) 还可以再循环使用。

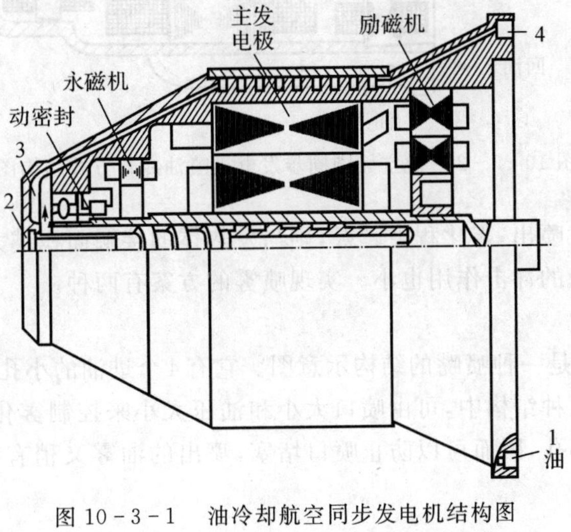

图 10-3-1　油冷却航空同步发电机结构图

循环油冷却与强迫通风冷却相比，其主要优点：① 油的热容量比空气热容量大得多，因此冷却效果显著提高，电机体积重量可以缩小；② 冷却介质及冷却效果与飞行条件关系不大，所以可适用于现代高速高空飞机；③ 冷却油可润滑和冷却电机轴承，因此可以提高轴承寿命和工作转速。

循环油冷却存在的缺点：① 冷却油没有与主要热源（如电枢绕组和励磁绕组）直接接触，而是靠传导散热，因此影响了冷却效果；② 结构上需动密封。动密封是轴上为了防止冷却油渗入电机内腔而设置的一副滑动接触组件，它结构复杂，容易磨损，因此影响电机的寿命和可靠性，增加了维护要求。

二、喷油冷却

所谓喷油冷却是指将冷却油喷成雾状直接与电机发热部位接触而将热量带走的一种冷却方式。喷油冷却方式既具有油导热效果好的特点，又保存了气冷那样冷却介质直接与发热部位接触的优点，因此冷却效果显著提高，电机体积重量可以进一步缩小。

图 10-3-2 所示为航空无刷同步发电机喷油冷却方式结构简图。其中压力油从进油口经定子油道至电机非拖动端端盖，然后进入电机的空心轴。在空心轴内冷却油经若干喷口呈雾状喷向电机各发热部位，使电机得到冷却。整个电机内腔充满油雾，而凝聚后的油汇集到油池由回油泵抽走，过滤冷却后再循环使用。

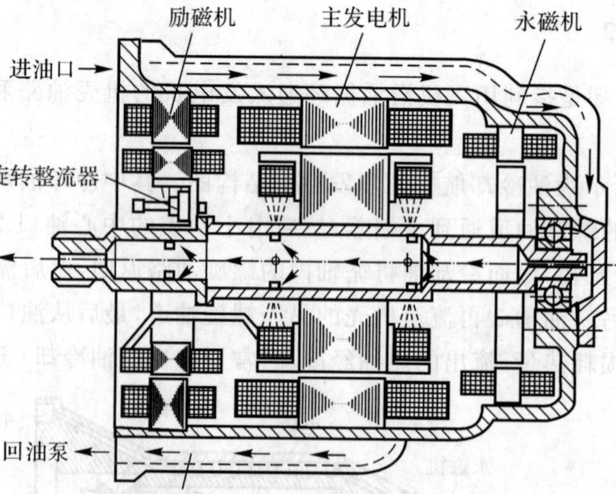

图 10-3-2　航空无刷同步发电机喷油冷却方式结构图

喷口应将油呈雾状喷出，雾化程度越好，则与发热体的接触面积越大，冷却效果就越好，而且雾化的油对导线绝缘的冲击作用也小。实现喷雾的方案有两种。

1. 喷嘴式方案

图 10-3-3所示就是一种喷嘴的结构示意图。它有 4 个进油的小孔，压力油由此进入腔内后再从喷口喷出。在这种结构中，可由喷口大小和油压大小来控制雾化程度和喷油流量。由于有 4 个切向进油的小孔，因而可以防止喷口堵塞，喷出的油雾又稍有旋转，以减少对导线固定点的冲击损伤。

2.堤坝式方案

图 10-3-4 所示为堤坝式方案示意图。由图 10-3-4 可见，轴内的油主要靠离心力经导油杆进入环形的离心缓冲室，然后当油溢过堤坝处时，则往外甩，同样呈雾状喷出。由于电机转速很高，离心力作用下油的成雾性也很好，冷却效果较好。

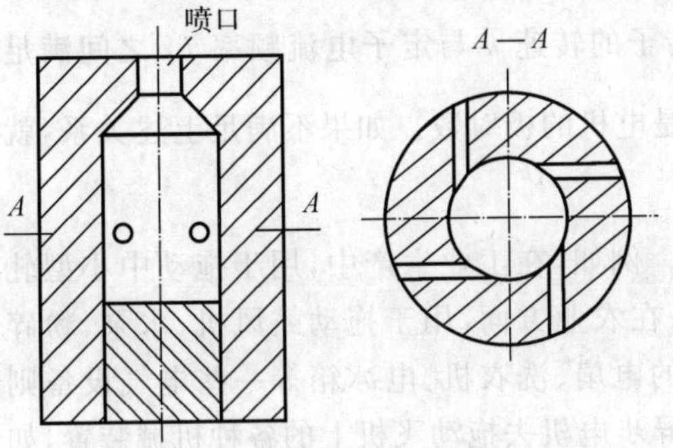

图 10-3-3　喷嘴式喷油结构示意图

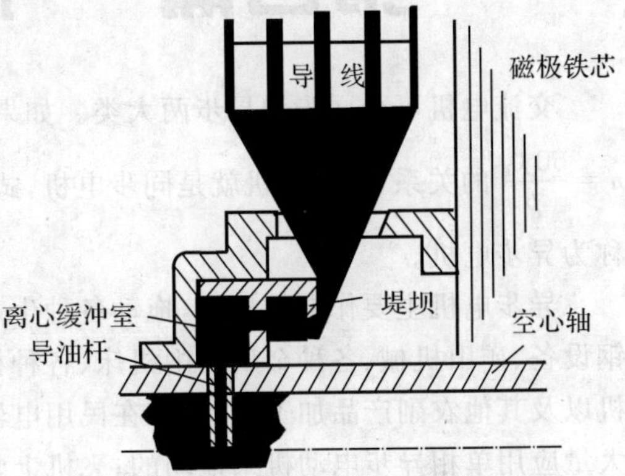

图 10-3-4　堤坝式喷油结构示意图

喷油冷却方式显示了很大的优越性，但与循环油冷却方式比较，喷油冷却电机对冷却系统的要求和成本较高，油雾的直接冲击对绕组绝缘不利。另外，在高速情况下，油雾在电机内腔的搅拌，使电机损耗增加、效率降低。

第四篇 航空异步电机

交流电机可分同步和异步两大类。如果电机转子的转速 n 与定子电流频率 f_1 之间满足 $n=\frac{60f_1}{p}$ 的关系，这种电机就是同步电机，式中，p 是电机的极对数。如果不满足上述关系，就称为异步电机。

异步电机主要作电动机用，拖动各种生产机械。例如，在工业生产中，用于拖动中小型轧钢设备、矿山机械、各种金属切削机床、各种机床等；在农业方面，用于拖动鼓风机、水泵、粉碎机以及其他农副产品加工机械等；在民用电器方面的电扇、洗衣机、电冰箱等一些电气设备则大量应用单相异步电动机来拖动的；飞机上常使用异步电机去拖动飞机上的各种机械装置，如油泵电机，陀螺电机等。

异步电动机的主要特点：结构简单可靠、容易制造、价格低廉、相对重量轻、运行可靠、体积小、运行效率高且适应性强、机械特性硬。其主要缺点：不能经济地在较广的范围内实现平滑调速，调速性能差；鼠笼式异步电动机的起动性能差；必须从电网吸取滞后的无功电流以建立磁场，从而使电网的功率因数变坏，增加了系统的无功负担。根据统计，在电网的总动力负载中异步电动机约占 85%。

对那些单机容量较大、转速恒定的生产机械，一般采用同步电动机拖动比较好，因为同步电动机的功率因数是可以调节的。但并不是说异步电动机就不能拖动这些生产机械，而要根据具体情况进行分析比较，以确定采用哪一类型的电机为最好。

异步电动机在运行时，定子绕组接到交流电源上，转子绕组自身短路，由于电磁感应的关系，在转子绕组中产生感应电动势和感应电流，从而产生电磁转矩，因而，异步电机又叫异步电机。异步电机的分类：

(1) 按定子相数分，异步电机可以分为单相异步电动机、两相异步电动机和三相异步电动机。

(2) 按转子结构分，异步电机可以分为绕线式异步电动机和鼠笼式异步电动机。其中，鼠笼式异步电动机又包括单鼠笼式异步电动机、双鼠笼式异步电动机和深槽式异步电动机。

(3) 按有无换向器分，异步电机可以分为有换向器的异步电动机和无换向器的异步电动机。

(4) 按电机定子上所加电压大小，异步电机可以分为高压异步电动机和低压异步电动机。

此外，从其他角度，异步电机还可以分为高起动转矩异步电机、高转差率异步电机和高转速异步电机等等。

异步电机也可以作为异步发电机使用。单机使用时，常用于电网尚未发达的地区，又找不到同步发电机的情况，或用于风力发电的一些特殊场合。在异步电动机的电力拖动中，有时利用异步电机的回馈制动，即运行在异步发电机状态。

在民用飞机上，由于采用交流电源系统，因而三相异步电动机广泛地应用在燃油和滑油系统（如燃油泵、滑油泵）、冷却系统（风扇）、操纵系统（驱动舵面、襟翼、副翼等）以及其他各种机构之中。而单相异步电动机用在诸如应急开锁、应急放油、大气通风活门、冲压空气排气风门，温度控制阀门等要求功率较小的电动机构中。随着飞机交流电源系统的发展，异步电动机将是主要的驱动电动机。

随着现代科学技术，尤其是大功率电力电子技术发展，异步电动机的调速、起动等性能都得到了较大改善，无论是地面异步电机还是航空异步电机，都将得到广泛应用。

第十一章　三相异步电动机的结构和工作原理

第一节　异步电动机的基本结构

和其他类型的航空电机一样，航空异步电动机必须在最小尺寸和最轻重量条件下具有最大输出功率的能力。同时，它还必须能在非常恶劣的环境条件下可靠地工作。

异步电动机主要由定子、转子和气隙等组成，此外，还有端盖、轴承、机座、风扇等部件。转子按其结构可分为笼型和绕线型两种。常用的是鼠笼式异步电动机，如油泵电机、风扇电机等。图 11－1－1 所示为航空三相笼型异步电动机的剖视图。

图 11－1－1　航空三相异步电动机剖视图

一、鼠笼式异步电动机的结构

异步电动机的定子由定子铁芯、机壳、定子绕组等部分组成。

1. 定子

鼠笼式异步电机中固定不动的部分称为定子。一般的三相鼠笼式异步电动机，定子在转子的外面，如图 11-1-2 所示。

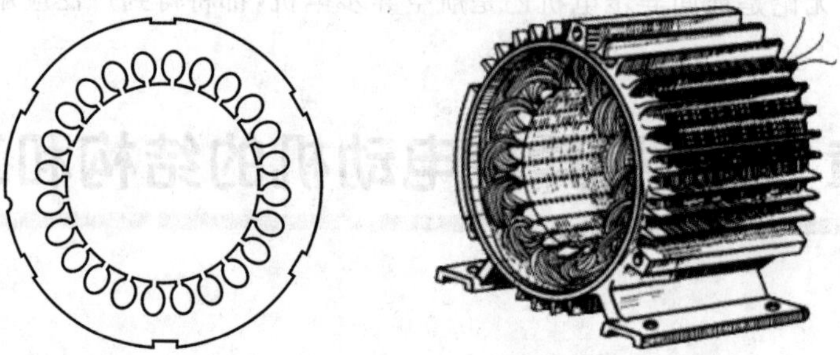

图 11-1-2　三相鼠笼式异步电动机定子示意图

也有的异步电动机的定子在转子里面，如陀螺仪表中用到的陀螺电机。

定子铁芯是电动机磁路的一部分，装在机座里。为了降低定子铁芯里的铁损耗，定子铁芯一般用 0.6mm 或 0.35mm 厚的优质电工钢片(IJ6，DG41 等) 冲制叠压而成，可用铆钉固紧，或采用电子束焊接紧，各片之间互相绝缘，以减少涡流损耗。当铁芯直径小于 1m 时，用整圆的硅钢片叠压而成，大于 1m时，用扇形硅钢片叠压而成，如图 11-1-3 所示为定子铁芯与冲片示意图。

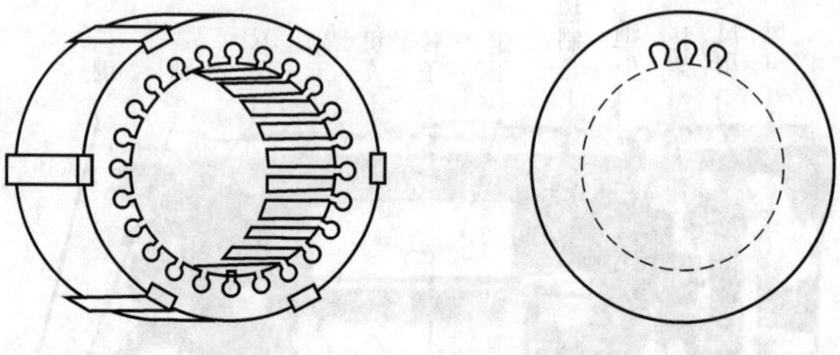

(a)　　(b)

图 11-1-3　定子铁芯与冲片

定子铁芯冲片上冲有槽，用来安放定子三相绕组(也叫电枢绕组)。定子铁芯的槽型如图 11-1-4所示。图中(a) 表示开口槽，用于大、中型容量高压异步电动机；(b) 表示半开口槽，用于中型 500V 以下的异步电动机；(c) 表示半封口槽，用于低压小型异步电动机。

机壳亦称机座，主要用来支撑定子铁芯和固定端盖。机座要求应有足够的机械强度和刚度，一般用铝合金铸成，有时为了增加散热面积，机壳外表带有散热片。机壳和端盖采用铝合金，因为铝合金比较轻，而且也能够承受剧烈的冲击和振动(能承受 100g 的冲击)，同时铝合金也适合采用冷缩装配，定子铁芯和机壳采用冷缩装配后，不但配合牢固，而且能加强定子和机壳之间的热传导，这就有可能使异步电机在大负载、在环境温度高达 170℃ 条件下(远超过通常遇到的环境温度）运行。

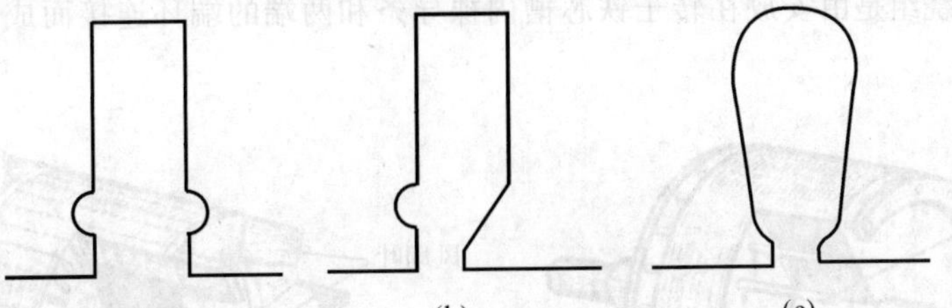

图 11-1-4　定子铁芯的槽型示意图

航空三相异步电动机的定子绕组为 Y 形接法带中线，4 根引出线接至电源插头，其接线图如图 11-1-5 所示。采用中线接地的四线制系统，可以提高电动机运行的可靠性。因为这种接法当一相断开时，电动机仍能以不对称两相运行，两相断开时才是单相运行。而普通的 Y 或 △ 接法，在一相断开时便是单相运行，两相断开时就不能正常工作了（当然，如果三相异步电动机要在两相下工作，就必须考虑到电动机转矩下降和损耗增加）。

2. 气隙

定转子之间空气隙的大小直接影响到电机性能，在设计和制造异步电动机时，必须要考虑这一重要因素，异步电动机的空气隙比同容量直流电动机的气隙小得多，在中、小型异步电动机中，气隙一般为 0.15 ～ 0.3mm。

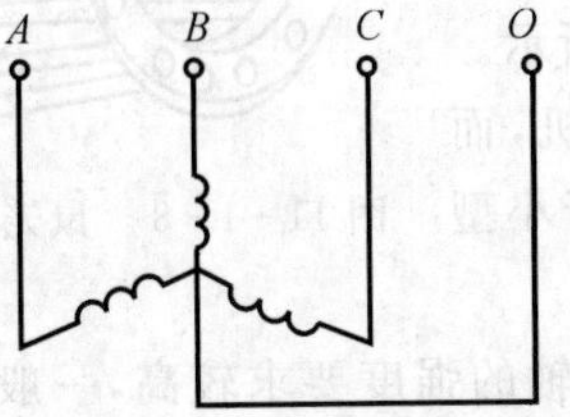

图 11-1-5　航空三相异步电动机定子接线图

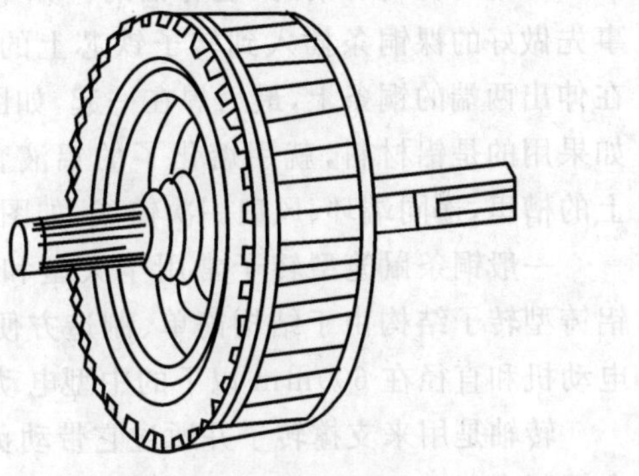

图 11-1-6　转子结构图

异步电动机的励磁电流是由定子电源供给的。气隙大时，要求的励磁电流也大，从而影响电动机的功率因数。为了提高功率因数，应尽量让气隙小些，但也不能太小，否则定子和转子有可能发生摩擦或者碰撞，同时装配困难，可靠性差，谐波损耗大，起动性能差。所以从减少附加损耗以及减少高次谐波磁通势产生的磁通角度来看，气隙大些也有好处。

3. 转子

电机中转动的部分称为转子。异步电动机的转子由转子铁芯、转子绕组、转轴和风扇等部分组成，图 11-1-6 所示为转子结构图。

转子铁芯和定子铁芯一样，也是构成异步电动机磁路的一部分，一般也是由 0.35mm 或 0.5mm 厚的电工钢片叠压而成的。转子铁芯冲片上冲有槽，一般异步电动机转子铁芯的槽中，经铸铝或嵌入铜条后形成转子绕组，如图 11-1-7 所示，将轴滚花、热套或者用键槽配合把转子铁芯直接固定在转轴上。容量较大的电动机其转子铁芯则通过铝合金衬套紧固在转轴上。

笼型转子的绕组是由安放在转子铁芯槽内裸导条和两端的端环连接而成的，如图 11-1-7 所示。

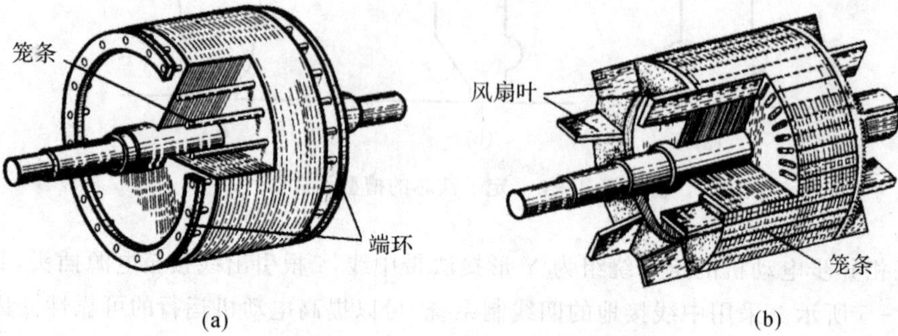

图 11-1-7　笼型转子绕组结构图

(a) 铜条绕组转子；(b) 铸铝绕组转子

笼型转子的绕组与定子绕组有它的不同之处，笼型转子的绕组是一个自己短路的绕组。在转子的每个槽里放上一根导体，每根导体都比铁芯长，在铁芯的两端用两个端环把所有的导条都短接起来，形成一个自己短路的绕组，如图 11-1-7(a) 所示。如果把转子铁芯拿掉，则可以看出，剩下的转子绕组形状就像个松鼠笼子，如图 11-1-8 所示，因此叫鼠笼转子。

导条的材料有铜的，也有铝的。如果用铜材料，就需要把事先做好的裸铜条插入到转子铁芯上的槽里，再用铜端环套在伸出两端的铜条上，最后焊在一起，如图 11-1-7(a) 所示。如果用的是铝材料，就用熔化了的铝液直接浇铸在转子铁芯上的槽里，连同端环、风扇一次铸成，如图 11-1-7(b) 所示。

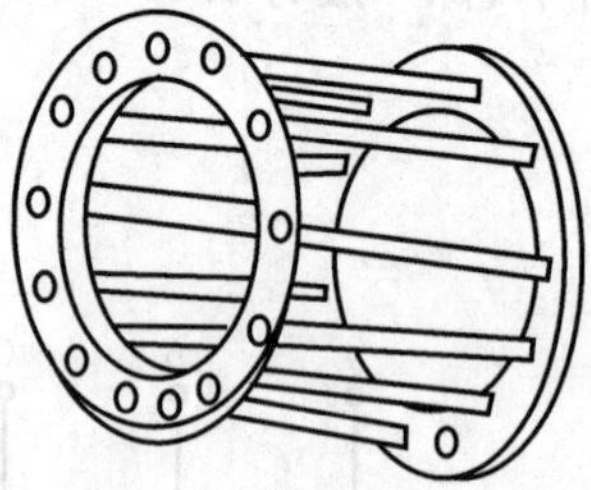

图 11-1-8　鼠笼转子结构图

一般铜条鼠笼型转子常用于大型和部分中型电动机，而铝铸型转子结构由于结构简单、制造方便，被广泛使用于小型电动机和直径在 600mm 以下的中型电动机。

转轴是用来支撑转子并通过它带动负载的。由于转轴的强度要求较高，一般选用优质合金钢制成。

风扇的作用是加强电机的通风散热，在笼型异步电动机中，除了铸铝转子两端铸有风叶外，根据不同的风路系统，还装有其他形式的风扇。对于大容量的异步电动机，为了达到体积小重量轻的目的，也可采用液体冷却方式。

轴承是电动机的薄弱环节，通常在铝端盖中用不锈钢轴承衬套，可以防止铝机壳在低温下收缩较大而卡住轴承的外环，因为这种不锈钢衬套和轴承钢的膨胀系数相同。在有些电动机中，一个轴承的外环是轴向锁定的，从而经得起强烈的冲击和振动。轴承需要预先加载以防滚珠打滑和轴的轴向窜动，这样可以延长轴承的寿命和减少噪声。轴承的间隙应该适当，以便获得较长的使用寿命。轴承的润滑剂对航空电动机是特别重要的，因为航空电动机往往是高速运转，如 23 000r/min。另外还需要保证电动机能在 $-55 \sim 60$℃ 环境温度下正常工作。所以要求航空轴承润滑油在低温下能保持其润滑性，在高温下又能保持其浓度。浸在燃油中的油泵电动机和浸在冷却液中的泵用电动机一般都采用泵用的液体来润滑，有时采用密封式或屏蔽式轴承。密封式轴承能防止润滑液外流和灰尘进入,屏蔽式轴承允许润滑液外流,但能防止大的灰尘粒子进入,如油泵电动机采用石墨滑动轴承。

二、绕线式异步电动机的基本结构

1. 定子

和普通三相异步电动机不同的是,绕线式异步电动机的定子上安装有一套电刷装置,如图11-1-9所示为绕线式异步电动机的定子结构示意图。在大型、中型绕线式异步电动机的定子上还装有提刷装置,当电动机起动完毕,且不需要提速时,通过手柄使电刷与转子上的集电环脱离接触,并将3只集电环短路,以减少电刷磨损和摩擦损耗。

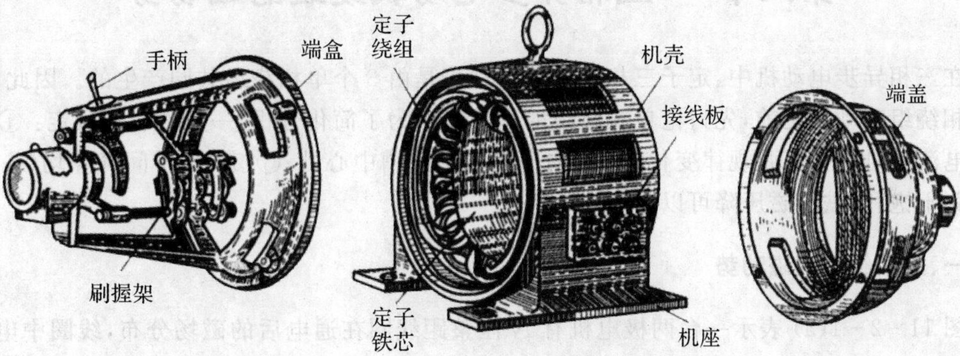

图 11-1-9　绕线式异步电动机的定子结构示意图

2. 转子

绕线式异步电动机的转子绕组也是三相绕组,可以是Y或△形连接。一般来说,小容量绕线式异步电动机用△形连接,大、中容量绕线式异步电动机用Y形连接。转子的一端装有3只集电环,分别与转子绕组的3条引出线相连接,通过集电环与定子上的电刷装置连接,也可以将外界电阻或其他装置串联到转子回路中去,其目的是为了改善起动性能或调速。

三、三相异步电动机绕组绕制原则

(1) 根据磁极对数要求,三相绕组必须保持在空间上的对称,三相绕组互差120°空间电角度。排列规律为:每绕一对磁极则需一组三相对称绕组(A,B,C为三相首端,X,Y,Z为三相尾端),排列顺序为A,Z,B,X,C,Y,定子槽的对称分配如图11-1-10所示。

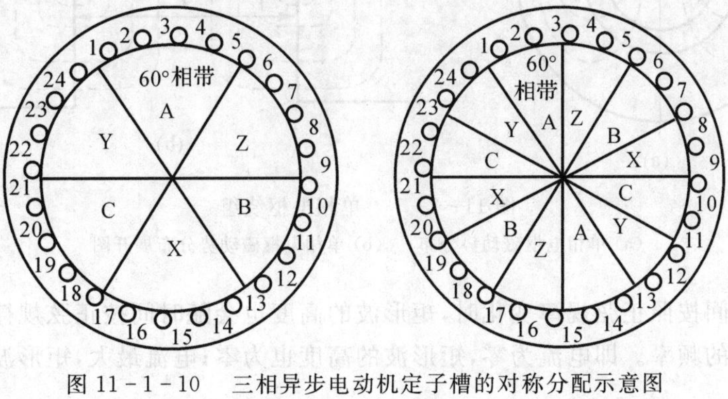

图 11-1-10　三相异步电动机定子槽的对称分配示意图

(2) 根据对称原则，每相绕组应相等均匀，若极数为 $2p$，所以要将总的定子槽分成 $2p$ 等分，每一等分为一个极矩，称为一个极相组(以槽数表示)。再将每一极矩内的槽数分成三组，以分别安装($m=3$) 相绕组的线圈边。每一相所占槽数以 q 表示，称每极每相槽数，表达式为

$$q=\frac{Z_1}{2pm_1} \tag{11-1-1}$$

(3)A,B,C 三相绕组独立绕制，运行时可根据需要接成“Y”或“△”形。

总之，由于在设计、工艺、结构和材料上的特殊考虑，航空异步电动机的质量在不断改进，以满足航空和空间技术日益发展的需要。

第二节　三相异步电动机绕组的磁动势

在三相异步电动机中，定子三相绕组的磁动势是由 3 个单相绕组共同产生的。因此，在讨论三相绕组磁动势之前，先讨论单相绕组的磁动势。为了简化分析，一般作以下假定：① 绕组中的电流随时间按正弦规律变化；② 槽内电流集中在槽中心处；③ 定、转子间气隙均匀；④ 铁芯磁路不饱和，铁芯磁压降可以忽略。

一、单相绕组的磁动势

图 11-2-1(a) 表示一台两极电机有 N 匝整距线圈在通电后的磁场分布，线圈中电流为 i。由于气隙均匀，两边的气隙磁密分布相同。根据安培定律$\oint_l H\mathrm{d}l=\sum I$。由线圈匝数为 N 匝，导体中流过电流为 i，则磁动势 $F_A=Ni$。忽略铁芯中所消耗的磁动势，将全部磁动势 Ni 消耗在两段气隙上，则每段气隙的磁动势为$\frac{1}{2}Ni$。若规定从转子穿过气隙进入定子的气隙磁动势为正，可以画出磁动势沿气隙圆周分布的波形图，如图 11-2-1(b) 所示。可见，该磁动势是一个高度为$\frac{1}{2}Ni$ 的矩形波，导体所在位置是其方向改变的转折点。

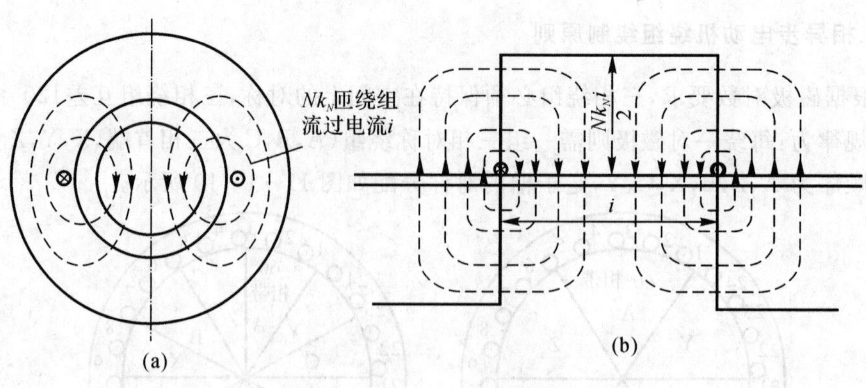

图 11-2-1　单相电枢绕组

(a) 单相电枢磁动势分布；(b) 单相电枢磁动势分布展开图

当电流随时间按照正弦规律变化时，矩形波的高度也会随时间按正弦规律变化，变化的频率等于电流交变的频率。即电流为零，矩形波的高度也为零；电流最大，矩形波的高度也最大；

电流方向改变，矩形波高度的方向也会改变。这种空间位置固定不动，而幅值大小和正负随时间变化的磁动势称为脉振磁动势。

在多极电机中，每对极的情况是相同的，仅仅是极数增加而已。在 p 对极的磁场中，气隙磁动势等于绕组磁动势的 $\frac{1}{2p}$，其表达式为

$$f_A = \frac{1}{2}\sqrt{2}\ \frac{IN}{p}k_N\sin\omega t = F_\phi\sin\omega t \tag{11-2-1}$$

式中，$F_\phi = \frac{1}{2}\sqrt{2}\ \frac{IN}{p}k_N$ 为每相磁动势幅值；k_N 为绕组系数，其计算方法与电动势中的绕组系数一样。

将图 11-2-1(b) 所示矩形波进行傅里叶级数分解，可以得到基波及一系列奇次谐波。其表达式为

$$F_\phi = F_1\cos\alpha + F_3\cos3\alpha + F_5\cos5\alpha + \cdots + F_v\cos v\alpha \tag{11-2-2}$$

式中，$F_1, F_3, F_5, \cdots, F_v$ 分别为基波和各次谐波磁动势的幅值，其值可以按照傅里叶级数求幅值的方法得出，即

$$F_v = \frac{1}{\pi}\int_0^{2\pi} F_\phi\cos v\alpha\,\mathrm{d}\alpha = \frac{1}{v}\ \frac{4}{\pi}F_\phi\sin v\ \frac{\pi}{2} = \frac{1}{v}\ \frac{4}{\pi}\ \frac{1}{2}\sqrt{2}\ \frac{IN}{p}k_N\sin v\ \frac{\pi}{2} \tag{11-2-3}$$

对基波而言，$v=1$，$\sin v\ \frac{\pi}{2}=1$，故基波幅值为

$$F_1 = \frac{4}{\pi}\ \frac{1}{2}\sqrt{2}\ \frac{IN}{p}k_N = 0.9\ \frac{IN}{p}k_N \tag{11-2-4}$$

同理可得：$F_3 = -\frac{F_1}{3}$，$F_5 = \frac{F_1}{5}$，…，$F_v = \pm\frac{F_1}{v}$。幅值为正，说明该瞬时原点处该次谐波幅值与基波幅值方向相同，幅值为负则相反。

整距线圈磁动势瞬时值的表达式为

$$f(\alpha,t) = F_1\left(\cos\alpha - \frac{F_1}{3}\cos3\alpha + \frac{F_1}{5}\cos5\alpha + \cdots\right)\sin\omega t \tag{11-2-5}$$

由上述分析可知：① 整距线圈产生的磁动势在空间按照矩形波分布，其幅值随时间以电流的频率脉振；② 矩形波磁动势可以分解为基波及一系列奇次谐波，各次谐波均为同频率的脉振波；③ 在三相交流电机中，基波磁动势是主要的，正是由于有基波磁动势，交流电机才得以实现定转子之间的能量传递；④ 谐波磁动势仅占很小的一部分，不参与与定转子之间的能量传递，其对电机的影响，以及对其处理方法与变压器类似。

二、三相绕组的旋转磁动势

首先，假设在三相对称交流绕组中，通入三相对称正弦交流电，由于三相绕组在空间互差 120° 电角度，流经三相绕组的电流在时间上也互差 120° 电角度，在每相绕组产生的磁动势在空间是按照正弦规律分布，且三相磁动势在空间上互差 120° 电角度。于是有 A，B，C 三相绕组各自产生的脉振磁动势的基波表达式为

$$\left.\begin{aligned} f_{A1}(t,\alpha) &= F_1\cos\alpha\sin\omega t \\ f_{B1}(t,\alpha) &= F_1\cos(\alpha-120^\circ)\sin(\omega t-120^\circ) \\ f_{C1}(t,\alpha) &= F_1\cos(\alpha-240^\circ)\sin(\omega t-240^\circ) \end{aligned}\right\} \tag{11-2-6}$$

将每相脉振磁动势分解为两个旋转磁动势，得

$$\left.\begin{aligned} f_{A1}(t,\alpha)&=\frac{F_1}{2}\sin(\omega t-\alpha)+\frac{F_1}{2}\sin(\omega t+\alpha)\\ f_{B1}(t,\alpha)&=\frac{F_1}{2}\sin(\omega t-\alpha)+\frac{F_1}{2}\sin(\omega t+\alpha-240^\circ)\\ f_{C1}(t,\alpha)&=\frac{F_1}{2}\sin(\omega t-\alpha)+\frac{F_1}{2}\sin(\omega t+\alpha-120^\circ)\end{aligned}\right\}\quad(11-2-7)$$

定子中的合成磁动势的值，即为式(11－2－7)3式相加。由于各等式中最后一项在空间互差120°电角度，因而后3项之和为零。故得三相绕组合成磁动势基波为

$$f_1(t,\alpha)=f_{A1}(t,\alpha)+f_{B1}(t,\alpha)+f_{C1}(t,\alpha)=\frac{3F_1}{2}\sin(\omega t-\alpha)=F_{m1}\sin(\omega t-\alpha)\quad(11-2-8)$$

可见，三相合成基波磁动势是个旋转磁动势。F_{m1} 为三相合成磁动势基波的幅值，即

$$F_{m1}=\frac{3F_1}{2}=1.35\frac{NI}{p}k_N\quad(11-2-9)$$

朝着 $+\alpha$ 方向以角速度 w（或者速度为 $n=\frac{60f}{p}$ r/min）旋转。由于 F_{m1} 为常数，$\dot{F}_{m1}$ 矢量端点的轨迹是一个圆，因此也叫圆形旋转磁动势。

但是，如果电机绕组出现了不对称运行的情况，或是通入的电流不对称，这时，一般来说，3个反向旋转的磁动势之和将不会等于零。于是，在基波合成磁动势中，正向和反向旋转磁动势都将同时存在，即

$$\dot{f}_1(t,\alpha)=\dot{f}_+(t,\alpha)+\dot{f}_-(t,\alpha)=F_+\cos(\omega t-\alpha)+F_-\cos(\omega t+\alpha)\quad(11-2-10)$$

式中，F_+ 和 F_- 分别为正向和反向旋转磁动势的幅值。

把 $\dot{f}_+$ 和 $\dot{f}_-$ 分别作为正向和反向旋转的两个空间矢量，然后进行合成。可知，此时的三相基波合成磁动势是一个正弦分布的非恒速旋转的椭圆形旋转磁场，如图11－2－2所示。它的最大幅值，即椭圆的长轴，为 F_++F_-；最小幅值，即椭圆的短轴，为 F_+-F_-。合成磁动势可以分为以下3种情况：

(1) 当 $F_+=0$ 或者 $F_-=0$ 时，将产生反转或者正转圆形磁动势；

(2) 当 $F_+=F_-$ 时，将产生脉振磁动势；

(3) 当 $F_+\neq F_-$ 时，将产生椭圆形旋转磁动势。

综上所述，三相合成基波旋转磁动势有以下特点：

(1) 幅值。

$$F_{m1}=\frac{3F_1}{2}=1.35\frac{NI}{p}k_N\quad(11-2-11)$$

幅值 F_{m1} 不变，是圆形旋转磁动势。

(2) 转向。磁动势的转向决定于三相电流的相序以及三相绕组在空间的排列。合成磁动势的波形总是从电流超前相的绕组转向带有滞后电流的相，即若电流相序为A—B—C—A，则磁场旋转方向为A轴—B轴—C轴，因此，若要改变旋转磁场方向，只需要改变电流的相序，即将三相绕组的任意两相对调。

(3) 转速。旋转磁动势相对于定子绕组的转速为同步转速 $n=\frac{60f}{p}$ r/min。用角速度 w 表

示时，为 $w=\frac{2\pi pn}{60}$（每秒电弧度）。

(4) 瞬间位置。当三相电流中某相电流值达到正的最大值时，三相合成基波磁动势的正幅值，正好位于该相绕组的轴线处。如图 11-2-2 所示为三相旋转磁场用磁力线表示的示意图，其中，(a) 表示 A 相电流为正最大值瞬间，即 $\omega t=0^\circ$；(b) 表示 $\omega t=60^\circ$ 瞬间，图中各相绕组标出的电流方向是实际方向。(a) 与 (b) 相比，显然是时间上相差60° 电角度，磁动势在空间旋转60° 电角度。

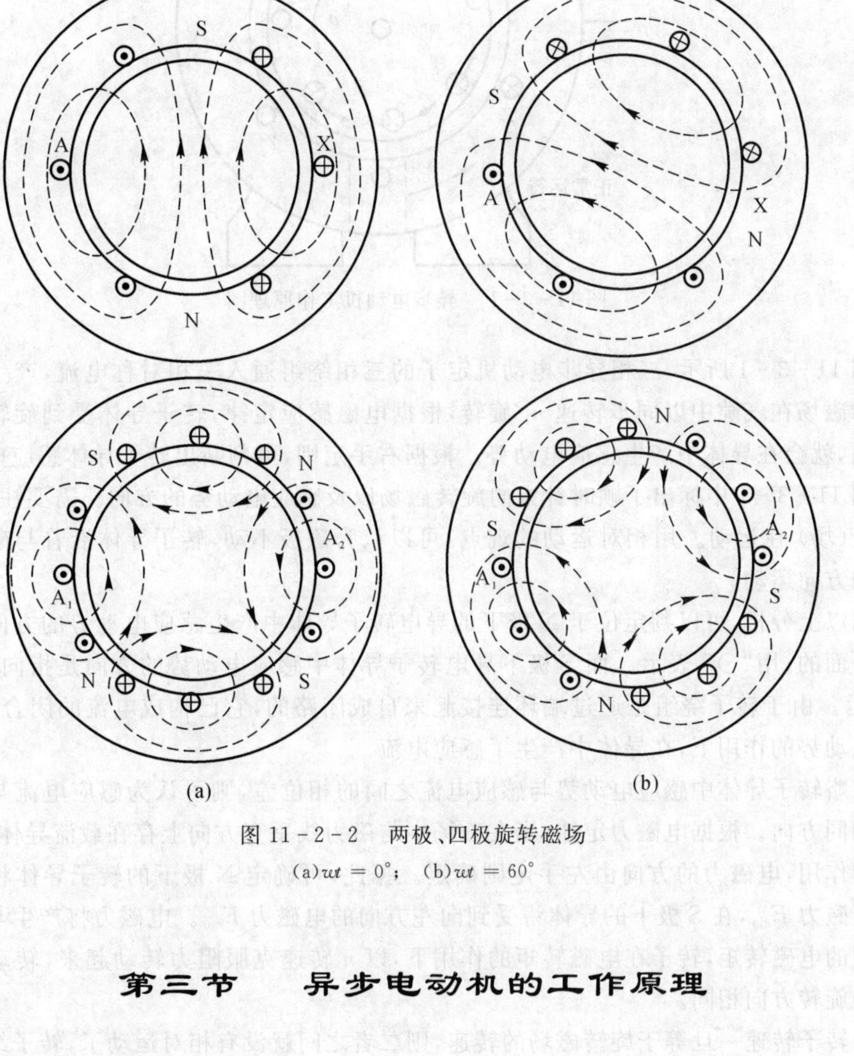

图 11-2-2　两极、四极旋转磁场

(a) $\omega t=0^\circ$；(b) $\omega t=60^\circ$

第三节　异步电动机的工作原理

一、异步电动机的基本工作原理

我们已知，在三相异步电动机的定子绕组中，通入三相交流电，或者在两相异步电动机的定子绕组中通入两相交流电，都会产生旋转磁场，就好像电机中有看不见的磁铁在旋转一样。直观起见，用旋转着的磁极 N—S 来代表三相定子绕组产生的旋转磁场，如图 11-3-1 所示为异步电动机工作原理图。若将异步电动机的短路式转子置于旋转磁场之中，异步电动机就会产生电磁转矩。

现在用图 11-3-1 来说明电磁转矩的产生。图中永久磁铁产生的磁场表示旋转磁场；处于旋转磁场中的是一个短路式转子。

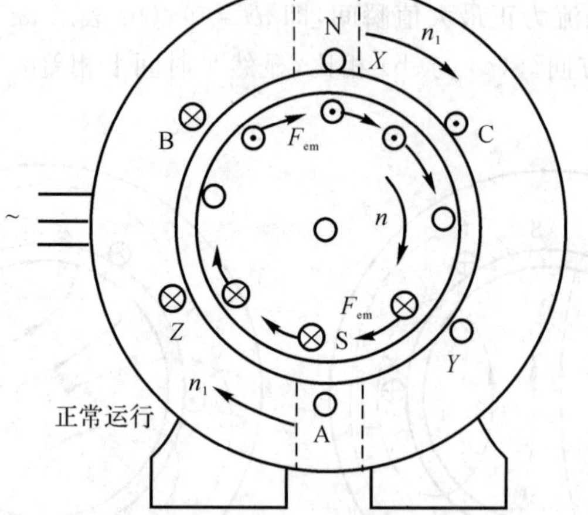

图 11-3-1　异步电动机工作原理图

如图 11-3-1 所示，三相异步电动机定子的三相绕组通入三相对称电流，产生了旋转磁场。旋转磁场在气隙中以同步转速 n_1 旋转，根据电磁感应定律，转子导体受到旋转磁场的磁力线切割，就会在导体中产生感应电动势。根据右手定则，可判断出转子导体感应电动势的方向。在图 11-3-1 中标出了顺时针方向旋转磁场以及感应电动势的方向。需要注意的是，此时是磁极(场)在运动。用相对运动的观点，可以认为磁极不动，转子导体沿着与磁极运动方向相反的方向运动。

根据以上分析，可以判定位于 N 极下的导电转子导体中产生感应电动势的方向是离开纸面指向外面的，用"⊙"表示。而 S 极下导电转子导体中感应电动势的方向是指向纸面的，用"⊗"表示。由于转子绕组是通过端环连接起来自成闭路的，它已构成电流的闭合通路，因而在感应电动势的作用下，在导体中产生了感应电流。

若忽略转子导体中感应电动势与感应电流之间的相位差，则可认为感应电流与感应电动势具有相同方向。根据电磁力定律，当在磁场中与磁力线垂直方向上存在载流导体时，将受到电磁力的作用，电磁力的方向由左手定则确定。据此，可确定 N 极下的转子导体将受到向右方向的电磁力 F_{em}，在 S 极下的导体将受到向左方向的电磁力 F_{em}。电磁力将产生与旋转磁场方向相同的电磁转矩，转子在电磁转矩的作用下，以 n 转速克服阻力转动起来，转动方向与旋转磁场的旋转方向相同。

如果转子转速一旦等于旋转磁场的转速，则二者之间就没有相对运动了，转子绕组中就不会切割旋转磁场，转子绕组中也就不会产生感应电势和感应电流，当然也就不可能产生电磁力和电磁转矩，因而转子的转速必然要小于旋转磁场的转速，即二者的转速之间有差异，所以这种类型的电动机称为"异步"电动机，又因为其转子导体的电流是由于电磁感应作用产生的，所以又称为"感应"电动机。

二、转差率

通过以上分析知道，三相异步电动机的转速 n 永远要小于旋转磁场的转速 n_1，若 $n=n_1$，则两者没有相对运动，转子导体不切割磁场，也不感应电势和电流．也就无从产生旋转转矩。

通常不是直接用转速 n 来分析三相异步电动机的性能，而是用转速 n 与同步转速 n_1 的差额 (n_1-n) 与同步转速 n_1 的比值来表示，这个比值叫转差率(或简称转差)，用 S 表示，即

$$S=\frac{n_1-n}{n_1}=\frac{\Delta n}{n_1} \tag{11-3-1}$$

其中旋转磁场的转速 n_1 与转子转速之差称为转差 Δn，转差是异步电动机正常运行的必要条件。转差率 S 是决定三相异步电机性能的一个重要参数，转差率 S 的大小也同时反映了异步电动机的运行速度。在电机起动瞬间，转子转速 $n=0$，所以转差率 $S=1$；随着转子转速的不断上升，转差率 S 逐渐减小。为了使异步电动机的运行效率提高，通常使它的额定转速接近于同步转速。因此额定转差率 S_N 很小，一般在 0.015 ～ 0.05 之间。

三、异步电机的 3 种运行状态

异步电机有电动、发电和制动 3 种运行状态，不同的运行状态其转速和转差率数值也不相同。

1. 异步电机的电动运行状态

图 11-3-2(a) 所示为异步电动机的原理示意图。当定子磁场以同步转速 n_1 逆时针方向旋转时，转子绕组将切割这个磁场而感应电势，根据右手定则可知，N 极下导体的电势为 ⊗，S 极下导体的电势为 ⊙，由于转子绕组是互相短路的，因而将有电流流动，其方向与电势方向相同。根据电磁力定律，定子磁场与转子每根导条中的电流，将产生电磁力，其方向可由左手定则确定：在 N 极下导体上的力向左，在 S 极下导体上的力向右。于是在转子上构成一个逆时针方向的电磁转矩。如果这个转矩的大小足以克服转子轴上的负载转矩，转子将转动起来，并且一直到转子上的转矩与轴上的负载转矩相平衡，电机将以转速 n 稳定运行。这就是三相异步电动机的基本工作原理。我们应该注意到，此时转于转动的方向是和旋转磁场的方向一致的。此时，转子的转速变化范围为 $0<n<n_1$，转差率的变化范围为 $0<S<1$。

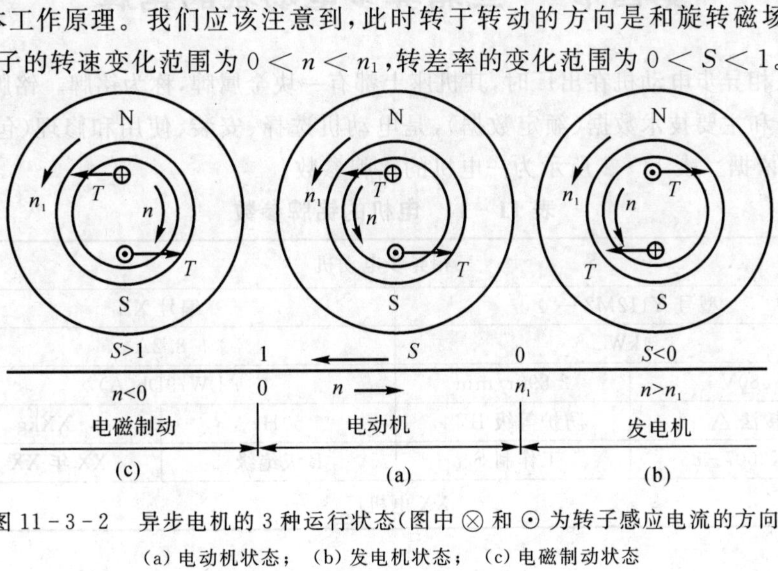

图 11-3-2　异步电机的 3 种运行状态(图中 ⊗ 和 ⊙ 为转子感应电流的方向)

(a) 电动机状态；(b) 发电机状态；(c) 电磁制动状态

2. 异步电机的发电机状态

若 $n_1 < n$，即 $S < 0$，此时转子转速大于旋转磁场的转速，转子导体与磁场的相对运动发生了变化。由右手定则可知，转子导体中感应电势和电流的方向如图 11-3-2(b) 所示，N 极下为 ⊙，S 极下为 ⊗。用左手定则可知，此时电磁转矩与转子的转向相反，而成为顺时针方向的制动转矩。不难想像，转子能够以逆电磁转矩方向旋转，必然要有某个原动机带动才行，因此，这称为电机是在外力驱动下旋转，把机械能变为电能，因而工作在发电机状态。此时 $n_1 < n$，$S < 0$。

3. 异步电机的制动运行状态

若 $n < 0$，即 $S > 1$，此时转子在外力驱动下，逆旋转磁场的转动方向而转，转子中感应电势、电流和转矩的方向与电动机相同，如图 11-3-2(c) 所示，但电磁转矩与转速 n 方向相反，所以是制动转矩。因此，电机是工作在电磁制动状态，此时它从电网吸取电能产生电磁制动转矩，来阻止在外力驱动下的转子的转动。

实际应用当中，异步电机绝大多数是作为电动机运行的。它的优点是结构简单、价格便宜、效率较高和运行可靠。中、小型的异步电动机在工业中应用最为广泛，异步发电机的性能由于不如同步发电机优越，仅用于特殊场合，如用于风力发电机。至于制动运行也是异步电机的一种特殊运行方式。

综上所述 3 种运行状态，异步电机转子的转速始终与旋转磁场的转速不等，故称为异步电机。由于异步电机的转子电流是由定子励磁磁场所感应的，也把异步电机称为异步电机。上述 3 种工作状态可用图 11-3-3 表示。

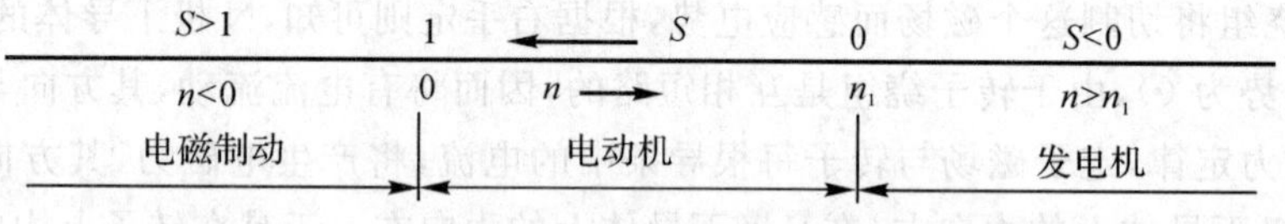

图 11-3-3　异步电机的运行状态示意图

第四节　三相异步电动机的铭牌

每一台三相异步电动机在出厂时，其机座上都有一块金属牌，称为铭牌。铭牌上标注有该电动机的型号和主要技术数据（额定数据），是电动机选择、安装、使用和修理（包括绕组的重绕）等的重要依据。表 11-1 所示为一电机的铭牌参数。

表 11-1　电机的铭牌参数

三相异步电动机			
型号 Y112M2—4		编号 XX	
4kW		8.2A	
380V	2 890r/min	LW79Db(A)	
接法 △	防护等级 IP14	50Hz	XXkg
ZBK2007-88	工作制 S_1	B 级绝缘	XX 年 XX 月
XX 电机厂			

一、三相异步电动机的型号

异步电动机的型号主要表征电动机的种类、规格和用途等。电动机产品的型号一般由大写的汉语拼音字母和阿拉伯数字、英文字母组成。其中,汉语拼音字母为电动机全称中有代表意义的汉字中的第一个字母,而我国生产的异步电动机种类很多,下面列出一些常见产品系列。

Y系列为小型鼠笼型全封闭自冷式三相异步电动机,用于金属切削机床、通用机械、矿山机械等,也可以用于拖动静止负载或者惯性负载较大的机械,如压缩机、传送带、运输机械等。

JQ_2 和 JQQ_2 系列是高起动转矩异步电动机,用在起动静止负载或者惯性负载较大的机械上。JQ_2 是防护式,JQQ_2 是封闭式的。

JS系列是中型防护式三相鼠笼异步电动机。

JR系列是防护式三相绕线式异步电动机,用在电源容量小,不能用同容量鼠笼式电动机起动的生产机械上。

JSL_2 和 JRL_2 系列是中型立式水泵用的三相异步电动机,其中 JSL_2 是鼠笼式,JRL_2 是绕线式。JZT系列是电磁调速异步电动机。

JZZ系列是锥形转子制动异步电动机。

二、三相电动机的额定值

异步电动机在铭牌上表注的额定值主要有以下几项。

(1) 额定功率 P_N:指电动机在额定运行时,转轴输出的机械功率,单位为W或kW。对于三相异步电动机,额定功率为

$$P_N = \sqrt{3} U_N I_N \eta_N \cos\varphi_N \tag{11-4-1}$$

式中,η_N,$\cos\varphi_N$ 分别为额定运行时的效率和功率因数。

(2) 额定电压 U_N:指电动机在额定运行时,外加在定子绕组上的线电压,单位为V。三相异步电动机的额定电压有380V,200V,3 000V以及6 000V等多种。

(3) 额定电流 I_N:指电动机定子绕组上加额定电压、额定频率下,转轴输出额定功率时,定子绕组中的线电流,单位为A。

(4) 额定频率 f_N:我国规定飞机交流电源额定频率为400Hz,地面交流电源的工频为50Hz。

(5) 额定转速 n_N:指电动机定子绕组上加额定频率的额定电压,且转轴输出额定功率时,电机的转速,单位为r/min。

(6) 额定功率因数 $\cos\varphi_N$:指电动机在额定运行时,定子侧的功率因数。

三、防护等级

电动机的防护等级用字母IP和两个数字表示,I是International(国际)的第一个字母,P是Protection(防护)的第一个字母,IP后面的第一个数字代表第一种防护形式(防尘)的等级,第二个数字代表第二种防护形式(防水)的等级,数字越大,表明防护的能力越强。

1. *接法*

用Y或△表示,表示电动机在额定运行时,定子绕组应采用的连接形式,Y表示星形连

接,△ 表示三角形连接。对于绕线式异步电动机,还应标明转子绕组的连接方法。

2. 绝缘等级与温升

各种绝缘材料耐温的能力不一样,按照不同的耐热能力,绝缘材料可分为一定等级。温升是指异步电动机在运行时高出周围环境的温度值。绝缘等级决定了电动机的允许温升,有时也不标明绝缘等级而直接标明允许温升。

3. 工作方式

电动机的工作方式与电动机允许的温升有关,分 3 种情况:

(1) 连续运行。依据电动机铭牌规定的参数,长期连续运行,其各部分的温升不会超过允许值。

(2) 短时运行。依据电动机铭牌规定的参数,由实际冷态开始,在规定的持续时间内运行,才可保证电动机不超过允许温升值。

(3) 周期运行。依据电动机铭牌规定的参数,电动机按照周期性方式工作,每个周期包括额定负载时间和停机或空载时间。额定负载时间与周期时间之比称为负载持续率。标准的负载持续率为 15%,25%,40% 及 60%。每个周期为 10min。

由上述额定值还可以派生出额定转差率、额定功率因数等额定值。

第十二章　异步电机运行原理

异步电机是利用电磁感应原理把能量从定子传到转子的，从工作原理上讲，它与变压器相似，一方面是励磁，另一方面是感应电动势，因此可以应用变压器的分析方法导出类似的基本方程式、等效电路和矢量图。但异步电机与变压器转换的能量不同、结构不同、内部磁场性质不同，所以二者也存在很多区别，为了便于分析，先分析转子静止时的情况，再研究转子旋转时的情况。

第一节　主磁通和漏磁通

当三相异步电动机的定子绕组接上对称的三相电源时，便有三相电流通过定子绕组，产生三相旋转磁动势，并建立起旋转磁场。为了便于建立数学模型，把三相旋转磁场分为主磁通和漏磁通两类。

1. 主磁通

由基波磁动势所产生的与定、转子绕组同时交链的基波磁通称为主磁通，用 Φ_m 表示，在数值上 Φ_m 与每极的基波磁通量 Φ_1 是相等的。电机中的能量传递主要依靠主磁通来实现。

2. 漏磁通

除去主磁通以外的磁通统称为漏磁通，漏磁通包含 3 个部分，即槽部漏磁通、端部漏磁通和谐波漏磁通。图 12-1-1(a) 所示为槽部漏磁通，图 12-1-1(b) 所示为端部漏磁通。漏磁通仅只交链定子绕组，与转子绕组没有交链，它们不传递能量。

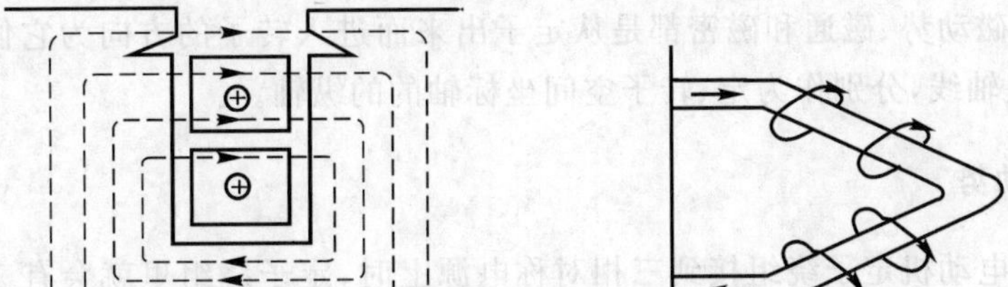

(a)　　(b)

图 12-1-1　定子漏磁通

(a) 槽部漏磁通；(b) 端部漏磁通

此外，一系列高次谐波磁动势所产生的谐波磁通统称为谐波漏磁通，谐波漏磁通实际上穿过气隙，交链转子绕组并在转子绕组中感应电动势。但由于谐波磁场的转速与基波磁场不同，将对转子产生有害的转矩，但它在定子中感应电动势的频率仍为基波频率，因而把谐波磁通也归入漏磁通。

第二节　转子开路时异步电机的运行

一、规定正方向

如图 12-2-1(a) 所示为一台绕线式三相异步电动机，定、转子绕组都是 Y 形接法，其中定子绕组接上三相对称的交流电源，转子绕组开路，各有关电量的正方向如图 12-2-1(b) 所示。其中 $\dot{U}_1$，$\dot{E}_1$，$\dot{I}_1$ 分别表示定子绕组的相电压、相电动势和相电流；$\dot{U}_2$，$\dot{E}_2$，$\dot{I}_2$ 分别表示转子绕组的相电压、相电动势和相电流（当转子绕组开路时 $\dot{I}_2=0$）；图中箭头指向表示各量的正方向。

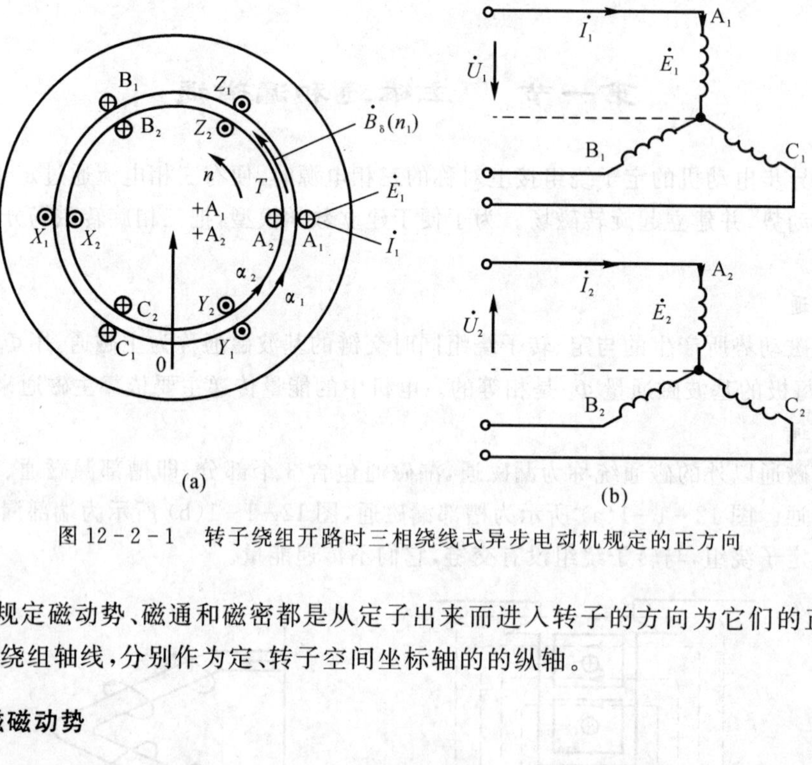

图 12-2-1　转子绕组开路时三相绕线式异步电机规定的正方向

同时还规定磁动势、磁通和磁密都是从定子出来而进入转子的方向为它们的正方向。以定转子 A 相绕组轴线，分别作为定、转子空间坐标轴的的纵轴。

二、励磁磁动势

当三相异步电动机定子绕组接到三相对称电源上时，定子绕组里就会有三相对称电流流过，它们的有效值分别用 I_{oA}，I_{oB}，I_{oC} 表示。由于对称，只需要考虑 A 相电流 $\dot{I}_{oA}$（或者用 $\dot{I}_1$ 表示）就可以了。从对交流绕组产生磁动势的分析中知道，三相对称电流流过三相对称绕组能产生合成旋转磁动势。

三相异步电动机定子绕组里流过三相对称电流 $\dot{I}_{oA}$，$\dot{I}_{oB}$，$\dot{I}_{oC}$，产生的空间合成旋转磁动势用 $\dot{F}_{m1}$ 表示，其有以下特点。

1. 幅值

$$F_{m1}=\frac{3}{2}\,\frac{4}{\pi}\,\frac{\sqrt{2}}{2}\,\frac{Nk}{p}I_{oA} \qquad (12-2-1)$$

式中，N 和 k 为定子一相绕组串联匝数和绕组系数。

2. 转向

由于定子电流的相序为 $A_1 \to B_1 \to C_1$ 的顺序，所以磁动势 $\dot{F}_{m1}$ 的转向是从 $+A_1 \to +B_1 \to +C_1$。在如图 12-2-1(a) 中，磁动势 $\dot{F}_{m1}$ 的转向是逆时针方向旋转。

3. 转速

相对于定子绕组以角频率 $w_1 = \frac{2\pi p n_1}{60}$ rad/s 旋转，n_1 是磁动势 $\dot{F}_{m1}$ 的同步转速，单位是 r/min 。

由于转子绕组开路，不可能有转子电流，当然也就不会产生转子磁动势。这时作用在磁路上的只有定子磁动势 $\dot{F}_{m1}$，于是 $\dot{F}_{m1}$ 就要在电机里产生磁通。为此，$\dot{F}_{m1}$ 也叫励磁磁动势，电流 $\dot{I}_{oA}$ 叫励磁电流。

转子不转的三相异步电机，相当于一台二次绕组开路的三相变压器，其中定子绕组是一次绕组，转子绕组是二次绕组，只是在磁路中，异步电机定、转子铁芯中多了一个空气隙磁路而也。

三、主磁通和漏磁通

作用在磁路上的励磁磁动势 $\dot{F}_{m1}$ 同样会产生主磁通和漏磁通。

由于电机中气隙是均匀的，励磁磁动势 $\dot{F}_{m1}$ 产生的主磁通 Φ_m 所对应的气隙磁密，是一个在气隙中在空间按照正弦分布并旋转的磁密波，气隙里每极主磁通 Φ_1（其中 $\Phi_m = \Phi_1$）为

$$\Phi_1 = \frac{2}{\pi} B_\delta \tau l \tag{12-2-2}$$

式中　$\frac{2}{\pi} B_\delta$—— 气隙平均磁密；

τ—— 定子极距；

l—— 电机轴向有效长度。

四、感应电动势

旋转着的气隙每极主磁通 Φ_1（或 Φ_m）在定、转子绕组里感应电动势的有效值分别为 E_1 和 E_2，有

$$\begin{aligned} E_1 &= 4.44 f_1 N_1 k_1 \Phi_1 \\ E_2 &= 4.44 f_1 N_2 k_2 \Phi_1 \end{aligned} \tag{12-2-3}$$

式中　N_1 和 k_1—— 定子绕组每相串联匝数和绕组系数；

N_2 和 k_2—— 转子绕组每相串联匝数和绕组系数。

定子、转子每相电动势之比称为电压比，用 k_e 表示，即

$$k_e = \frac{E_1}{E_2} = \frac{N_1 k_1}{N_2 k_2} \tag{12-2-4}$$

为了方便起见，采用折合算法，把转子绕组向定子边折合，即把转子原来的 $N_2 k_2$ 看成和定子边的 $N_1 k_1$ 一样，转子绕组每相感应电动势便为 $\dot{E}'_2$，$\dot{E}'_2 = \dot{E}'_1 = k_e \dot{E}_2$。其中绕线式异步电动机电压变比 k_e 可以计算，也可以用实验求出，故

$$\dot{E}_1 = \dot{E}'_2 \tag{12-2-5}$$

五、电压方程式

定子绕组漏磁通在定子绕组里产生的感应电动势 $\dot{E}_{s1}$ 称为定子漏电势。一般来说，由于漏磁通里的磁路大部分是空气，因此漏磁通本身就比较小，并且由漏磁通产生的漏电势的大小与定子电流 I_{oA} 成正比，所以可以把漏磁通在定子绕组里的感应电动势看成是定子电流 I_{oA} 在漏电抗 X_1 上的压降。根据图 12-2-1(b) 规定的电动势、电流正方向，$\dot{E}_{s1}$ 在相位上要滞后 $\dot{I}_{oA}$ 90° 的电角度，即

$$\dot{E}_{s1} = -j\dot{I}_o X_1 \tag{12-2-6}$$

式中，X_1 为定子每相的漏电抗，它主要包括定子槽部漏抗、端部漏抗。

根据如图 12-2-1(b) 所示各量的正方向，可以列出定子一相回路的电压方程式为

$$\dot{U}_1 = -\dot{E}_1 + \dot{I}_o R_1 - \dot{E}_{s1} = -\dot{E}_1 + \dot{I}_o R_1 + j\dot{I}_o X_1 = -\dot{E}_1 + \dot{I}_o(R_1 + jX_1) = -\dot{E}_1 + \dot{I}_o Z_1 \tag{12-2-7}$$

式中，Z_1 为定子一相绕组的漏阻抗，$Z_1 = R_1 + jX_1$。

异步电动机转子绕组开路时的电压方程式与三相变压器副边绕组开路时的情况完全一样。

六、等效电路

与三相变压器空载时一样，也能找出并联或串联的等效电路。如果用励磁电流 $\dot{I}_{oA}$ 在参数 Z_m 上的压降表示 $-\dot{E}_1$，则

$$-\dot{E}_1 = \dot{I}_o(R_m + jX_m) = \dot{I}_o Z_m \tag{12-2-8}$$

式中 Z_m—— 励磁阻抗，$Z_m = R_m + jX_m$；

R_m—— 励磁电阻，它是等效铁损耗的参数；

X_m—— 励磁电抗。

则定子一相电压平衡方程式可以表达为

$$\dot{U}_1 = -\dot{E}_1 + \dot{I}_o(R_1 + jX_1) = \dot{I}_o(R_m + jX_m) + \dot{I}_o(R_1 + jX_1) = \dot{I}_o(Z_m + Z_1) \tag{12-2-9}$$

转子回路电压方程式为

$$\dot{U}_2 = \dot{E}_2 \tag{12-2-10}$$

图 12-2-2 所示为转子绕组开路时三相异步电动机的等效电路，这种情况下的电磁关系为

$$\dot{U}_1 \rightarrow \dot{I}_o \begin{cases} \dot{I}_o R \\ \Phi_{s1} \rightarrow \dot{E}_{s1} = -j\dot{I}_o X_1 \\ \Phi_1 \rightarrow \begin{cases} \dot{E}_1 \\ \dot{E}_2 \end{cases} \end{cases} \dot{U}_1 = -\dot{E}_1 + \dot{I}_o(R_1 + jX_1),\quad \dot{U}_2 = \dot{E}_2 \tag{12-2-11}$$

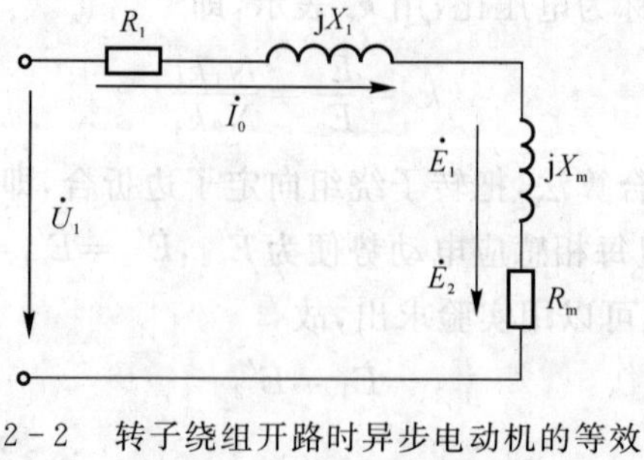

图 12-2-2 转子绕组开路时异步电动机的等效电路

第三节　转子短路时的三相异步电动机的运行

一、磁动势和磁通

图 12-3-1 所示为异步电动机转子三相绕组短路的接线图。定子端输入额定电压，转子堵住不转，因为转子绕组短路，所以转子绕组的线电压为零，由于对称，则相电压也为零，即 $U_2=0$。转子绕组的感应电动势 $\dot{E}_2$ 并不为零，于是在转子绕组里产生一对称的三相转子电流，每相转子电流的有效值用 I_2 表示，同时在空间会产生转子基波旋转磁动势。

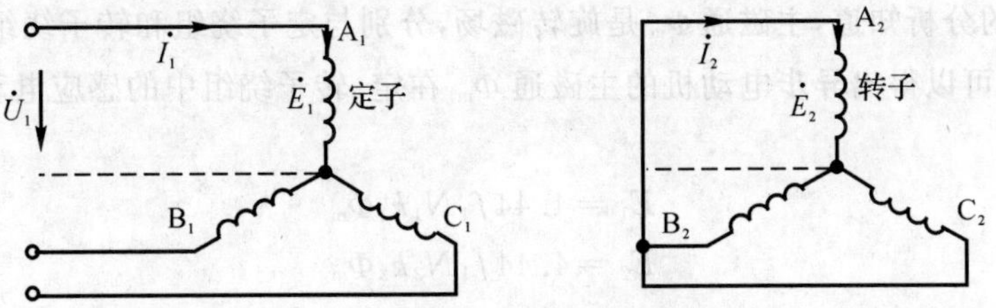

图 12-3-1　转子绕组短路时的三相异步电动机接线图

其有以下特点。

1. 幅值

$$F_{m2}=1.35\,\frac{N_2 I_2}{p}k_2 \tag{12-3-1}$$

式中　N_2——转子一相绕组串联的匝数；

k_2——转子绕组的基波绕组系数。

2. 转向

该磁场的旋转方向与转子内感应产生的电动势以及电流的相序相同。定子旋转磁场逆时针方向旋转时，在转子绕组里感应电动势以及产生电流 I_2 的相序为 $A_2\rightarrow B_2\rightarrow C_2$，则转子磁动势 $\dot{F}_{m2}$ 也是逆时针旋转的，即也是为 $A_2\rightarrow B_2\rightarrow C_2$。

3. 转速

相对于转子绕组的转速为

$$n_2=\frac{60f_2}{p}=\frac{60f_1}{p}=n_1 \tag{12-3-2}$$

从以上分析知道：定、转子旋转磁动势相对于定子都以相同的方向和转速旋转。

4. 合成磁动势

根据上面的分析，转子一定子是同步旋转，又作用在同一磁路上，运用矢量相加法，便得到合成磁动势 $\dot{F}_m$，表示为

$$\dot{F}_{m1}+\dot{F}_{m2}=\dot{F}_m \tag{12-3-3}$$

$$\dot{F}_{m1}=(-\dot{F}_{m2})+\dot{F}_m \tag{12-3-4}$$

由式(12-3-4)知，可以将定子磁动势 $\dot{F}_{m1}$ 看成两个分量，一个分量与 $\dot{F}_{m2}$ 大小相等，方向相反，用以抵消 $\dot{F}_{m2}$ 的去磁作用，另一个分量 $\dot{F}_m$ 为励磁磁动势，用来产生主磁通 Φ_m。

二、漏磁通与主磁通

在旋转磁场中与定、转子同时交链的基波磁场所对应的磁通，称为主磁通，用 Φ_m 表示，Φ_m 占总磁通的绝大部分。电机中定子、转子之间的能量传递主要是依靠 Φ_m 来实现的。

在总磁通中有较少的一部分仅与定子绕组交链，然后自行形成闭合回路，这部分磁通称为定子漏磁通 $\Phi_{1\sigma}$。同理也会在转子中存在漏磁通 $\Phi_{2\sigma}$。有漏磁通存在表现为定、转子存在漏电抗 $X_{1\sigma}, X_{2\sigma}$，由于漏磁路是线性的，因而漏电抗 $X_{1\sigma}, X_{2\sigma}$ 为常数。

三、定、转子回路的相关方程

通过前面的分析知道，主磁通 Φ_m 是旋转磁场，分别与定子绕组和转子绕组交链，从绕组磁链的观点来看，可以得出异步电动机的主磁通 Φ_m 在定、转子绕组中的感应电动势 E_1, E_2 的有效值分别为

$$\begin{aligned} E_1 &= 4.44 f_1 N_1 k_1 \Phi_m \\ E_2 &= 4.44 f_1 N_2 k_2 \Phi_m \end{aligned} \qquad (12-3-5)$$

式中，因为转子是静止的，所以 E_1 和 E_2 的频率都是 f_1。k_1, k_2 分别为定、转子的基波绕组系数，它也表示考虑短距分布式影响时，感应电动势应打的折扣。

由式(12-3-5)可得

$$\frac{E_1}{E_2} = \frac{N_1 k_1}{N_2 k_2} = k_e \qquad (12-3-6)$$

式中，k_e 为异步电动机的电动势变比。

如果用矢量 $\dot{E}_1$ 和 $\dot{E}_2$ 来表示定、转子绕组的感应电动势，则可以得到异步电动势定、转子绕组的感应电动势的矢量表达式分别为

$$\begin{aligned} \dot{E}_1 &= -\mathrm{j}4.44 f_1 N_1 k_1 \dot{\Phi}_m \\ \dot{E}_2 &= -\mathrm{j}4.44 f_1 N_2 k_2 \dot{\Phi}_m \end{aligned} \qquad (12-3-7)$$

同理，漏磁通在定、转子绕组中感应的定子漏电动势 $E_{1\sigma}$ 和转子漏电动势 $E_{2\sigma}$，且各自的漏磁电动势分别与相对应的电流成正比，可得

$$\begin{aligned} \dot{E}_{1\sigma} &= -\mathrm{j}\dot{I}_1 X_{1\sigma} \\ \dot{E}_{2\sigma} &= -\mathrm{j}\dot{I}_2 X_{2\sigma} \end{aligned} \qquad (12-3-8)$$

式中，$X_{1\sigma}, X_{2\sigma}$ 分别为定、转子每相漏电抗，主要包括槽部漏抗、端部漏抗和谐波漏抗。

根据图12-3-1中规定各物理量的正方向和电压定律，可以得到定、转子回路的电动势方程为

$$\dot{U}_1 = -\dot{E}_1 + \dot{I}_1 R_1 + \mathrm{j}\dot{I}_1 X_{1\sigma} = -\dot{E}_1 + \dot{I}_1(R_1 + \mathrm{j}X_{1\sigma}) = -\dot{E}_1 + \dot{I}_1 Z_1 \qquad (12-3-9)$$

$$0 = \dot{E}_2 - \dot{I}_2 R_2 - \mathrm{j}\dot{I}_2 X_{2\sigma} = \dot{E}_2 - \dot{I}_2(R_2 + \mathrm{j}X_{2\sigma}) = \dot{E}_2 - \dot{I}_2 Z_2 \qquad (12-3-10)$$

式中　Z_1—— 定子每相漏阻抗，$Z_1 = R_1 + \mathrm{j}X_{1\sigma}$；

Z_2—— 转子每相漏阻抗，$Z_2 = R_2 + \mathrm{j}X_{2\sigma}$。

转子相电流 $\dot{I}_2$ 为

$$\dot{I}_2 = \frac{\dot{E}_2}{R_2 + \mathrm{j}X_{2\sigma}} = \frac{E_2}{\sqrt{R_2^2 + X_{2\sigma}^2}} \mathrm{e}^{-\mathrm{j}\varphi_2} \qquad (12-3-11)$$

$$\varphi_2 = \arctan\frac{X_{2\sigma}}{R_2} \tag{12-3-12}$$

从式(12-3-12)可以看出，转子电流 $\dot{I}_2$ 滞后于转子电动势 $\dot{E}_2$，相位角为 φ_2。

同样，定子电动势 $\dot{E}_1$ 可以用阻抗压降表示为

$$\dot{E}_1 = -\dot{I}_0(R_m + jX_m) = -\dot{I}_0 Z_m \tag{12-3-13}$$

四、转子绕组的折算

异步电动机的定、转子绕组之间只有磁的耦合而没有直接电的联系。为了得到异步电动机的等效电路，需要把转子绕组的各个物理量折算到定子上。

所谓转子绕组的折算，就是用一个和定子绕组具有同样的相数 m_1、匝数 N_1 和绕组系数 k_1 的等效转子绕组，来代替原来具有相数 m_2、匝数 N_2 和绕组系数 k_2 的实际转子绕组。

注意：折算仅仅是一种分析方法，其目的是为了得到等效电路。折算的条件是保持折算前后电机内部的电磁本质和能量转换关系不变。折算后与定子有关的物理量($\dot{E}_1$，$\dot{I}_1$，$\dot{\Phi}_m$ 等)完全不受影响，折算后转子上各物理量的值均加以“′”，以表示和折算前转子各量的区别。

1. 转子电流

折算前后转子磁动势 F_2 大小不变，则有

$$\frac{\sqrt{2}}{\pi}m_1\frac{N_1k_1}{p}I'_2 = \frac{\sqrt{2}}{\pi}m_2\frac{N_2k_2}{p}I_2 \tag{12-3-14}$$

可得

$$I'_2 = \frac{m_2N_2k_2}{m_1N_1k_1}I_2 = \frac{1}{k_i}I_2 \tag{12-3-15}$$

式中　k_i—— 电流比，$k_i = \dfrac{m_1N_1k_1}{m_2N_2k_2} = \dfrac{m_1}{m_2}k_e$；

m_1，m_2—— 定、转子绕组的相数。

2. 转子电动势

前面已经介绍过，折合以后的转子绕组感应电动势 $\dot{E}'_2 = k_e\dot{E}_2$

3. 转子阻抗

由于转子绕组进行了折算，转子的相数、匝数和绕组系数在折算后都发生了变化，折合后的电动势为 $\dot{E}'_2$，电流为 $\dot{I}'_2$，显然新的转子漏阻抗也会发生变化。设折算后的阻抗为 Z'_2，根据转子回路电压方程式(12-3-10)知，折算后变为

$$0 = \dot{E}'_2 - \dot{I}'_2(R'_2 + jX'_{2\sigma}) \tag{12-3-16}$$

Z'_2 与 Z_2 的关系为

$$Z'_2 = R'_2 + jX'_{2\sigma} = \frac{\dot{E}'_2}{\dot{I}'_2} = \frac{k_e\dot{E}_2}{\frac{1}{k_i}\dot{I}_2} = k_ek_i(R_2 + jX_{2\sigma}) = k_ek_iR_2 + jk_ek_iX_{2\sigma} \tag{12-3-17}$$

于是折算后转子漏阻抗与折合前转子漏阻抗的关系为

$$R'_2 = k_ek_iR_2 \tag{12-3-18}$$

$$X'_{2\sigma} = k_ek_iX_{2\sigma} \tag{12-3-19}$$

阻抗角为

$$\varphi'_2 = \arctan\frac{X'_{2\sigma}}{R'_2} = \arctan\frac{k_e k_i X_{2\sigma}}{k_e k_i R_2} = \varphi_2 \tag{12-3-20}$$

由式(12-3-20)知，折算前后漏阻抗的阻抗角并没有发生改变。

此外折算后的转子铜耗为

$$3I'_2R'_2 = 3\left(\frac{1}{k_i}I_2\right)^2 k_e k_i R_2\,\frac{m_2}{m_2} = m_2 I_2 R_2 \tag{12-3-21}$$

折算后转子漏抗上的无功功率为

$$3I'^2_2 X'_{2\sigma} = 3\left(\frac{1}{k_i}I_2\right)^2 k_e k_i X_{2\sigma}\frac{m_2}{m_2} = m_2 I_2^2 X_{2\sigma} \tag{12-3-22}$$

由式(12-3-21)和式(12-3-22)说明转子绕组在折算前后转子绕组电阻里的损耗不变，同时电抗里的无功功率也不变。

五、基本方程式、等效电路

综合以上分析，异步电动机在短路后将转子各量进行折算后，其基本方程为

$$\begin{aligned} \dot{U}_1 &= -\dot{E}_1 + \dot{I}_1R_1 + \mathrm{j}\dot{I}_1X_{1\sigma} - \dot{E}_1 = \dot{I}_0(R_m + \mathrm{j}X_m) \\ \dot{E}_1 &= \dot{E}'_2 \\ \dot{E}'_2 &= \dot{I}'_2(R'_2 + \mathrm{j}X'_{2\sigma}) \\ \dot{I}_1 + 2' &= \dot{I}_0 \end{aligned} \tag{12-3-23}$$

根据以上五个方程可以得到折算后的等效电路，如图 12-3-2 所示。

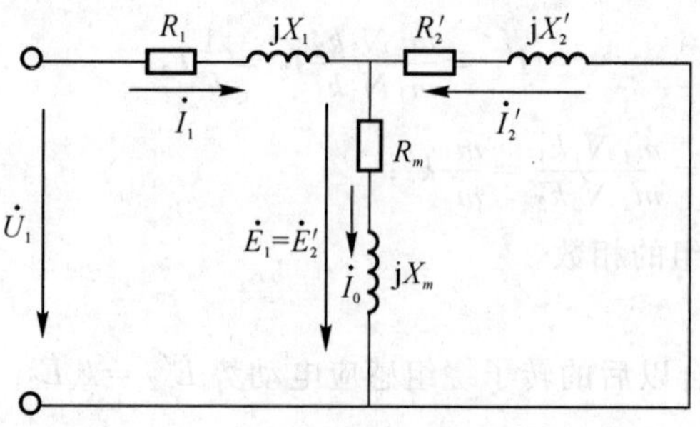

图 12-3-2　转子绕组短路时的等效电路图

通过以上分析，三相异步电动机在转子绕组短路以后的电磁关系如图 12-3-3 所示。

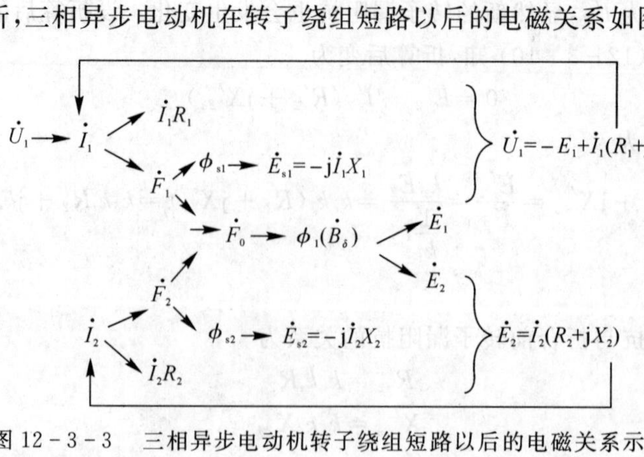

图 12-3-3　三相异步电动机转子绕组短路以后的电磁关系示意图

第四节　三相异步电动机转子旋转时的电磁关系

一、转子旋转时的电磁关系

1. 转差率

根据前面的分析，知道转差率是指把同步转速 n_1 和异步电动机转子转速 n 的差与同步转速 n_1 的比值，用 S 表示，即异步电机的 S 为

$$S=\frac{n_1-n}{n_1} \tag{12-4-1}$$

式(12-4-1)表示异步电动机转子转向与气隙旋转磁密的转向相同，而如果转向相反时，有

$$S=\frac{n_1+n}{n_1} \tag{12-4-2}$$

正常运行的异步电动机的转子转速 n 接近于同步转速 n_1，转差率 S 很小，一般 $S=0.01\sim0.05$。

2. 转子电动势的平衡关系

转子以转速 n 旋转时，旋转磁场不再以同步转速 n_1 切割转子绕组，转子侧产生的感应电动势的大小和频率已经发生改变。

同时，磁场切割转子绕组的速度为 n_1-n，所以在转子绕组中的感应电动势的频率为

$$f_2=\frac{p(n_1-n)}{60}=\frac{n_1-n}{n_1}\frac{pn_1}{60}=Sf_1 \tag{12-4-3}$$

由式(12-4-3)可知：转子侧的频率 f_2 与转差率 S 成正比。为此，转子频率 f_2 也叫转差频率。当转子静止时，$n=0$，$S=1$，$f_2=f_1$，即为转子短路时的情况。

则异步电动机转子以转速 n 旋转时，则每相转子绕组的感应电动势为

$$\dot{E}_{2s}=4.44f_2N_2k_2\dot{\Phi}_m=S4.44f_1N_2k_2\dot{\Phi}_m=S\dot{E}_2 \tag{12-4-4}$$

式中　$\dot{E}_{2s}$—— 转子旋转时的每相电动势；

　　　$\dot{E}_2$—— 转子不动时的转子绕组每相电动势。

转子绕组漏电抗的大小与转子频率 f_2 成正比，即

$$X_{2\sigma s}=w_2L_{2\sigma}=2\pi f_2L_{2\sigma}=S2\pi f_1L_{2\sigma}=SX_{2\sigma} \tag{12-4-5}$$

式中　$X_{2\sigma s}$—— 转子旋转时的转子漏电抗；

　　　$X_{2\sigma}$—— 转子不动时的转子漏电抗。

由式(12-4-5)表明在频率变化时转子绕组的漏电抗也随之发生变化。对于正常运行的异步电动机，$X_{2\sigma s}\ll X_{2\sigma}$。

如果不计算转子在旋转时的集肤效应和温度变化的影响，一般认为转子电阻 R_2 不发生变化。这样就可以得到转子回路的电压平衡方程式为

$$\dot{E}_{2s}=\dot{I}_{2s}(R_2+jX_{2\sigma s})=\dot{I}_{2s}Z_{2s} \tag{12-4-6}$$

转子电流为

$$\dot{I}_{2s}=\frac{\dot{E}_{2s}}{R_2+jX_{2\sigma s}}=\frac{\dot{E}_{2s}}{Z_{2s}} \tag{12-4-7}$$

转子功率因数角为

$$\varphi_2 = \arctan \frac{X_{2\sigma s}}{R_2} \tag{12-4-8}$$

二、定、转子磁动势及其磁动势相互关系

1. 定子磁动势 $\dot{F}_{m1}$

三相异步电动机旋转起来后，定子绕组里流过的定子电流不变，仍然为 $\dot{I}_1$，产生的旋转磁动势仍为 $\dot{F}_{m1}$。

2. 转子磁动势 $\dot{F}_2$

(1) 幅值。当三相异步电动机以转速 n 旋转时，转子电流为 $\dot{I}_{2s}$，则产生的旋转磁动势 $\dot{F}_2$ 的幅值为

$$F_2 = \frac{3}{2}\,\frac{4}{\pi}\,\frac{\sqrt{2}}{2}\,\frac{N_2 k_2}{p} I_{2s} = 1.35\,\frac{N_2 k_2}{p} I_{2s} \tag{12-4-9}$$

(2) 转向。当转子旋转时，气隙磁场切割转子绕组的旋转方向并没有发生变化，仅仅是切割速度发生了变化，以 $n_1 - n$ 的速度切割转子绕组。因此，产生转子电流的相序仍为 $A_2 \rightarrow B_2 \rightarrow C_2$，则转子电流产生的旋转磁动势也仍为逆时针方向，即 $A_2 \rightarrow B_2 \rightarrow C_2$。

(3) 转速。相对转子绕组而言，转速用 n_2 表示，为

$$n_2 = \frac{60 f_2}{p} = \frac{60 S f_1}{p} = S n_1 \tag{12-4-10}$$

由式(12-4-10)知，相对于定子绕组而言，其转速为

$$n_2 + n = \frac{n_1 - n}{n_1} n_1 + n = n_1 \tag{12-4-11}$$

3. 合成磁动势

由式(12-4-11)知，$\dot{F}_2$ 仍以转速 n_1 旋转，与定子定子磁动势 $\dot{F}_{m1}$ 保持相对静止。故可以运用矢量相加法将着两磁动势相加，从而得到一个异步电动机在转子旋转后的合成磁动势 $\dot{F}_m$，即

$$\dot{F}_{m1} + \dot{F}_2 = \dot{F}_m \tag{12-4-12}$$

由此可见，当三相异步电动机转子以转速 n 旋转时，定、转子磁动势关系并没有改变，只是每个磁动势的大小以及相互之间的相位有所不同而也。

同时，该合成磁动势 $\dot{F}_m$ 就在气隙中产生每极主磁通 $\dot{\Phi}_m$。

三、转子绕组频率的折算

根据前面的分析，转子如果以转速 n 旋转时，定、转子磁动势仍然保持相对静止。只是转子电动势和电流频率，从转子静止时的 $f_2 = f_1$，变化为转子旋转时的 $f_2 = S f_1$。因此在转子旋转后，异步电动机中除了采用前面提到的绕组折算外，还要进行频率折算。

转子频率折算的目的就是要使等效转子中的频率与定子的频率相等。而折算的原则是保持转子旋转磁动势 $\dot{F}_2$ 的大小不变，因而对于定子的影响不发生变化。

折算方法是用一个静止的转子来模拟实际旋转着的转子。而转子旋转以后电流表达式根据前面的分析有

$$\dot{E}_{2s} = \dot{I}_{2s}(R_2 + \mathrm{j} X_{2\sigma s}) \tag{12-4-13}$$

将式(12-4-13)变换可以得到表达式：

$$\dot{I}_{2s}=\frac{\dot{E}_{2s}}{R_2+jX_{2\sigma s}}=\frac{S\dot{E}_2}{R_2+jSX_{2\sigma}}=\frac{\dot{E}_2}{\frac{R_2}{S}+jX_{2\sigma}}=\dot{I}_2 \qquad (12-4-14)$$

式中　$\dot{E}_{2s},\dot{I}_{2s},X_{2\sigma s}$—— 转子旋转时，异步电动机一相的电动势、电流、漏电抗；

$\dot{E}_2,\dot{I}_2,X_{2\sigma}$—— 转子静止时，异步电动机一相的电动势、电流、漏电抗。

由式(12-4-14)可以看出，转子电流的大小没有变化，可以求得电流所对应的电动势 $\dot{E}_2$ 和漏电抗 $X_{2\sigma}$ 的频率为 f_1，而不是 f_2。同时，转子电路的功率因数角也没有发生任何变化，即为

$$\varphi_2=\arctan\frac{X_{2\sigma}}{\frac{R_2}{S}}=\arctan\frac{SX_{2\sigma}}{R_2}=\arctan\frac{X_{2\sigma s}}{R_2} \qquad (12-4-15)$$

通过以上推导过程可以知道，电阻如果用一个和转差率有关的等效电阻$\frac{R_2}{S}$来替换，那么定、转子边的情况不会发生任何变化，这就是我们所说的转子频率折算。

由$\frac{R_2}{S}=R_2+\frac{(1-S)R_2}{S}$知，对其中转子回路电阻来说，除原来转子绕组本身电阻 R_2 外，相当于多串了一个大小为$\frac{(1-S)R_2}{S}$的电阻。附加电阻的物理意义是异步电动机机械功率的一个等效电阻，即用电阻上产生的功率 $I_2^2\frac{(1-S)R_2}{S}$ 来等效机械功率，可以反映出不同转速时的机械功率大小。

再采用转子短路时的同样方法，将转子绕组的相数、匝数以及绕组系数都折算到定子侧，转子回路的电压方程为

$$\dot{E}'_2=\dot{I}'_2\left(\frac{R'_2}{S}+jX'_{2\sigma}\right) \qquad (12-4-16)$$

四、基本方程式、等效电路图

和三相异步电动机转子绕组短路的情况相比，在基本方程式中，只有转子绕组回路的电压方程式发生了变化，其他几个方程式都一样，没有发生变化，故三相异步电动机旋转时的基本方程式为

$$\begin{gathered}\dot{U}_1=-\dot{E}_1+\dot{I}_1R_1+j\dot{I}_1X_{1\sigma}\qquad -\dot{E}_1=\dot{I}_{0A}(R_m+jX_m)\\ \dot{E}_1=\dot{E}'_2\\ \dot{I}_1+\dot{I}'_2=\dot{I}_{0A}\\ \dot{E}'_2=\dot{I}'_2\left(\frac{R'_2}{S}+jX'_{2\sigma}\right)\end{gathered} \qquad (12-4-17)$$

由式(12-4-17)的5个方程式，可以画出如图12-4-1所示的T形等效电路，该电路中在转子回路里增加了一个值为$\frac{(1-S)R'_2}{S}$的电阻。

该T形等效电路为一串、并联电路，在实际计算中比较麻烦，因此在工程应用中，当分析电动机的性能时，常常对该电路进行简化。例如，简化后即可以得到如图12-4-2所示的Γ形电路。

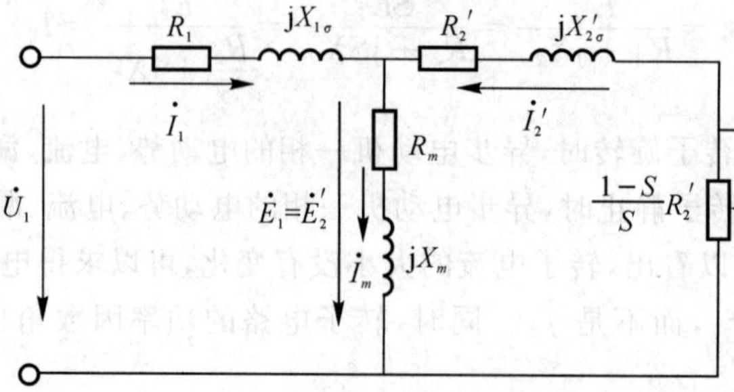

图 12-4-1　三相异步电动机的 T 形等效电路

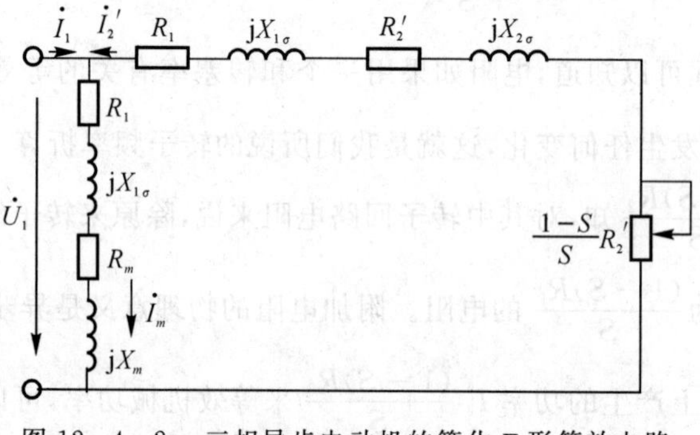

图 12-4-2　三相异步电动机的简化 Γ 形等效电路

综合以上分析，三相异步电动机在带负载转子旋转以后的电磁关系如图 12-4-3 所示。

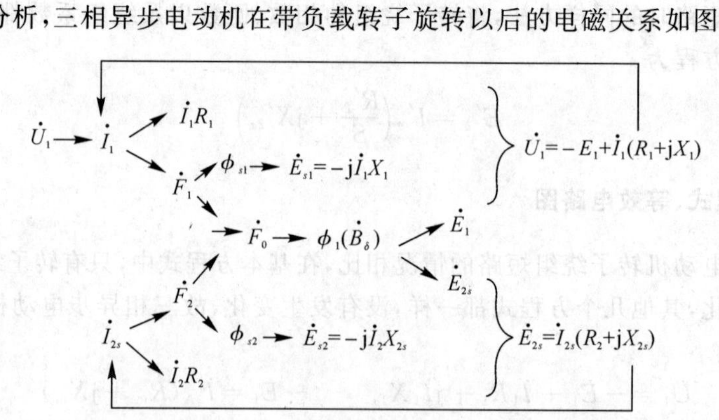

图 12-4-3　三相异步电动机电磁关系示意图

第十三章　三相异步电动机的运行特性及维护

第一节　异步电动机的功率、转矩和特性

本节将利用异步电机的等值电路来研究异步电动机中功率的转换过程，并由此得到电磁转矩的计算公式。所得到的一些主要结论不仅适用于电动机状态，同时还适用于发电机和电磁制动状态。

一、转子静止时的电磁关系

由于异步电动机的电磁关系在转子静止时就存在，因此，从定子绕组接入三相电源，转子静止不动时来分析其电磁关系，更容易理解其电磁过程。

当异步电动的定子绕组接入三相电源，转子绕组开路时，气隙旋转磁场切割转子绕组并在绕组中产生感应电动势，但转子电流 $I_2=0$，不能产生电磁转矩，故转子不动。此时的异步电动机和空载时的变压器一样(相关内容在前面已经讲解)。

二、异步电动机空载运行时的电磁关系

异步电动机转子不带负载且转子绕组自成闭合回路时的运行状态称为异步电动机的空载运行。此时，转子电流不为零，因而转子在电磁转矩的作用下会旋转起来。

当异步电动机空载运行时，转子产生的电磁转矩仅克服空载制动转矩 T_0。由于 T_0 很小，因此电动机的空载转速非常接近于同步转速。在理想空载的情况下，可以认为转子转速 n 与定子旋转转速 n_1 相等，即 $n \approx n_1$。转差率 $S \approx 0$，因而转子导体中的电动势 $e_2 \approx 0$，转子导体中的感应电流 $I_2 \approx 0$。这与空载时转子绕组开路，转子电流 $I_2=0$ 的情况相同。

总之，异步电动机空载时电磁现象和电压平衡关系式与变压器空载运行相似，不过在变压器中不存在机械损耗，且空载电流较异步电动机小。由于异步电动机转轴上无机械功率输出，因此空载电流的主要成分是建立旋转磁场的感性无功电流，且空载时功率因数很低，功率因数一般小于0.2。

三、异步电动机负载运行时的电磁功率关系

异步电动机在定子绕组接通电源后，便有电功率输入，当转子中感应的电流与气隙旋转磁场互相作用而产生转矩，并在轴端带动负载时，就输出了机械功率。假定电机的转速是稳定的，结合T形等值电路(如图13-1-1所示为异步电动机T形等值电路)来研究异步电动机的功率转换关系，并可画出如图13-1-2所示的功率流图。

异步电动机在运行中，不可避免地会有功率损耗。若电网供给异步电动机的输入功率为

$$P_1 = m_1 U_1 I_1 \cos\varphi_1 \qquad (13-1-1)$$

式中　U_1, I_1—— 定子的相电压及相电流；

φ_1—— 定子电路的功率因数角。

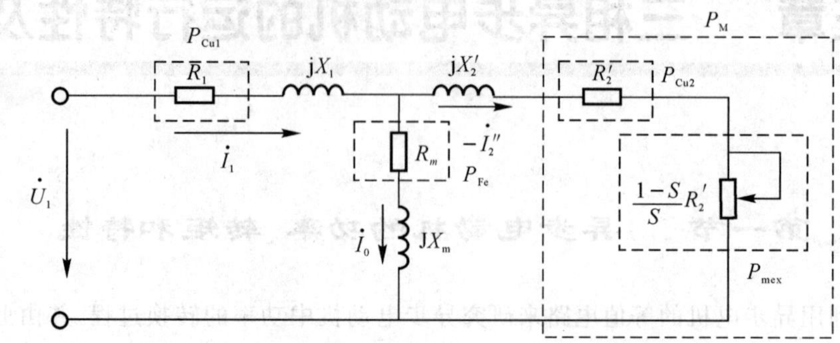

图 13-1-1　异步电动机 T 形等值电路及其各种损耗

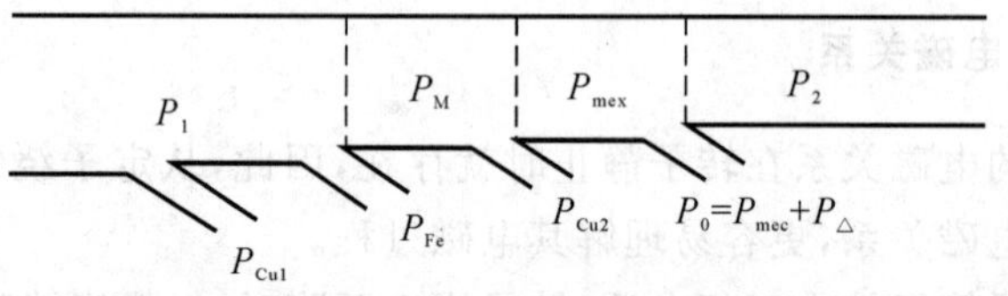

图 13-1-2　异步电机的功率流图

由图 13-1-1 和图 13-1-2 可知，从电网输入到异步电动机的电功率为 P_1，只有一小部分功率变为定子铜损耗 P_{Cu1} 和定子铁损耗 P_{Fe}，其中：定子铜损耗 $p_{Cu_1}=m_1 I_1^2 R_1$，定子铜损耗是耗在定子绕组中的电阻上。定子铁损耗 $P_{Fe}=m_1 I_0^2 R_m$，定子铁损耗是消耗在定子铁芯中的涡流损耗和磁滞损耗。电功率 P_1 一小部分变为定子铜损耗 P_{Cu1} 和定子铁损耗 P_{Fe} 后，余下的大部分功率将借助于气隙旋转磁场由定子传递到转子，这部分功率称为电磁功率 $P_M=P_1-P_{Cu1}-P_{Fe}$。

由于转子铁芯中磁通变化的频率很低，为转差频率 Sf_1，因而转子铁损耗很小，可以略去不计，因此从电磁功率中扣除转子铜损耗 P_{Cu2} 之后，就是转子产生的总机械功率 $P_{mex}=P_M-P_{Cu2}$。

电机产生的机械功率 P_{mex} 并不能全部成为轴端的输出功率 P_2，其中一部分要克服电机内部的机械损耗 P_{mec}（如轴承、风阻等摩擦），另一部分要克服杂散损耗 P_Δ，杂散损耗是由于齿槽的存在、磁势的非正弦等因素而在电动机旋转时铁芯和绕组中所产生的损耗。这部分损耗难于计算，通常按输出功率的 0.5%～1% 计算。因此，异步电动机输出的机械功率 $P_2=P_{mex}-P_{mec}-P_\Delta$。

综上可见：

$$P_2=P_1-P_{Cu_1}-P_{Fe}-P_{Cu_2}-P_{mec}-P_\Delta=$$

$$P_1-(P_{Cu_1}+P_{Fe}+P_{Cu_2}+P_{mec}+p_\Delta)=P_1-\sum P \quad (13-1-2)$$

由于机械功率等于转矩乘机械角速度，将式 $P_2=P_{mex}-P_{mec}-P_\Delta$ 的等号两边除以机械角速度 Ω，便可得到异步电动机的转矩平衡方程式为

$$\frac{P_2}{\Omega}=\frac{P_{mex}}{\Omega}-\frac{P_{mec}}{\Omega}-\frac{P_\Delta}{\Omega}$$

即 $$T_2 = T - T_m - T_s = T - T_0$$

或

$$T = T_2 + T_0 \quad (13-1-3)$$

总之，异步电动机所产生的电磁转矩 T 等于转轴上输出机械转矩 T_2 加它本身的阻力转矩 T_0。电动机稳定运行时，电动机的输出转矩 T_2 与其拖动的机械负载转矩平衡。

【例 13-1】 有一台 4 极三相异步电动机，额定功率 $P_N = 40\text{kW}$，额定转速 $n_N = 1\,450\text{r/min}$，求额定转矩 T_N 和额定转差率 S_N。

解

$$T_N = 9\,550\frac{P_N}{n_N} = 9\,550 \times \frac{40}{1\,450} = 263.45\text{N}\cdot\text{m}$$

$$S_N = \frac{n_1 - n_N}{n_1} = \frac{1\,500 - 1\,450}{1\,500} = 3.3\%$$

四、三相异步电动机的电磁转矩和机械特性

三相异步电动机转轴上产生的电磁转矩是决定电动机输出的机械功率大小的一个重要因素，也是电动机的一个重要的性能指标。

1. 三相异步电动机的转矩特性

(1) 电磁转矩的物理表达式。三相异步电动机的工作原理告诉我们，电磁转矩是旋转磁场与转子绕组中感应电流相互作用产生的，设旋转磁场每极的磁通量用 Φ 表示，它等于气隙中磁感应强度平均值与每极面积的乘积，即 $\Phi = BS$，B 表示了旋转磁场的强度。设转子电流用 I_2 表示，根据电磁力定律，电磁转矩 T_{em} 应与 Φ 成正比、与 I_2 也成正比，即 $T_{em} \propto \Phi I_2$。此外转子绕组是一个感性电路，转子电流 I_2 滞后于感应电动势 e_2，它们之间的相位差角是 φ_2。考虑到电动机的电磁转矩对外做机械功，与有功功率相对应，因此电磁转矩 T_{em} 还与转子电路的功率因数 $\cos\varphi_2$ 有关，即与转子电流的有功分量 $I_2\cos\varphi_2$ 与 E_2 同相位的电流分量成正比。

总结以上分析，可列出异步电动机的电磁转矩方程为

$$T = K_T \Phi I_2 \cos\varphi_2 \quad (13-1-4)$$

式中，K_T 是一个与电动机本身结构有关的系数。该公式是分析异步电动机转矩特性的重要依据。

(2) 转矩特性。三相异步电动机的转矩特性是指在电源电压和频率为额定值，且电动机固有参数不变的情况下，电磁转矩与转差率的关系特性，即 $T_{em} = f(S)$ 称为电动机的转矩特性。可以推得：

$$T_{em} = \frac{K'_T U_1^2 S R_2}{R_2^2 + (SX_{20})^2}$$

或写成：

$$T_{em} = \frac{K'_T U_1^2 R_2}{\dfrac{R_2^2}{S} + SX_{20}^2} \quad (13-1-5)$$

式中，K'_T、转子电阻 R_2、转子不动时的感抗 X_{20} 都是常数，且 X_{20} 远大于 R_2。由于式(13-1-5)用电机定、转子绕组中的电阻、电抗等参数反映电磁转矩 T_{em} 和转差率 S 之间的关系，所以式(13-1-5)又称之为电磁转矩的参数表达式。

由转矩的表达式(13-1-5)可知，转差率一定时，电磁转矩与外加电压的二次方成正比，即 $T_{em} \propto U_1^2$。因此，电源电压有效值的微小变动，将会引起转矩的很大变化。

当电源电压U_1为定值时，电磁转矩T_{em}是转差率S的单值函数。如图 13-1-3 所示为异步电动机的转矩特性曲线图。

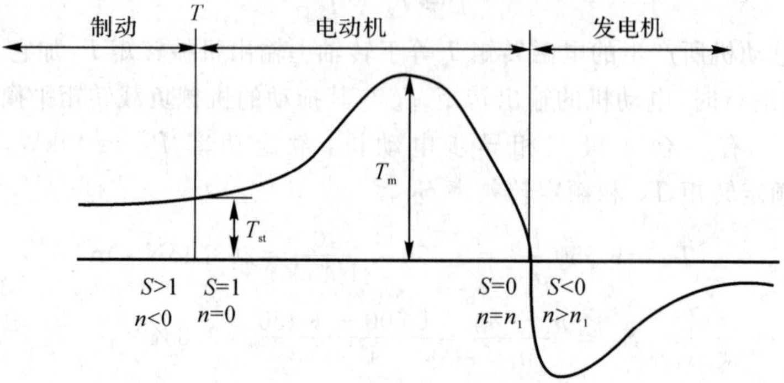

图 13-1-3　异步电动机的转矩特性曲线

2.三相异步电动机的机械特性

当电源电压U_1和转子电路参数为定值时，转速n和电磁转矩T的关系$n=f(T)$称为三相异步电动机的机械特性。三相异步电动机的机械特性可分为固有机械特性和人为机械特性。

机械特性曲线可直接从转矩特性曲线变换获得。将图 13-1-3 中的部分转矩特性曲线顺时针转动 90°，并将S换成n就可以得到三相异步电动机的机械特性曲线。图 13-1-4 所示为固有机械特性，图 13-1-5 所示为人为机械特性曲线图。

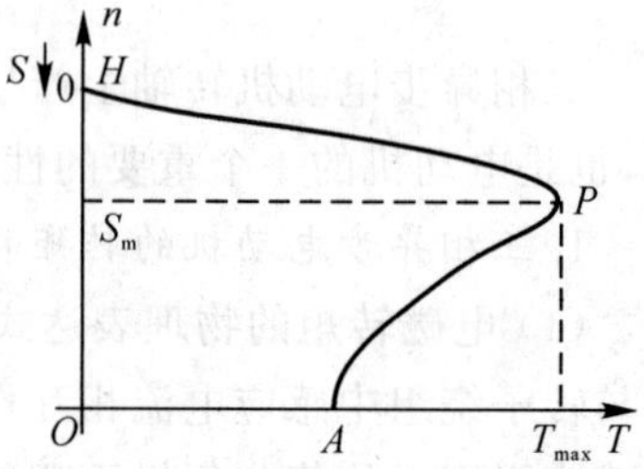

图 13-1-4　异步电动机机械特性

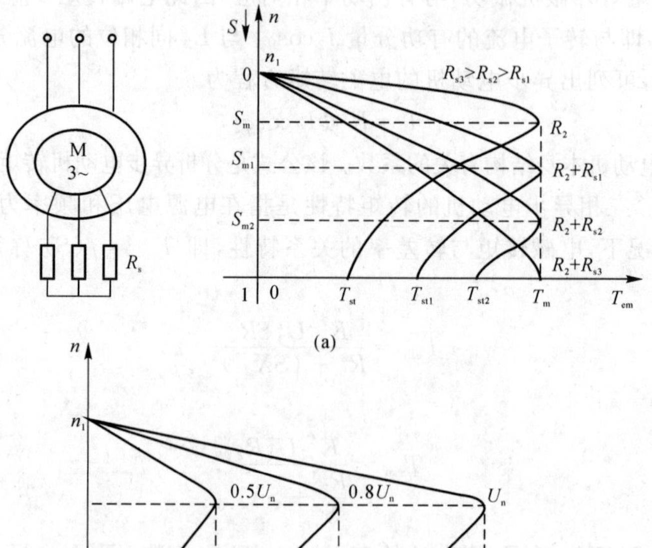

图 13-1-5　转子回路外串电阻的人为机械特性

(a) 转子回路外串电阻的人为机械特性；(b) 异步电动机降低定子电压的人为机械特性

在机械特性曲线中要抓住以下几个工作点。

(1) 额定工作点C。在如图13-1-6所示中，三相异步电动机在额定状态下运行，转速$n=n_N$，$S=S_N$，轴上的输出转矩即为带动轴上的额定机械负载的额定转矩T_N，额定转矩T_N为与额定功率P_N和额定转速n_N关系可表示为

$$T_N = 9\,550\frac{P_N}{n_N} \tag{13-1-6}$$

式中　P_N—— 电动机轴上输出的额定功率，kW；

n_N—— 电动机额定转速，$r \cdot min^{-1}$；

T_N—— 电动机上的输出的额定转矩，N·m。

在忽略电动机本身的机械损耗转矩（如轴承摩擦等）的情况下，可以认为电磁转矩T_{em}与轴上的输出的额定转矩相等，经推导有

$$T_{em} \approx T_N = 9\,550\frac{P_2}{n_N} \tag{13-1-7}$$

式中　P_2—— 电动机轴上输出的机械功率，kW；

n—— 电动机转速，$r \cdot min^{-1}$。

(2) 临界工作点B。从图13-1-6曲线中可以看出，曲线的形状以B点为界，AB段与BC段的变化趋势是完全不同的，B点就是一个临界点，并且B点对应的电磁转矩即为电机的最大转矩T_m，B点对应的转差率S_m为临界转差率。

可以证明，产生最大转矩时的临界转差率S_m为

$$S_m = \frac{R_2}{X_{20}} \tag{13-1-8}$$

将S_m值代入式(13-1-5)，即可求得最大转矩

$$T_m = \frac{K'_T U_1^2}{2X_{20}} \tag{13-1-9}$$

由以上两式可见：

(ⅰ) T_m与电源电压U_1的二次方成正比。不同U_1时的机械特性曲线如图13-1-5(b)所示。由图13-1-5(b)可见，对于同一负载转矩T_2，当电源电压U_1下降时，电动机转速也随之下降。如果电源电压U_1继续下降，使负载转矩T_2超过电动机的最大转矩T_m时，电动机将停止转动，转速$n=0$。这时电动机电流马上升高到额定电流的若干倍，电动机将因过热而烧毁，这种现象称为“闷车”或“堵转”。

(ⅱ) 最大转矩T_m与转子电阻R_2无关，但临界转差率S_m与转子电阻R_2成正比。

改变R_2能使S_m随之改变，例如增加R_2，$n=f(T_{em})$曲线便向下移动（见图13-1-5(a)）。

为了保证电动机在电源电压发生波动时，仍能够可靠运行，一般规定最大转矩T_m应为额定转矩T_N的数倍，用λ_m表示，称为过载系数，即

$$\lambda_m = \frac{T_m}{T_N} \tag{13-1-10}$$

过载系数λ_m表示了电动机允许的短时过载运行能力，是异步电动机的一个重要指标。λ_m越大，电动机适应电源电压波动的能力和短时过载的能力就越强。一般三相异步电动机的过载系数λ_m为1.8～2.5，起重冶金用的电动机λ_m为2.2～2.8。

(ⅲ) 起动工作点A。电动机起动瞬间，$n=0$，$S=1$，所对应的电磁转矩T_{st}称为起动转

矩。T_{st} 与电源电压 U_1 的平方以及转子电阻 R_2 成正比。

显然，只有在 T_{st} 大于负载转矩 T_2 时，电动机才能起动。T_{st} 越大，电动机带负载起动的能力就越强，起动时间也就越短，这样可以减少损耗，提高生产效率。T_{st} 与 T_N 的比值称为起动系数，用 K_{st} 表示，即

$$K_{st}=\frac{T_{st}}{T_N} \tag{13-1-11}$$

一般笼形转子异步电动机的 K_{st} 为 1.8 ～ 2.0。

由图 13-1-5(a) 可见，改变转子电阻 R_2，可使起动转矩 $T_{st}=T_m$，这在生产上具有实际意义。例如绕线转子异步电动机起动时，通过在转子电路中串入适当电阻，不仅可以减小转子电流，还可以起到增加起动转矩的作用。

(ⅳ) 理想空载转速点 D。曲线与纵坐标的交点即为理想空载转速点 D，此时对应的 $n=n_1$ 为同步转速，$S=0$，电磁转矩 $T_{em}=0$。但实际运行时，由于存在风阻、摩擦等损耗，因而实际转速略低于同步转速 n_1，故称 D 点为理想空载转速点。

(3) 稳定工作区与非稳定工作区。在图 13-1-6 中，机械特性曲线可分为两部分：BD 部分 ($0<S<S_m$) 称为稳定区，AB 部分 ($S>S_m$) 称为不稳定区。电动机稳定运转只限于曲线的 BD 段。电动机在 $0<S<S_m$ 区间运行时，只要负载阻转矩小于最大转矩 T_m，当负载发生波动时，电磁转矩总能自动调整到与负载阻转矩相平衡，使转子适应负载的增减以稍低或稍高的转速继续稳定运转。

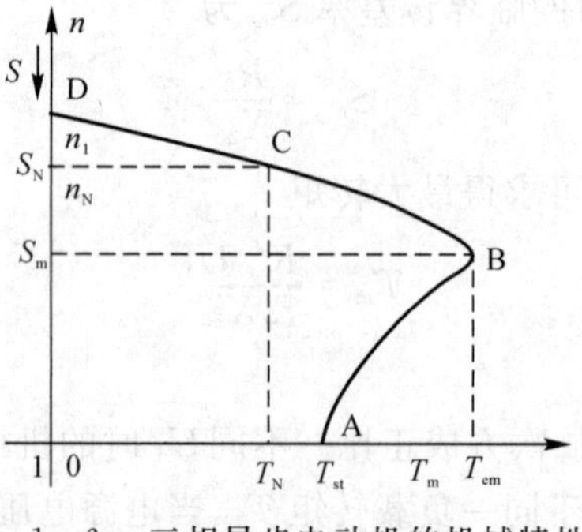

图 13-1-6　三相异步电动机的机械特性曲线

如果电动机在稳定运行中，负载阻转矩增加超过了最大转矩，电动机的运行状态将沿着机械特性曲线的 BD 部分下降越过 B 点而进入不稳定区，导致电动机停止运转。因此，最大转矩又称崩溃转矩。

由机械曲线可推知：

(1) 异步电动机稳定运行的条件是 $S<S_m$，即转差率应低于临界转差率。

(2) 如果从空载到满载时转速变化很小，就称该电动机具有硬的机械特性。上述表明，三相异步电动机具有硬的机械特性。

(3) 需要说明的是，上述负载是不随转速而变化的恒转矩负载，如机床刀架平移机构等，它不能在 $S>S_m$ 区域稳定运行；但风机类负载，因其转矩与转速的二次方成正比，经分析，可以在 $S>S_m$ 区域稳定运行。

【例 13-2】　已知 6 极三相异步电动机的额定参数：$P_N=7.5\text{kW}$，$n_N=945\text{r/min}$，$U_N=380/220\text{V}$，$I_N=20.9/36.1\text{A}$，$\lambda_m=2.8$。求实用机械特殊性方程和直线机械特性方程。

解
$$S_N=\frac{n_1-n}{n_1}=\frac{1\ 000-945}{1\ 000}=0.055$$

$$S_L=S_N(\lambda_m+\sqrt{\lambda_m^2-1})=0.055\times(2.8+\sqrt{2.8^2-1})=0.3$$

$$T_N=9\ 550\frac{P_N}{n_N}=9\ 550\times\frac{7.5}{945}=75.8\text{N}\cdot\text{m}$$

$$T_L=\lambda_m T_N=2.8\times75.8=212.24\text{N}\cdot\text{m}$$

机械特性实用方程：$T=\dfrac{2T_L}{\dfrac{S_L}{S}+\dfrac{S}{S_L}}=\dfrac{2\times212.24}{\dfrac{0.3}{S}+\dfrac{S}{0.3}}=\dfrac{424.5}{0.3/S+S/0.3}$

$$T=\frac{2T_L}{S_L}S=\frac{434.5}{0.3}S$$

五、转速特性

三相异步电动机的转速特性是指在电源电压和频率为额定值，且电动机固有参数不变的情况下，转子转速和输出功率的关系特性，即 $n=f(P_2)$ 的关系曲线。

空载时，输出功率 $P_2=0$，转子电流 I_2 接近零，转子转速 n 接近同步转速。由负载转矩公式 $T_2=\dfrac{P_2}{\Omega}$ 知，随着负载的增大，即输出功率的增大，输出转矩也将增大，最后使电磁转矩和负载转矩平衡，而转子转速随着负载的增大而下降。为了保证电动机负载时有较高的效率，转子铜耗不能太大，因此带负载时的转差率限制在比较小的范围内。所以，随着负载的增大，转速降低的并不大，三相异步电动机的转速特性是一条稍向下倾斜的曲线，特性曲线较硬，如图13－1－7 所示。

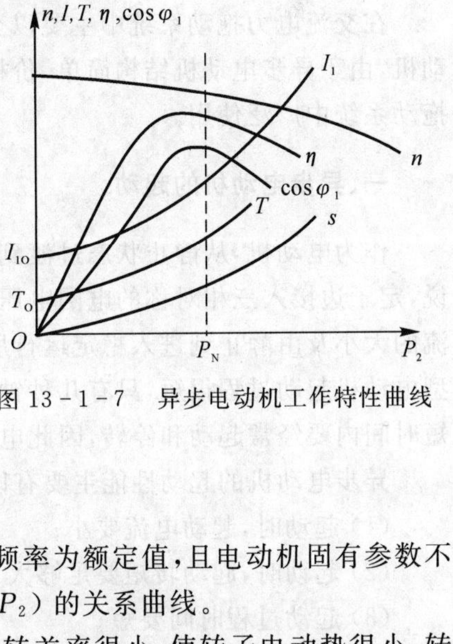

图 13－1－7　异步电动机工作特性曲线

六、定子电流特性

三相异步电动机的定子电流特性是指在电源电压和频率为额定值，且电动机固有参数不变是情况下，定子电流和输出功率的关系特性，即 $I_1=f(P_2)$ 的关系曲线。

空载时，输出功率等于零，转子转速接近与同步转速，转差率很小，使转子电动势很小，转子电流 $I_2\approx0$。此时，定子电流仅为空载电流 I_0。随着负载的增大，P 也将增大，转子转速下降，导致转子转速 n 与旋转磁场的同步转速 n_1 的差值增大，从而使转子电动势增大，转子电流也增大，根据异步电动机的磁动势平衡关系，为补偿转子磁动势因转子电流的增大而增大，定子电流和磁动势也将增大，即定子电流 I_1 随 P_2 的增大几乎成正比例增大。P_2 增大到超过额定值后，因转速下降过多，转子漏抗较大，转子功率因数 $\cos\varphi_2$ 较低，为了平衡较大的负载转矩就需要更大的转子电流，所以 I_1 的增大将比原先更快些。三相异步电动机的 $I_1=f(P_2)$ 曲线（见图 13－1－7），在正常工作范围内，$I_1=f(P_2)$ 曲线近似一条直线，但 P_2 大于 P_N 后，$I_1=f(P_2)$ 曲线为一条向上弯曲的曲线。

七、效率特性

三相异步电动机的效率特性是指在电源电压和频率为额定值，且电动机固有参数不变的

情况下，电动机的效率和输出功率的关系特性，即 $\eta=f(P_2)$ 的关系曲线，则有

$$\eta=\frac{P_2}{P_1}=\frac{P_2}{P_2+P_{Cu2}+P_{Cu1}+P_{Fe}+P_m+P_\Delta}=\frac{P_2}{P+\sum P} \qquad (13-1-12)$$

异步电动机空载运行时，$P_2=0$，$\eta=0$；当负载增加但数值较小时，可变损耗很小，效率随着负载的增加而迅速增加，特性曲线上升很快；随着负载继续增大，可变损耗也随之增大，当可变损耗等于不变损耗时，电动机的效率达到最大值。负载再继续增大，可变损耗增加很快，效率开始降低，如图 13-1-7 所示。航空异步电动机的效率比民用电机低，而且各种不同用途电机的额定效率也各不相同，但一般不低于 60%。

由以上分析可知，在选用异步电动机时，要注意电动机与负载匹配的问题，选得过小，会造成电动机长期过载运行，影响电动机的使用寿命；选得过大，会造成电动机效率等很低，这样就不经济，效益不高。

第二节　异步电动机的起动、调速和制动

在交流电力拖动系统中主要以交流电动机为原动机。交流电动机有异步电动机和同步电动机，由于异步电动机结构简单，价格便宜，运行可靠，性能良好，因而异步电动机在交流电力拖动系统中广泛使用。

一、异步电动机的起动

作为电动机，从静止状态过渡到稳定运行状态，称为电动机的起动。对三相异步电动机来说，定子边接入三相对称的电网电压后，电动机就开始旋转，其起动转矩的大小，起动时所需电流的大小及由静止到进入稳定运行所需的起动时间，标志着电动机的起动性能。一般来说，小型电动机起动过程很短，只有几秒钟，大型电动机则要几十秒，在工业生产过程中，电动机在较短时间内要经常起动和停转，因此电动机的起动性能将直接影响工业生产。

异步电动机的起动性能主要有以下几方面。

(1) 起动时，起动电流要小；

(2) 起动时，起动转矩要足够大；

(3) 起动过程时间要短；

(4) 起动设备简单，操作方便，易维护；

(5) 起动时消耗的能量要少。

其中衡量电动机起动性能最主要的指标是起动电流的倍数$\frac{I_{st}}{I_N}$和起动转矩的倍数$\frac{T_{st}}{T_N}$。

起动时 $S=1$，起动时的电流即短路电流，转子电路的阻抗很小，起动电流大但起动电流产生起动转矩并不大。笼型异步电动机，一般起动电流可达额定值的 4～7 倍，但这样大的起动电流产生的起动转矩并不大，因为转子功率因数在起动时是很低的，所以起动转矩 T_{st} 一般仅为额定转矩的 1～1.8 倍。笼型异步电动机有体积小、重量轻、工作可靠等优点，但起动电流大，起动时功率因数低，起动转矩小是其缺点。

这种数值很大、相位又很滞后的起动电流不仅对电机不利，还将使电网电压发生显著的下降，而影响接在同一电网上的其他用电设备的正常工作，如电灯会变暗、电动机转速会降低等

等。电流过大的起动电流对电网来说是不允许的，异步电动机起动的中心问题是要减小起动电流，增加起动转矩。下面介绍几种主要的起动方法。

1. 笼型异步电动机的起动

(1) 直接起动。直接起动就是利用闸刀开关或交流接触器把电动机直接投入电网使其在额定电压下起动，如图 13-2-1 所示为直接起动原理图。

这种方法的优点是起动方法最简单，无需专用起动设备，成本低，操作方便，起动时间短。缺点是起动电流大、起动转矩小，直接起动时对电网造成冲击，这样容易引起电压波动。航空异步电动机目前都是采用直接起动。

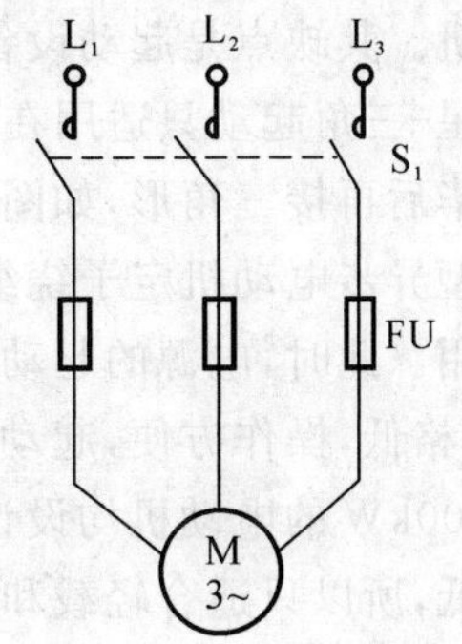

图 13-2-1　直接起动原理图

在民用上，电动机能否直接起动的条件，主要取决于电网容量的大小及起动次数和线路上允许干扰的程度。允许直接起动的电动机功率应当根据具体条件和有关要求，在保证安全的条件下通过试验加以确定。随着电网容量的增大和电机制造工业技术的发展，允许直接起动的电动机功率必将不断提高。对较大容量的电动机，在电源容量较大的情况下，可参考下式确定能否直接起动，则

$$\frac{I_{st}}{I_N} \leqslant \frac{3}{4} + \frac{\text{供电变压器容量(kVA)}}{4 \times \text{电动机容量(kW)}} \tag{13-2-1}$$

(2) 降压起动。一些民用电机当不允许直接起动时，就得采用降压起动。所谓降压起动，就是在起动时，降低加在电动机定子绕组上的电压，待电动机转速趋近稳定后，再将电压恢复到额定值。因为电动机起动电流与定子绕组上的外加电压成正比，而起动转矩则和外加电压成平方关系。降压起动的主要目的是为了限制起动电流，但是降低电压，虽能降低了起动电流，但也大大地降低了起动转矩。因此降压起动只适用于空载或轻载起动的场所。

降压起动一般有 3 种方法，即在定子线路中串联电阻或电抗起动，用自耦变压器起动和用星-三角起动。实际常用的是后两种方法。

定子线路中串联电阻或电抗起动是在电动机定子绕组的电路中串入一个三相对称的可变电阻器，其线路如图 13-2-2 所示。

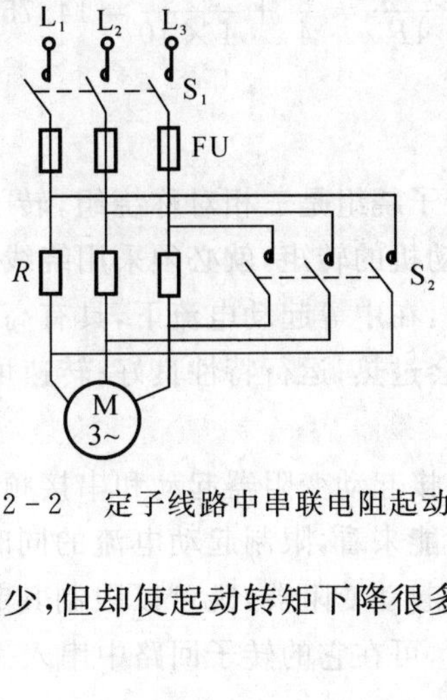

图 13-2-2　定子线路中串联电阻起动原理图

这种方法可以使起动电流减少，但却使起动转矩下降很多。如果串联电抗起动，可以减少能量消耗，但设备费用较高。

如图 13-2-3 所示为自耦变压器起动原理图，用自耦变压器在起动时将电动机电压降低，待转速升高稳定后再恢复到额定电压运行。在起动阶段，电机电压降低，电流就正比减小，同时降压变压器的原边电流又按变比关系减小，所以电源供给的起动电流将按变比的平方成反比减小。

自耦变压器降压起动的优点是不受电动机绕组接线方法的限制，适用于起动较大容量的电动机。其缺点是起动设备体积大、费用高，不宜频繁起动。

星-三角起动只适用在正常运行时绕组接成三角形的电动机，在起动时把它接成星形，起动完毕后再接三角形，如图 13-2-4 所示为星-三角降压起动的原理图。这种起动方法是用改变笼型异步电动机定子绕组的连接方式，以降低起动时每相绕组上的电压，达到减少起动电流的作用。此时，电源的起动电流为直接起动电流的 1/3。星-三角起动的优点是起动设备简单，价格低，操作方便，起动过程能量损失小。目前被得到广泛地应用的是国产 Y 系列容量在 4～100kW 的电动机均设计成三角连接，均可采用星-三角起动。缺点是这种起动方法的起动转矩低，所以只适合轻载和空载起动。

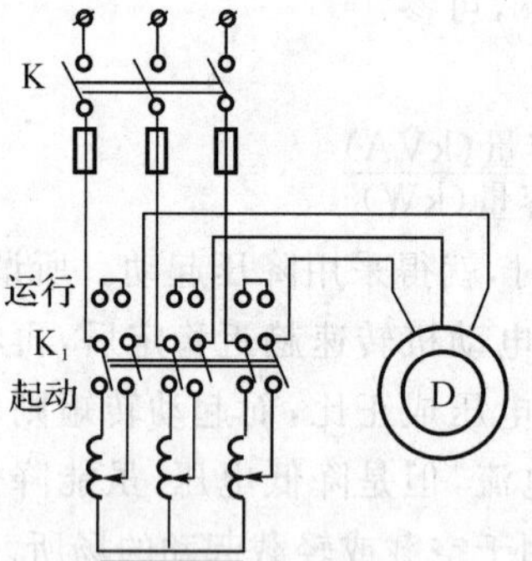

图 13-2-3　用自耦变压器降压起动的原理图

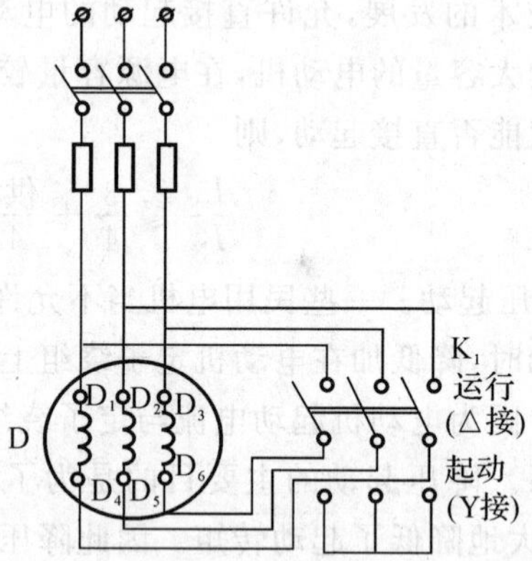

图 13-2-4　星-三角降压起动的原理图

【例 13-3】　已知三相鼠笼电动机，额定功率 $P_N=10kW$，供电变压器为 560kVA，$I_q/I_N=7$，是否可直接起动。

解
$$\frac{3}{4}+\frac{S_N}{4P_N}=\frac{3}{4}+\frac{560}{4\times 10}=14.75\geqslant 7$$

故可直接起动。

2. 绕线型异步电动机的起动

绕线式三相异步电动机的转子绕组是三相对称绕组，转子回路能够和外电路的电阻相连接，为了限制起动电流和改变电动机的转矩，就必须采用绕线式异步电动机。

绕线式异步电动机的优点是：在中等起动电流下，具有高起动转矩；在重负载条件下，电动机加速平滑；起动期间电动机不会过热；运行特性良好；转速可以调节。其缺点是：制造和维护费用比较高。

绕线式电动机起动方法有串接起动变阻器起动和串接频敏变阻器起动两种。

从笼型异步电动机的起动性能来看，限制起动电流的同时起动转矩也降低很多。而绕线型异步电动机在转子回路中串接起动变阻器，既可以限制其起动电流又可以提高起动转矩。一般绕线型异步电动机在起动时，可在它的转子回路中串入一大小适当的起动变阻器. 当电机开始转动起来后，逐段将串入的起动电阻切除，最后将全部电阻切除，这不仅能限制起动电流，而且能增大起动转矩。

临界转差率正比于转子电路电阻：$S_m \propto R_2$。即当 R_2 增加时，发生最大转矩时的临界转差率 S_m 随之增加，结果使得 $n=f(T_{em})$ 曲线向右移。由图 13-2-5(a) 可以看出，增大转子电路的电阻可使起动转矩提高；同时减小了起动时的转子电流，也就相应地减小了定子的起动电流。

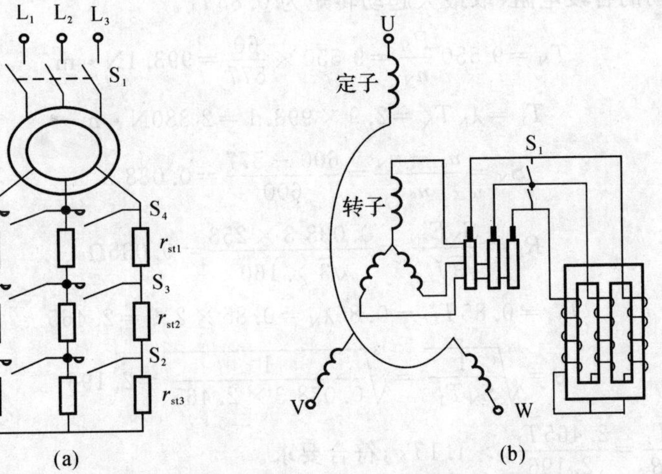

图 13-2-5　绕线型异步电动机的起动线路原理图

(a) 转子回路中串接变阻器分级起动；(b) 转子回路中串接频敏变阻器起动

只考虑起动，不需要调速的电动机，转子回路中也可串入频敏变阻器进行起动，对于频敏变阻器实际上就是一个铁耗很大的三相电抗器，它的铁芯用厚 30 ～ 50mm 的钢板叠成，使铁芯损耗增大，三相绕组分别绕在 3 个铁芯柱上，并接成星形，然后接在转子滑环上。

频敏变阻器是近年来用得比较多的起动设备。它的操作与维护都比一般的变阻器方便，而且还可以做成无刷的结构型式。频敏变阻器的电阻随转子电流的频率而自动变化，起动电路如图 13-2-5(b) 所示。电动机起动时，$S=1$，转子中电流频率很高，$f_1=f_2$，铁芯涡流损耗大，r_m 也大，相当于转子回路内串入较大的电阻，使起动电流减小，而起动转矩较大，随着转速的上升，转差率减小，转子电流的频率下降，铁芯损耗减小，r_m 减小，相当于转子回路中外接的分段电阻自动被切除，以减小正常运行时转子回路损耗，其等效电路如图 13-2-6 所示。R_1 为线圈的电阻，r_m 为铁芯损耗的等效电阻，X_m 为线圈电抗。

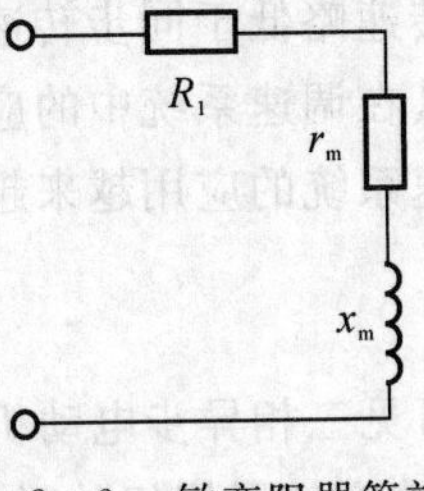

图 13-2-6　敏变阻器等效电路

转子回路串频敏变阻器的起动方法，具有较好的起动性能，起动设备结构简单，材料和加工要求低，使用寿命长，维护方便，能实现平滑起动。

3. 起动时应注意的问题

(1) 如果合上电源后，电机不转，应立即切断电源，查找原因，而不能等着电机转动。否则，电机将因电流过大而烧毁。

(2) 连续起动次数不能过多,一般不应超过 3 ～ 5 次 ,以免温升过高。

(3) 不能几台电动机同时起动,以免电网电压下降太多。

【例 13 - 4】 已知绕线型异步电动机 $P_N = 60kW$, $n_N = 577r/min$, $U_{1N} = 220/380V$, $I_{1N} = 230/133A$, $I_{2N} = 160A$, $E_{2N} = 253V$, $\lambda_N = 2.9$。

求:(1) 电动机最大转矩。

(2) 额定转差率。

(3) 三级起动的各段电阻(取最大起动转矩为 $0.85T_L$。

解
$$T_N = 9\,550\frac{P_N}{n_N} = 9\,550 \times \frac{60}{577} = 993.1N \cdot m$$

(1)
$$T_L = \lambda_N T_N = 2.9 \times 993.1 = 2\,880N \cdot m$$

(2)
$$S_N = \frac{n_0 - n_N}{n_0} = \frac{600 - 577}{600} = 0.038\,3$$

(3)
$$R_2 = \frac{S_N E_{2N}}{\sqrt{3} I_{2N}} = \frac{0.038\,3 \times 253}{\sqrt{3} \times 160} = 0.035\Omega$$

$$T_1^* = 0.85T_L^* = 0.85\lambda_N = 0.85 \times 2.9 = 2.465$$

$$\beta = \sqrt[3]{\frac{1}{S_N T_1^*}} = \sqrt[3]{\frac{1}{0.038\,3 \times 2.465}} = 2.196$$

验算:$T_2 = \frac{T_1}{\beta} = \frac{2.465T_L}{2.196} > 1.1T_N$,符合要求。

$$R''' = (\beta - 1)R_2 = (2.196 - 1) \times 0.035 = 0.042\Omega$$
$$R'' = \beta R''' = 2.196 \times 0.042 = 0.092\Omega$$
$$R' = \beta R'' = 2.196 \times 0.092 = 0.202\Omega$$

二、异步电动机的调速

保持异步电动机的负载不变,改变转子的转速,叫异步电动机的调速。

三相鼠笼异步电动机以其结构简单、运行可靠等优点,广泛地被采用,一般鼠笼异步电动机的转速略低于同步转速,且在负载变化时,转速接近于保持稳定,其本身的调速性能不佳,制约了其在调速系统中的应用。当前,随着电力电子、微电子和计算机控制技术的飞速发展,交流调速系统的应用越来越广泛。由前面所学知识可知,电动机的转速为

$$n = (1 - S)n_1 = \frac{60f_1}{p}(1 - S) \tag{13-2-2}$$

可见三相异步电动机的主要调速方法,从定子方面采取措施的有:变化加到定子绕组上的电压;改变定子绕组的磁极对数(变极调速);改变电源频率的调速(变频调速)。从转子方面采取的调速措施在后面加以讨论。

1. 改变电源电压调速

当定子绕组电压 U_1 改变时,异步电动机的最大转矩和起动转矩与电源电压的二次方成正比,因此,电源电压的波动对机械特性影响极大,而临界转差率却与电源电压无关,即当电源电压升高时,T_N, T_{st} 增大,S_N 不变,机械特性曲线右移,如图 13 - 2 - 7 所示为改变电源电压调速曲线图。

可见,电压电压增大时,机械特性曲线变好。当电源电压降低时,机械特性曲线左移,最大

转矩减小，机械特性曲线变得不好。当负载转矩保持不变时，降低电压是为了保证电动机的安全运行，要求电源电压的波动不超过规定电压的5%。因此，这种调速方法多用于具有高电阻转子绕组的鼠笼式异步电动机。

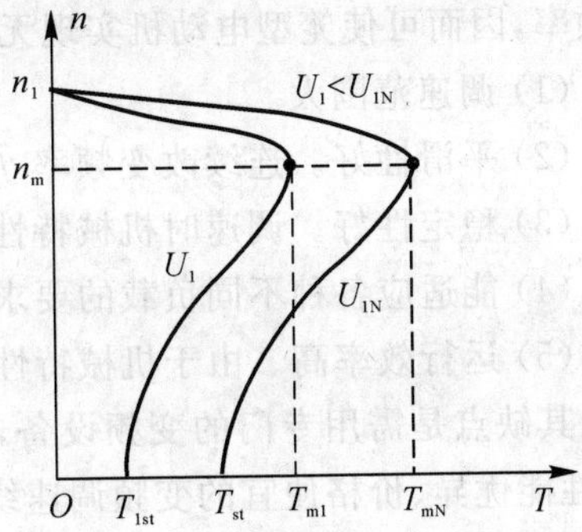

图 13-2-7　改变电源电压调速曲线图

2. 变极调速

将转差率公式 $S=\frac{n_1-n}{n_1}$ 变换一下，可得转子转速 $n=n_1(1-S)$。再将旋转磁场转速公式 $n_1=\frac{60f_1}{p}$ 代入上式得 $n=\frac{60f_1}{p}(1-S)$。从上式可以看出，磁极对数 p 越多，转速成 n 越低；反之，磁极对数越少，转速 n 越高。但是磁场极对数只能成对地改变，故转速成 n 的改变只能是等级式的，而不是平滑的。而且这种方法只能适用于笼型电动机，因为笼型转子的极对数取决于定子磁场的极对数。

最简单的是定子上有两套极对数不同的互不相关的绕组。例如电动机构 DG—51 中的电动机，就是具有极对数分别为 2 和 6 的两套定子绕组的笼型电动机。

另一种改变定子绕组的极对数方法是仅用一套绕组，利用改变绕组各部分之间的连接来实现，这就是平时所称的单绕组双速异步电动机。

3. 变频调速

根据转速公式，改变异步电动机的供电频率 f_1，就可改变电动机的转速 n_1 和 n，达到调速目的。但 f_1 的升高或降低影响到异步电动机的其他参数，如定子绕组中输入电压 U_1，输入电流 I_1 和磁通 Φ。

三相异步电动机每相电压 U_1 和磁通 Φ 的关系为

$$U_1 \approx E_1 = 4.44 f_1 N_1 K_1 \Phi \tag{13-2-3}$$

三相异步电动机在设计时，都给定了额定电压 U_{1N}，额定电流 I_{1N} 及相应的额定频率 f_{1N}，磁通 Φ 的数值都一定为接近磁路饱和的数值。在额定频率 f_{1N} 以下，采用定子电压补偿的 $\frac{U_1}{f_1}$ = 常数的恒转矩变频调速，保持 Φ 不变。在额定频率 f_{1N} 以上，采用 U_1 为常数的恒功率变频调速，$U_1=U_{1N}$ 为常数。调速机械特性如图 13-2-8 所示。

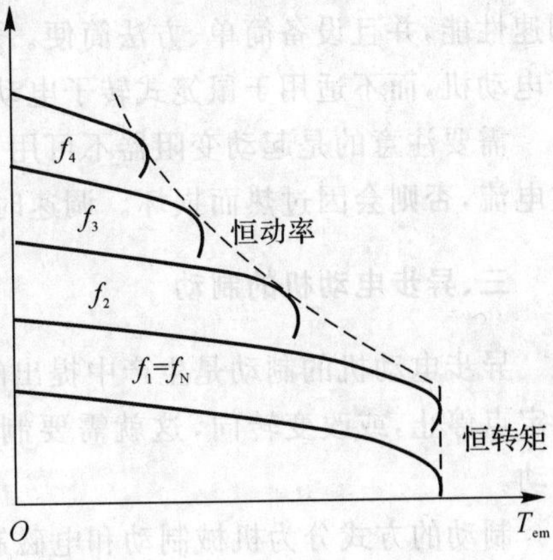

图 13-2-8　变频调速示意图

此外，还有转差频率控制方式的变频调速。只要保持磁通不变，不论定子频率如何变化，转矩的大小总与相对切割速度 Δn 成正比。如果在保持磁通不变的条件下控制 Δn，即可控制电动机的转矩。这种控制方式可以得到较高的调速精度。

我国飞机交流电网的频率一般为 400Hz，地面交流电的频率一般为 50Hz，用改变 f_1 的方法调速，需要专门的变频设备。变频电源目前一般应用晶闸管变频装置，可以平滑地调节交流电频率，因而可使笼型电动机实现无级调速。变频调速具有以下优异的性能：

(1) 调速范围大。

(2) 平滑性好。连续改变频率 f_1，可以实现无级调速。

(3) 稳定性好。调速时机械特性的硬度基本不变，所以转矩波动时，转速变化不大。

(4) 能适应各种不同负载的要求。

(5) 运行效率高。由于机械特性较硬，运行时转差率小，效率高。

其缺点是需用专门的变频设备，价格较高。但随着半导体变流技术的不断发展，工作可靠、性能优异、价格便宜的变频调速线路将不断出现，变频调速的应用将日益广泛，会从根本上解决笼型异步电动机的调速问题，所以这种调速方法广泛地获得应用和推广。

4. 转子回路中外加电阻调速

从图 13-2-9 中可以看出电阻不同，它所对应的转矩特性曲线也不同。当转子电阻为 r_2 时，所对应的转差率为 S_m；当转子电阻增大 R'_2 时，所对应的转差率为 S'_m；当转子电阻增大为 R''_2 时，所对应的转差率 S''_m。可见，改变转子电路电阻，就可以改变转差率和转子的转速。

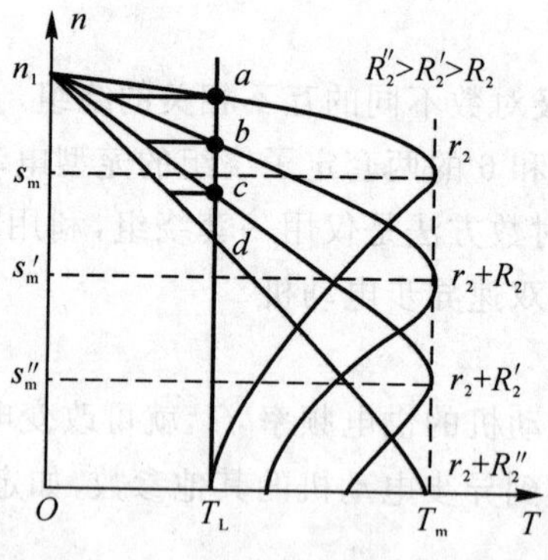

图 13-2-9　转子串电阻调速曲线图

用这种方法调速，具有一定的平滑性，可使转子转速有较大范围内变化，因此具有较好的调速性能，并且设备简单、方法简便。缺点是变阻器上耗能较多，经济性差，只适用于绕线式转子电动机，而不适用于鼠笼式转子电动机。

需要注意的是起动变阻器不可用于调速，因为它是按短时间运行而设计的，不能长时间通过电流，否则会因过热而损坏。调速时应有专作调速用的调速变阻器。

三、异步电动机的制动

异步电动机的制动是生产中提出的要求，因为很多生产过程，要求电动机迅速减速、定时或定点停止，或改变转向，这就需要制动。例如，电车下坡时为了行车安全，限制转速，需要制动。

制动的方式分为机械制动和电磁制动。机械制动就是用机械的刹车方法使电动机按要求停下来；电磁制动就是施加于电动机的电磁转矩方向与转速方向相反，迫使电动机减速或停止转动，根据生产需要，这里介绍 4 种制动方法：能耗制动、回馈制动、电源反接制动、正接反转制动。

1. 能耗制动

能耗制动是指将电动机从电源断开后，在它的定子绕组上另加一直流电源，使电动机迅速停止转动。

如电动机断开电源后，不采取任何措施而让其自由停转，不利于提高生产效率。如采取能耗制动就可以使电动机迅速停下来，如图 13-2-10 所示为能耗制动电路原理图。

由于定子绕组通入直流电源，便能产生一个在空间不动的磁场，因惯性作用，转子还未停止转动，运动的转子导体切割恒定磁场，便在其中产生感应电势，由于转子是闭合绕组，因而能产生电流从而产生电磁转矩，此转矩与转子因惯性作用而旋转的方向相反起制动作用，迫使转子迅速停下来，这是贮存在转子中的动能转变为转子铜损耗，以达到迅速停车的目的，故称这种制动方法为能耗制动。

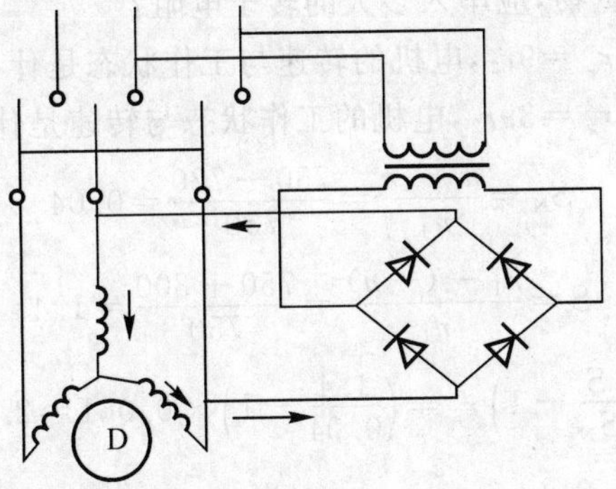

图 13-2-10　能耗制动电路原理图

能耗制动在高速时效果较好，低速时由于转子中电动势、电流和电磁转矩逐渐减小，效果比较差，最好是高速时采取能耗制动，待降到低速辅以机械制动，这样便可以使电动机迅速停下来。

在图 13-2-10 中，直流电源是从交流电源经变压器降压后再整流而取得的，此直流电源加在两相绕组中，整流变压器副边有抽头可选择不同的电压用以调节整流输出，从而调节制动转矩的大小。

2. 回馈制动

回馈制动常用来限制转速，例如当电车下坡时，重力的作用使电车转速增大，当转速 $n > n_1$ 时，电机由电动机状态变为发电机状态运行，电机的有功电流及电磁转矩的方向将倒转，这时电磁转矩由原来的驱动作用转为制动作用，电机转速便减慢下来。同时，由于电流方向反向，电磁功率回送至电网，因而称回馈制动。

3. 电源反接制动

电源反接制动是利用换接开关来改变定子电流的相序，使电气气隙旋转磁场方向反转，在转子中的感应电动势和电流相序也应相反，由转子电流产生的电磁转矩方向与转子旋转的方向相反，这时的电磁转矩方向与电机惯性转矩方向相反，成为制动转矩，使电动机转速迅速下降。如制动的目的是为了迅速改变电动机的转向，则转速下降降到零惯性转矩为零以后，电机将继续向反转方向起动，在相反的方向作电动机运行；如制动仅是为了迅速停车，则当转速降到零以后，便立即切断电源。

电源反接制动时电流会很大，将影响同一供电母线上的其他用电负载。若电动机为绕线式，可在转子回路中串电阻加以限制。

4.正接反转制动

正接反转制动是由外力使电动机转子的转向倒转，而电源的相序不变，这时产生的电磁转矩方向也不变，但与转子实际转向相反，故电磁转矩将使转子减速，这种制动方式主要用于以绕线式异步电动机为动力的起重机械拖动系统。当起重机械提升重物时，电机运行在电动机状态，电磁转矩为拖动转矩，重物开始提升；如需放下重物，可在转子电路串入较大的电阻，这时 $T-S$ 曲线变化，负载转矩与电磁转矩的交点在转速为负的区域，

【例 13-5】 已知额定功率为20kw的三相绕线异步电动机，额定速度 $n_N=720\text{r/min}$，转子内阻 $r_2=0.061\Omega$，在额定负载下运行。求：

(1) 以 300r/min，下放重物，应串入多大的转子电阻？

(2) 若转子串入电阻为 $r_p=9r_2$，电机的转速与工作状态是什么？

(3) 若转子串入电阻为 $r_p=39r_2$，电机的工作状态与转速是什么？

解 (1)

$$S_N=\frac{n_1-n}{n_1}=\frac{750-720}{750}=0.04$$

$$S=\frac{n_1-(-n)}{n_1}=\frac{750+300}{750}=1.4$$

$$r_p=\left(\frac{S}{S_N}-1\right)r_2=\left(\frac{1.4}{0.04}-1\right)\times 0.061=2.074\Omega$$

(2) $r_p=9r_2$ 时，有

$$S=\frac{r_2+r_p}{r_2}S_N=\frac{10r_2}{r_2}S_N=10\times 0.04=0.4$$

$$n=(1-S)n_1=(1-0.4)\times 750=450\text{r/min}$$

因为 $0<S<1$，所以电机工作于正向电动运行状态。

(3) $r_p=39r_2$ 时，有

$$S=\frac{r_2+r_p}{r_2}S_N=\frac{40r_2}{r_2}S_N=40\times 0.04=1.6$$

$$n=(1-S)n_1=(1-1.6)\times 750=-450\text{r/min}$$

因为 $S>1$，所以工作于倒拉反接制动运行状态。

第三节　航空三相异步电动机应用实例

——777 飞机设备冷却风扇

一、概述

777 飞机属大型远程客机，载客量大、电子设备多，飞机上共使用 5 个相同的大功率三相异步电动机驱动的轴流风扇，作为厨房、厕所的排气以及电子设备的冷却。每个风扇可以提供 661L/s 的风量。

厨房、厕所的排气风扇装于散装货舱后壁的后面，共计 2 个，一个主用另一个备用。风扇为厨房厕所、区域温度传感器和后舱电子设备提供对流空气。排气风扇由系统卡柜内的环境

控制系统电路卡(ECSMC)控制，飞机上电时，右卡控制，左卡备份，落地后控制权交换。正常时，控制卡先对左风扇试运转 20s，然后停止使其处于备用状态；再后是右风扇试运转，并处于保持运转的主用状态。

前电子设备冷却共使用 3 个风扇，2 个供气 1 个排气。供气风扇将客舱空气抽入管中，分配到各电子设备进行强制冷却，废气由排气风扇抽走，送到前货舱。这些风扇有自动和人工两种控制方式，控制部件包括驾驶舱 P5 板电门、环境控制系统电路卡(ECSMC)、设备冷却控制器(ECC)等(见图 13-3-1)。

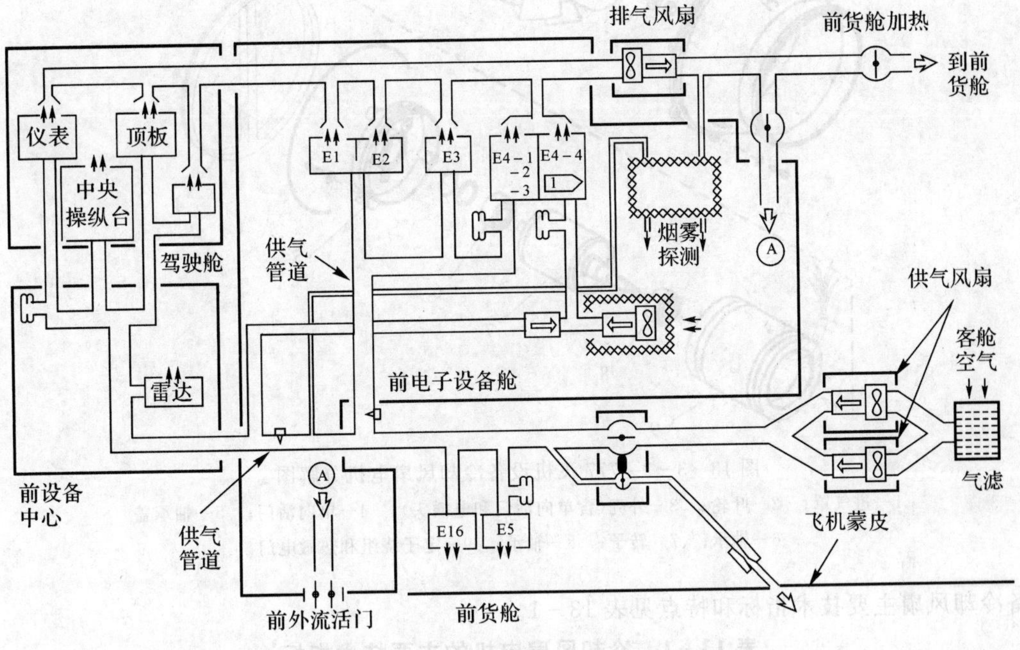

图 13-3-1　777 飞机前电子设备冷却风扇

二、组成及特点

图 13-3-2 所示为冷却风扇电机部件分解图。该电动机为三相异步电动机，主要由进气罩、叶轮、外壳、单向活门、三相定子激磁绕组、热敏电门、转子等零件组成。

进气罩(1)位于气流上游，连接进气管，负责将空气引入到风扇。叶轮(2)旋转后，将进气道空气加速。外壳(3)与定子之间有轴向导流槽，右侧有单向活门(4)，可以把气流从图示左边供向右边(下游)。若风扇停转时，活门关闭，防止下游空气向上游倒流。转子(7)置于定子(9)中央，并通过两个轴承(6,8)架在外壳和端盖之间，转子中轴左侧通过一个长条形栓子啮合到叶轮上。定子绕组(9)是若干绕在铁芯上的对称线圈，接成三相四线制，每相由两个线圈串联，它们在三相四线电源作用下，可形成 2 对磁极的旋转磁场；定子内还有 2 个热敏电门串联在一起，定子绕组和热敏电门的导线都引出到外壳的电插头上。

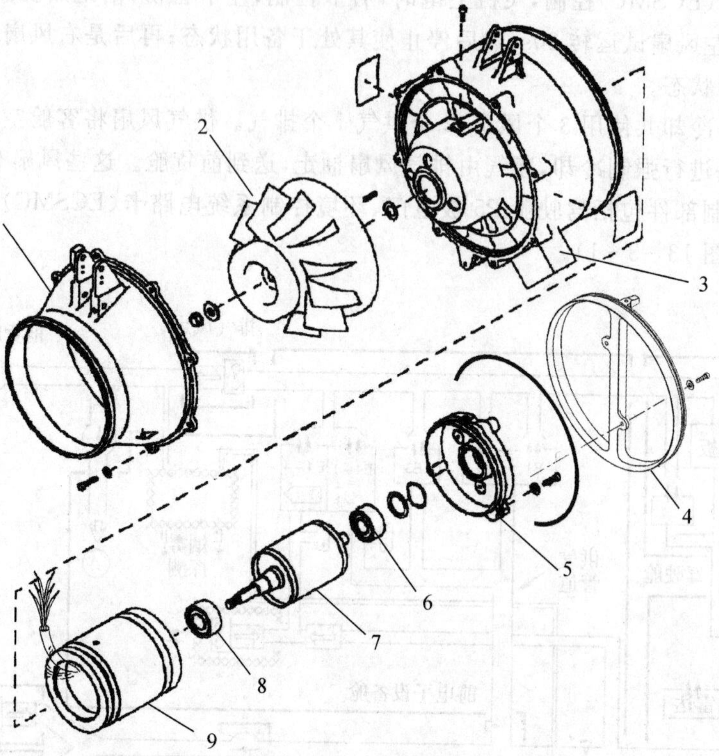

图 13-3-2 777 飞机设备冷却风扇电机分解图

1—进气罩； 2—叶轮； 3—外壳(含单向活门和电插头)； 4—单向活门； 5—轴承盖
6—轴承； 7—转子； 8—轴承； 9—定子绕组和热敏电门

设备冷却风扇主要技术指标和特点见表 13-1。

表 13-1 冷却风扇电机的主要技术指标

形 式	三相异步交流电动机,带过热电门和单向活门
定子绕组	Y 形对称
转子部件	鼠笼式
控制方式	自动/人工
外径	229 mm
重量	9.53 kg
输入电源	115Vac/400Hz,3 相 4 线
额定输入功率	5,300 W
起动电流	98.0 A/相
工作电流	16.1 A/相
转速	11,600 ±310 rpm
供风量	661L/s

三、工作原理

冷却设备发电机的电路图如图 13-3-3 所示。对称的三相四线交流电源通过电插头的 1～4 钉，加到风扇电机的定子绕组。由于每相定子绕组在空间上相隔 120°，且每相绕组有 2 个线圈串联，在交流电的作用下，定子绕子产生磁极对数为 2 的旋转磁场，磁场的同步转速 $n_1=60f/p=60\times400/2=12\ 000\text{r/min}$。

定子旋转磁场扫过转子导条后，导条感应出电流，带电的转子导条在定子磁场中受到扭力作用而跟随磁场旋转，但转子转速 n 总是略小于定子磁场转速 n_1。旋转的电机带动叶轮高速转动，从而产生气流，把空气从上游驱动到下游的分配管道，流过各电子设备以提供冷却作用。

当风扇过热达到 325 ℉时，热敏电门断开，信号传给 MSCMC 电路卡，产生“风扇过热”的状态信息。风扇出口的单向活门确保气流流向下游，而不会反流。

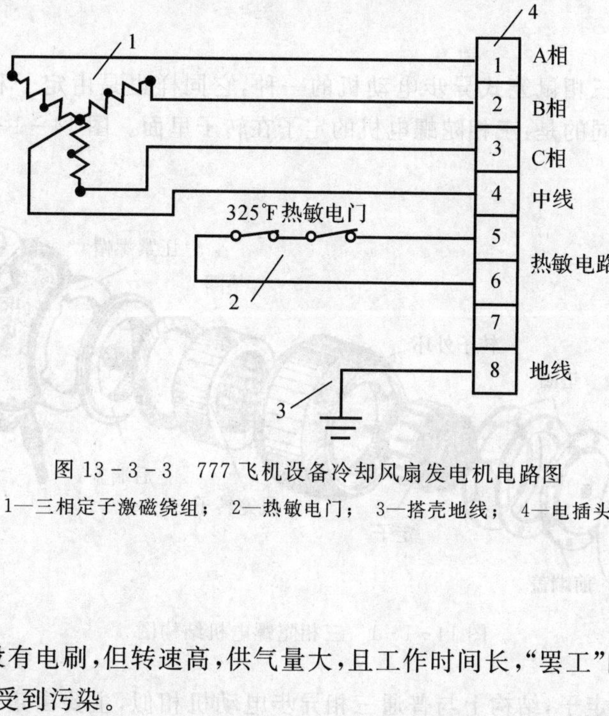

图 13-3-3　777 飞机设备冷却风扇发电机电路图

1—三相定子激磁绕组；　2—热敏电门；　3—搭壳地线；　4—电插头

四、维护提示

此异步电机内没有电刷，但转速高，供气量大，且工作时间长，“罢工”的原因往往是内部过热，或者气隙和轴承受到污染。

在内场，应特别注意转子、定子和叶轮有无变形和磨损，外形尺寸是否符合要求，必要时要对转子和叶轮做动平衡检查。

电气方面，应确保定子、转子和壳体三者相互之间的绝缘良好，确保定子绕子的接线相序正确(否则风扇反转)。

第十四章 民用飞机用的特种异步电机

飞机上除大量应用普通三相鼠笼式异步电动机外，还在陀螺仪表、供油系统、作动系统、控制系统等场合，广泛应用一些特种异步电机。

第一节 航空三相陀螺电机

一、结构特点

三相陀螺电机是三相鼠笼式异步电动机的一种，它同样也是由定子和转子部分组成的。与一般异步电动机不同的是：三相陀螺电机的定子在转子里面。图 14－1－1 所示为三相陀螺电机结构图。

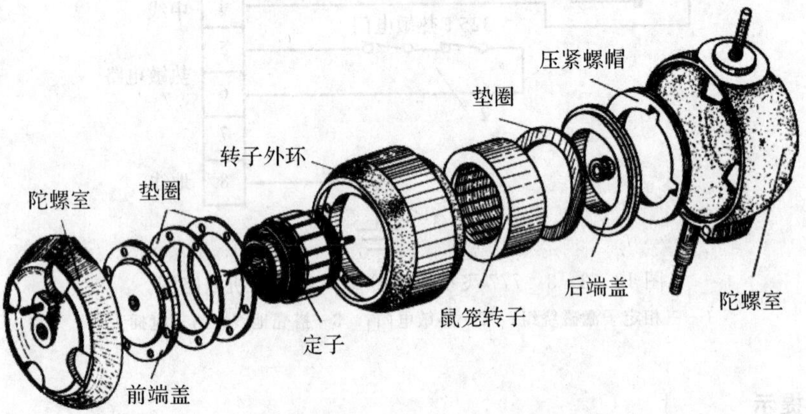

图 14－1－1 三相陀螺电机结构图

三相陀螺电机的定子，结构上与普通三相异步电动机相似，主要由定子铁芯、定子绕组固定轴、前后陀螺室、端盖等部分组成，如图 14－1－2 所示为陀螺电机的定子结构图。

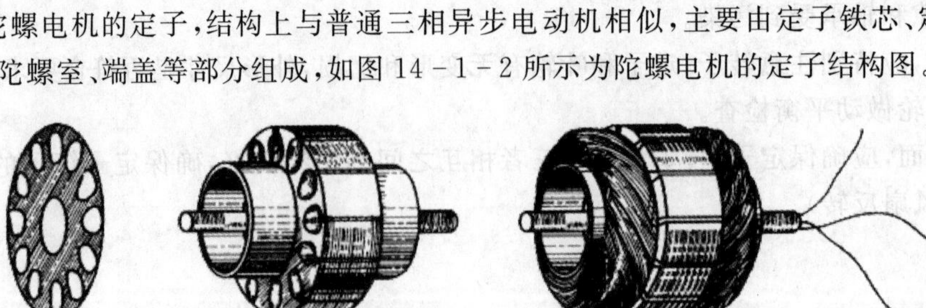

图 14－1－2 陀螺电机的定子结构图

在陀螺电机中，为了增大转子的转动惯量，以提高陀螺的稳定性，陀螺电机的转子放在定子的外面，并套上一个较重的铜环或钢环，其陀螺电机转子结构如图 14－1－3 所示。

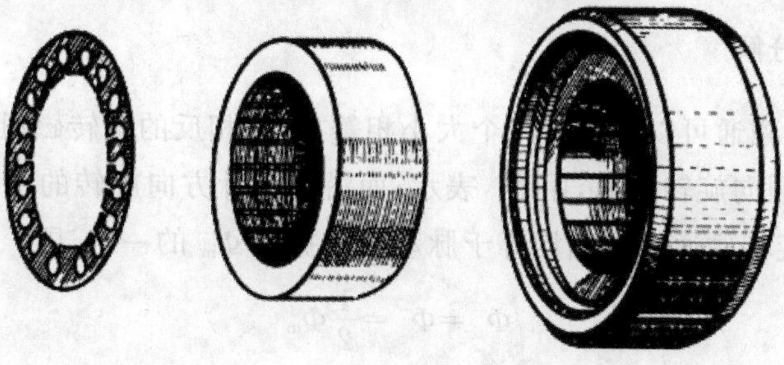

图 14-1-3　陀螺电机转子结构图

二、应用

由三相陀螺电机构成的陀螺装置可以用来测量物体相对惯性空间的转角或角速度。在飞机上，陀螺广泛应用于地平仪、罗盘、航向姿态系统等脱落仪表以及导弹的控制系统。在惯性导航或惯性制导系统中，陀螺是极其重要的敏感元件，由高精度陀螺构成的三轴陀螺稳定平台是惯性系统工作的基础。

第二节　单相异步电动机的磁场

单相异步电动机，其功率一般不超过 600W。它被广泛地应用于自动控制设备和日常生活中。目前在飞机仪表设备中，虽然直接应用这种电动机，但是，当三相陀螺电动机的一根电源线断路时，或者当两相异步电动机的一相绕组中没有电流通过时，它们运行状态就和单相异步电动机一样了。因此，我们有必要了解单相异步电动机的工作原理和运行特点。

单相异步电动机具有不能自行起动和没有固定转向等特点。这些特点都与单相交流电通入单相绕组产生的脉振磁场有关，因此本节首先研究单相脉振磁场，然后分析单相异步电动机的转矩特性和工作原理，最后介绍单异步电动机的起动方法。

一、单相异步电动机的脉动磁场

如图 14-2-1 所示，单相异步电动机的定子槽中放有一个单相绕组，当此绕组中有正弦交流电通过时，就会在定子内部空间产生一个随时间作周期性变化的磁场(或磁势)，它的特点是：磁场强弱不断变化，磁场方向只沿绕组轴线方向作忽上忽下的变化，这种交变磁场叫作脉动磁场或脉振磁场。

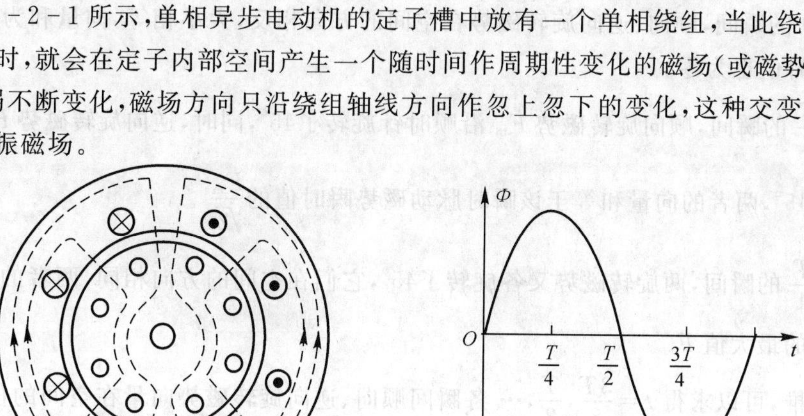

图 14-2-1　单相异步电动机的组成和脉动磁场

二、脉动磁场的分解

一个脉动磁场的磁通可以分解为两个大小相等、转向相反的旋转磁通。其中，沿顺时针方向旋转的磁通，称为顺向旋转磁通，用 Φ^+ 表示；而沿反时针方向旋转的磁通，称为逆向旋转磁通，用 Φ^- 表示。两旋转磁通的振幅均等于脉动磁通振幅 Φ_m 的一半，即

$$\Phi^+=\Phi^-=\frac{1}{2}\Phi_m \tag{14-2-1}$$

脉动磁通是由脉动磁势产生的。图 14-2-2 表示脉动磁势和顺向、逆向旋转磁势的关系。在图 14-2-2 中，正弦曲线表示脉动磁势随时间变化的情况，向量 $\dot{F}_m^+$，$\dot{F}_m^-$ 分别表示顺向、逆向旋转磁势。在任一瞬间，两旋转磁势在空间的向量和就等于瞬时脉动磁势的瞬时值。

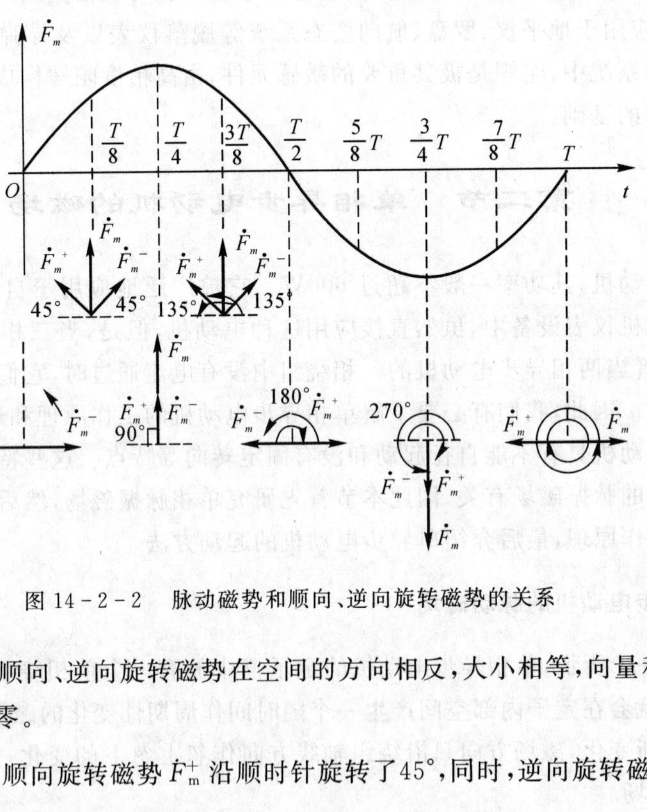

图 14-2-2　脉动磁势和顺向、逆向旋转磁势的关系

在 $t=0$ 的瞬间，顺向、逆向旋转磁势在空间的方向相反，大小相等，向量和为零，这时，脉动磁势的瞬时值也为零。

在 $t=\frac{T}{8}$ 的瞬间，顺向旋转磁势 $\dot{F}_m^+$ 沿顺时针旋转了45°，同时，逆向旋转磁势 $\dot{F}_m^-$ 沿反时针方向旋转了45°，两者的向量和等于该瞬时脉动磁势瞬时值的$\frac{\dot{F}_m}{\sqrt{2}}$。

在 $t=\frac{T}{4}$ 的瞬间，两旋转磁势又各旋转了45°，它们在空间的方向相同，两者的向量和就等于脉动磁势的最大值 $\dot{F}_m$。

依次类推，可以求得 $t=\frac{3T}{8},\frac{T}{2},\cdots$ 各瞬间顺向、逆向旋转磁势向量在空间的位置，它们的向量和总与同一瞬间脉动磁势的瞬时值相等。

从图 14-2-2 中可以看出，交流电流变化一周，脉动磁场的磁势也随着变化一周，顺向、逆

向旋转磁势也各在空间旋转一周。因而一个脉动磁场可以看作是由两个大小相等，转速相同，转向相反的旋转磁场所组成的，从这个意义上讲，单相交流电流在电机中也会产生旋转磁场。

第三节　单相异步电动机的工作原理

既然可以把一个脉振磁场分解为振幅相等、转速相等、转向相反的两个旋转磁场，当然也就可以把单相异步电动机看成两个转向相反的三相异步电动机连接在同一个轴上，如图14-3-1所示为单相异步电动机看成两个转向相反的三相异步电动机的原理示意图。其中，顺向旋转磁场 Φ^{+} 在转子中产生顺向转矩 M^{+}，逆向旋转磁场 Φ^{-} 在转子中产生逆向转矩 M^{-}。

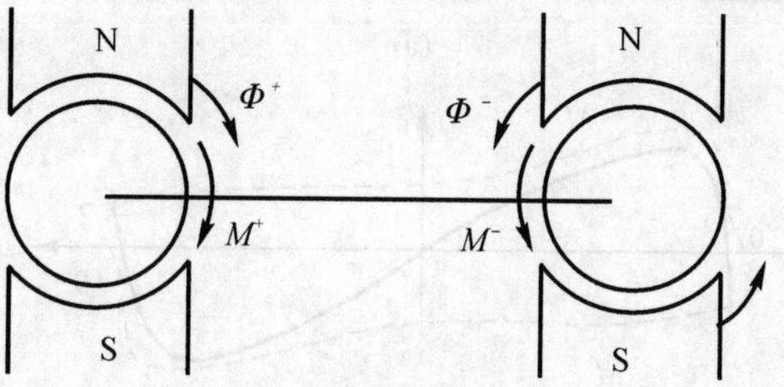

图14-3-1　单相异步电动机看成两个转向相反的三相异步电动机

一、顺向转矩与转差率的关系

如图14-3-2(a)中，当转子顺时针方向转动时，对于顺向旋转磁场 Φ^{+} 来说，二者转向相同，故转差率 $S^{+}=\dfrac{n_1-n}{n_1}$ 小于1。转差 S^{+} 从零变到所对应的转矩特性曲线，与三相异步电动机的转矩阵特性曲线完全相同，如图13-3-2(a)中的左边部分所示。当转子逆时针方向旋转时，对顺向旋转磁场 φ^{+} 来说，二者转向相反，故转差率 $S^{+}=\dfrac{n_1+n}{n_1}>1$。$S^{+}$ 越大，转子电势频率 $f_2(=Sf_1)$ 和感抗 $X_2(=X_{20}S)$ 也越大，转子的电流有功分量 $I_2\cos\varphi_2$ 就越小，因此，M^{+} 就越小。S^{+} 从1变到2时，其中转矩特性曲线如图13-3-2(a)中的右边部分所示。

而需要指出的是，在图14-3-2(a)中，S^{+} 从零变到1时，M^{+} 的方向和转子转动方向都是顺时针方向，就是说 M^{+} 的作用是促使转子顺时针转动的，故称这部分转矩为电动转矩。

而当 S^{+} 从1变到2时，M^{+} 的方向与转子的转动方向相反，就是说，M^{+} 的作用是反对转子转动的，故称这部分转矩为制动转矩。

二、逆向转矩与转差率的关系

逆向旋转磁场在转子中产生逆转矩，其特性曲线如图14-3-2(c)所示。其分析方法与上面相同，这里不再重述。在图14-3-2(c)中的右边部分为电动转矩，左边部分为制动转矩。

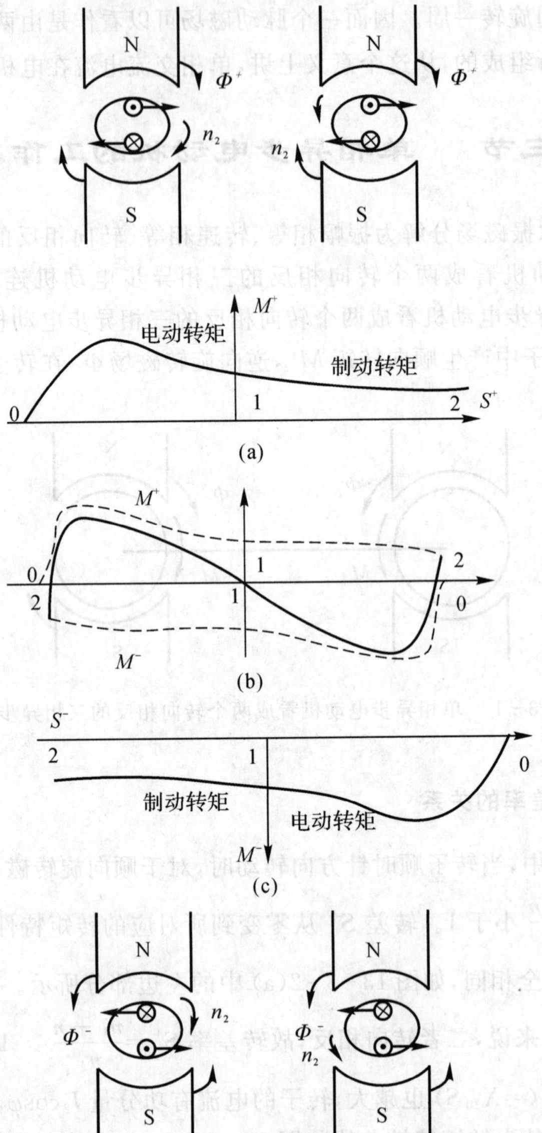

图 14-3-2　单相异步电动机的转矩特性曲线

三、合成转矩与转差率的关系

M^+ 与 M^- 合成时，必须弄清以下概念：$S^+=1$，$S^-=1$；$S^+=0$ 时，$S^-=2$；$S^+=2$ 时，$S^-=0$。了解了 S^+ 与 S^- 一一对应的关系，其合成转矩 M 就不难理解了，如图 14-3-3 所示为单相异步电动机的转矩特性曲线。

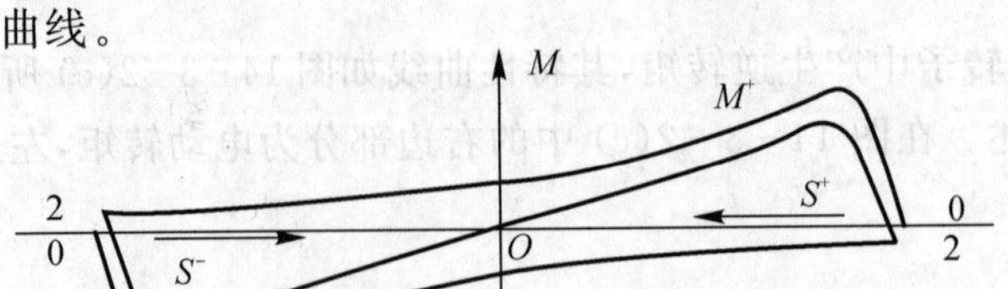

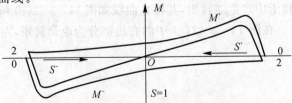

图 14-3-3　单相异步电动机的转矩特性曲线

研究单相异步电动机的转矩特性，其中目的在于深刻理解它的工作原理和工作特点以及三相陀螺电动机发生一相断线故障时的故障现象。

当电动机接上电源而转子静止时，转子导体将分别切割脉动磁场为顺向和逆向旋转磁通，从而使转子导体中产生感应电流，这些电流和产生它的磁通相互作用，就会在转子上产生大小相等而方向相反的电磁转矩，故合成转矩为零(如图 14-3-3 所示，因此单相异步电动机不能自行起动，同时三相陀螺电动机发生一相断线故障时也不能起动)。

如果用外力使转子向某一方向转动一下，电动机就会沿这个方向旋转起来，因此单相异步电动机的转向是随它的原始转向的变化而变化的。这是为什么呢？因为当转子沿某一方向旋转起来以后，转子对于顺向旋转磁通的转差率 S^{+}，就与它对于逆向旋转磁通的转差点率 S^{-} 有了差异。倘若转子旋转的方向也是顺向，那么转子对于顺向旋转磁通的转差率 S^{+} 必小于 1，同时它对于逆向旋转磁通的转差率 S^{-} 必大于 1。从单相异步电动机的转矩与转差率的关系曲线可知，这时顺向旋转磁通与转子相互作用产生的顺向电磁转矩，将大于逆向旋转磁通与转子相互作用所产生的逆向电磁转矩 M^{-}。因此，转子被外力推动一下开始顺向旋转之后，转子上的合成电磁转矩 M 就不再为零，而是等于顺向电磁转矩与逆向电磁转矩之差，即

$$M=M^{+}-M^{-} \tag{14-3-1}$$

在这个电磁转矩的作用下，转子就会加速运转，一直到电磁转矩与负载转矩平衡时，转速才稳定下来。

反之，若转子在外力推动下，开始是逆向旋转的，则逆向电磁转矩就会大于顺向电磁转矩，总的电磁转矩仍等于二者之差，这时，转子将作逆向加速运转，直到电磁转矩与负载转矩平衡，转速才稳定下来。

飞机上的三相陀螺电动机，当发生一相断线故障时，其故障现象者可以用上面的理论解释。

根据分析可知，单相异步电动机没有固定转向，同时也不能自行起动。

四、单相异步电动机的起动

单相异步电动机，因为没有起动转矩，所以不能自行起动，为了使单相异步电动机能自行起动，一般都采用辅助装置。现在介绍裂相式和罩极式起动。

1. 裂相式起动

当两个相位相差 90°的交流电流，通入两个在空间互相垂直的线圈中，就能产生旋转磁场(其实只要两个有相位差的交流电流，通入两个在空间互相垂直的线圈中，就能产生旋转磁场)。因此我们可以利用加辅助绕组的办法，在起动时把单相交流电变成两相交流电，通入电动机的两个绕组中，使电动机的定子绕组产生旋转磁场，以达到单相异步电动机能自行起动的目的。把单相交流电变为两相交流电的起动方法，称为裂相式起动(或剖相式起动)。

在裂相式起动的单相异步电动机中，在定子铁芯上绕有两组绕组，它们在空间相隔 90°。其中一个绕组的匝数较多，叫作运行绕组；另一个绕组匝数较少，专为起动而设置，称为起动绕组。

图 14-3-4 所示为单相异步电动机裂相式起动原理图，起动时，起动绕组与一个电阻串联后，再与运行绕组并联接在单相交流电源上。由于起动绕组的感抗小，而且在起动绕组电路中有串联电阻，因而通过起动绕组的电流超前于运行绕组的电流。这时，电动机就相当于一个

两相异步电动机，所以它能自行起动。等到转子转动以后，再将起动绕组与电源断开，电动机就在运行绕组的脉动磁场的作用下继续稳定运行。采用上述定子结构的电动机，称为裂相式电动机。

在实用中，为了使起动绕组中的电流比运行绕组中的电流所超前的相位差角更接近于90°，常用适当的电容器来代替起动绕组电路中的电阻。图14－3－5所示为单相异步电动机接有电容的起动原理图。

具有这种电容式裂相结构的电动机，也称为电容电动机，它的起动转矩比裂相电动机大，且功率因数也较高，故应用范围也较广。电容电动机的起动绕组，一般只在起动时才和电源接通。

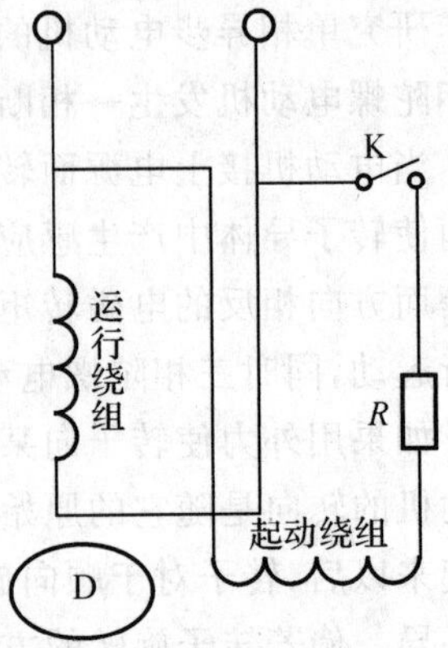

图14－3－4　单相异步电动机裂相式起动原理图

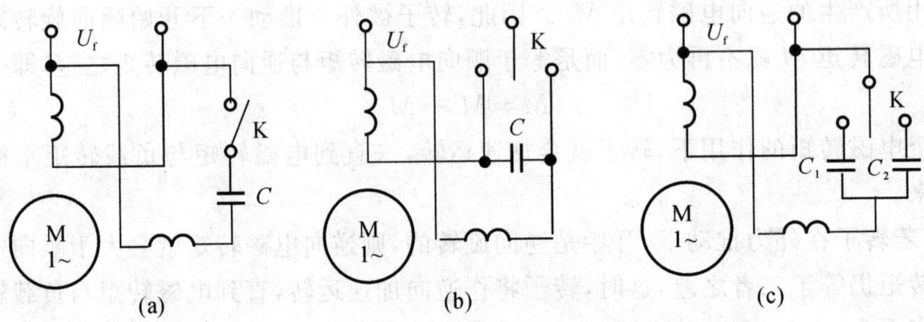

图14－3－5　单相异步电动机接有电容的起动原理图

2. 罩极式电动机

有一种罩极式电动机，无需外加辅助装置，利用电动机内的罩极就可起动。这种电动机的定子是由硅钢片叠成的显极式磁极(即像直流电机那样的磁极)，在磁极上有励磁绕组。磁极的一部分套有短路铜环，被铜环套上的磁极部分，叫作罩极，短路铜环，叫罩环，图14－3－6所示为罩极式电动机的基本结构示意图。

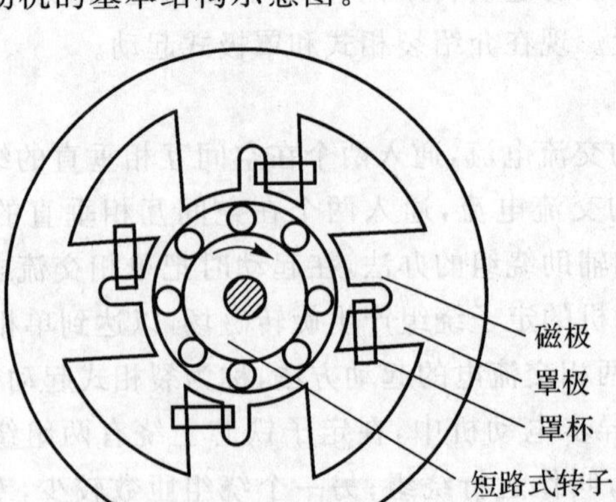

图14－3－6　罩极式电动机的基本结构

当励磁绕组接通交流电源时，磁极中就有交变磁通产生，图14－3－7所示为电流为正半周时磁极磁通的分布情形示意图。当电流自零值增加到某一数值 a 时，如图 14－3－7(a)所示。电流的变化很快，磁极内的磁通增加也很快，磁极内的磁通增加也很快，这时在罩环中产生很大的感应电流。根据楞次定律，感应电流产生的磁通要反对罩极内磁通的增加，因此罩极内的磁通少，而磁极内的磁通多，磁场的轴线偏在左边，当电流由瞬时值 a 变到瞬时值 b 时，如图 14－3－7(b)所示。电流的变化很慢，罩环内的感应电流极小。磁通在磁极面下均匀分布，这时磁场轴线移到磁极中间。当电流继续由 b 变到 c 时，电流减小很快，罩环内的感应电流又变大，它产生的磁通要反对罩极磁通的减小，因而磁通大部分集中在罩极内，如图 13－3－7(c)所示。磁场轴线又由磁极中间移向右边。由此可知，定子绕组中电流变化半周，磁场轴线就从磁极移到罩极。磁场轴线的移动，相当于磁场在空气隙中旋转，因而会在转子上产生感应电流。转子的感应电流与定子旋转磁场相互作用，在转子上就会产生电磁转矩，推动转子旋转，转子的转向与磁场轴线位移的方向一致。

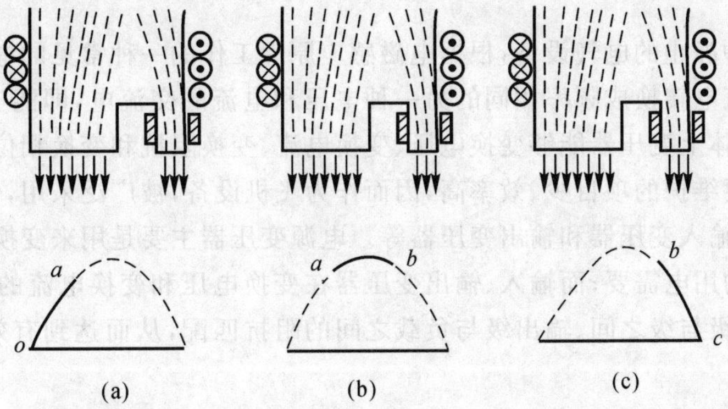

图 14－3－7　电流为正半周时磁极磁通的分布情形

同理，当电流在负半周变化时，电流的方向改变了，磁极的极性也要改变，原来为 N 极的现在变为 S 极，但磁场轴线仍然作同样的转移，故转子的转向并不改变。

罩极电动机构造简单，制造成本低，坚固可靠，运行时不产生电气噪声，但效率低，功率因数也低，起动转矩小。

五、小结

(1)在单相异步电动机的定子绕组中通入单相正弦交流电流时，会产生脉动磁场(磁势)。脉动磁场可以分解为两个大小相等，转向相反和转速相等的旋转磁场。

(2)单相异步电动机没有起动转矩，即静止的转子在脉动磁场中产生的顺向转矩与逆向转矩相等，合成转矩为零，不能自行起动。

若使单相异步电动机的转子在外力作用下向某一方向旋转时，则与转子原始旋转方向一致的电磁转矩将大于与转子原始旋转方向相反的电磁转矩，使合成的电磁转矩方向与转子磁场旋转方向一致，电动机就能转动起来。因此，单相异步电动机没有固定的转向。

(3)为了使单相异步电动机能自行起动，需用要加装起动装置，常用的起动方法是采用裂相式电动机。

第五篇　航空变压器

第十五章　航空单相变压器

变压器是一种静止的电气设备,根据电磁感应原理工作的一种常见的电气设备,它是一种电压和电流的交流电转换成频率相同的另一种电压和电流的交流电,即能实现电能与电能之间转换的装置,总体上变压器能够变换电压、变换电流、变换阻抗和变换相位,由于变压器的结构简单、耐用、需要维护的项目少、效率高,因而作为飞机设备,被广泛采用,例如飞机仪表设备中的电源变压器、输入变压器和输出变压器等。电源变压器主要是用来变换电压的,以满足各种用电设备不同的用电需要;而输入、输出变压器在变换电压和变换电流的同时,还能变换阻抗,以实现放大器级与级之间、输出级与负载之间的阻抗匹配,从而达到有效地传输电压和传输功率的目的。

第一节　单相变压器的基本组成

一、单相变压器的基本结构

变压器基本组成部分均为铁芯和线圈两部分组成,线圈也叫绕组,分为初级绕组和次级绕组,如图 15-1-1 所示。

1. 铁芯

铁芯构成变压器的磁路,同时也用来支撑线圈。通常为了减少铁损,提高磁路的导磁性能,一般由 0.35～0.55mm 硅钢片交错叠压而成,航空上多用 0.08～0.02mm 的硅钢片。这种硅钢片导磁性好,磁滞、涡流损耗小,表面有氧化膜或绝缘漆作为片间绝缘以减少涡流。在工作频率更高,要求损耗特别小的情况下,也有用铁镍合金片做铁芯的。

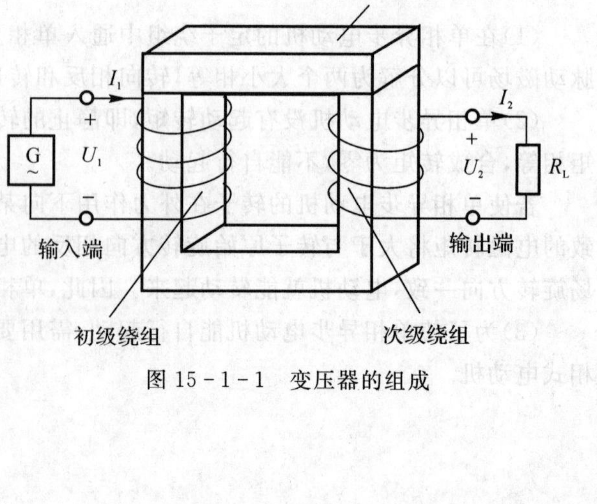

图 15-1-1　变压器的组成

变压器铁芯的结构大致可分为铁芯式、铁壳式和卷环式 3 种。

(1)铁芯式。口字型变压器铁芯如图 15-1-2 所示。对小容量的变压器常用两边不等长的Ⅱ型钢片,交错叠成图 15-1-2(a)所示的形状。注意每层的接缝是错开的,这样可以减少钢片接缝处的磁阻。线圈就绕在两个铁芯柱上,故称为铁芯式。对较大容量的变压器,为使下料更经济合理,则用条形硅钢片交错叠成,如图 15-1-2(b)所示。

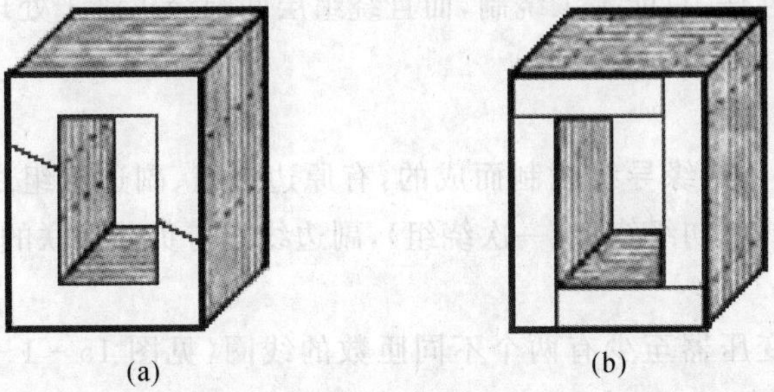
(a) (b)

图 15-1-2 铁芯式叠片

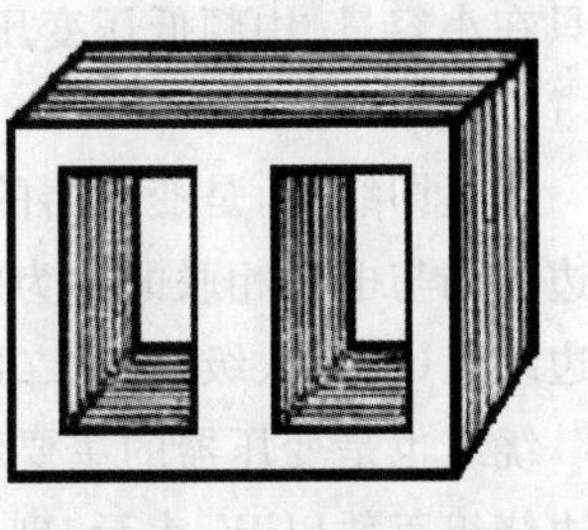
图 15-1-3 日字型变压器铁芯

(2)铁壳式。日字型变压器铁芯如图 15-1-3 所示。这种变压器绕组是绕在中间芯柱上的,因为线圈两侧有铁芯柱,故称日字型。磁通从中间芯柱出来分左右两路闭合,可见两侧铁芯柱的截面仅需中间芯柱截面之一半。如若中间芯柱的铁芯截面积与口字型芯柱的截面积相同,那么分析可知日字型铁芯用铁量省些。不过,因为绕组全部都绕在一个芯柱上,故线圈的尺寸较大,用铜量较大些。一般用于小功率变压器。

(3)卷环式。卷环式可分为 C 型、E 型和圆型变压器铁芯。一般用冷轧硅钢片,顺着轧压方向的导磁性能最好,而前两种变压器铁芯很难做到全部磁路都顺着轧压方向。如果顺着冷轧钢片的轧压方向剪成长条,卷成环状,经过浸漆、烘烤等处理,再在两铁柱中间切开成为图 15-1-4(a)所示形状,称 C 型卷环式铁芯。在铁芯的两柱上套入线圈,再用钢带在底座上固紧,即成单相 C 型卷环铁芯变压器如图 15-1-4(b)所示。由于磁路全部顺着轧压方向,因而在同样条件下平均磁感应强度值可比冲片的大 20%～30%,而且无边料损失。卷环变压器,从磁性材料的利用到结构形式,都比叠片型变压器合理。所以,在同样情况下,卷环式铁芯变压器比叠片式铁芯变压器轻 20%～30%。

目前,航空电源变压器几乎都采用卷环式。卷环式铁芯与铁壳式铁芯实际上并无很大区别,只是铁的利用更为合理。卷环式同样可以做成如图 15-1-5 所示形状,称 E 型卷环铁芯。与铁壳式相似,在单相变压器应用中,E 型铁芯比 C 型铁芯用铁少用铜多,而且由于结构复杂,变压器总重量常比 C 型增加。所以,目前航空变压器以采用 C 型卷环式的为多。

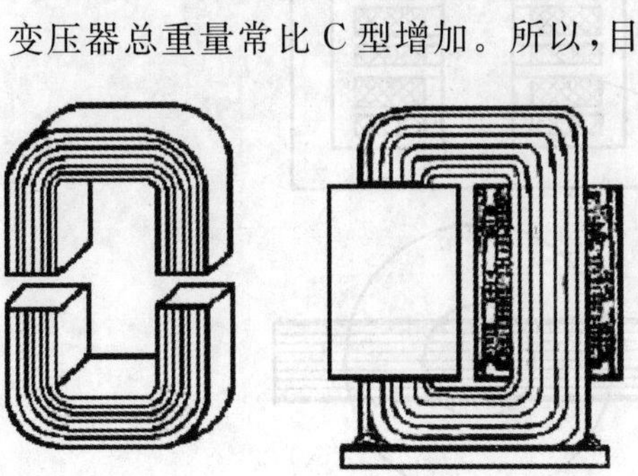
(a) (b)

图 15-1-4 单相 C 型卷环式铁芯及变压器

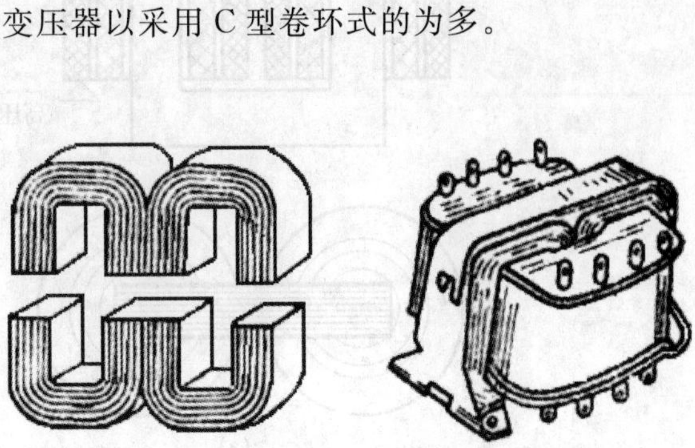
图 15-1-5 单相 E 型卷环铁芯变压器

为进一步减少体积与重量，简化结构，小容量变压器也有采用圆型卷环式铁芯的，这种铁芯与C型铁芯加工过程相同，只是不切开，以减少磁阻，并避免了接缝处涡流损耗，铁磁材料得到更好的利用。同样情况下用圆环型铁芯做成的变压器，可比C型铁芯轻20%左右，并且制成的变压器不需钢带固定，可直接用螺杆固定在底板上。但这种铁芯绕线困难，一般用环形绕线机绕制，当导线较粗时绕线机不能胜任，只能手工绕制，而且绕组层间绝缘也难于处理，所以只在小容量、中频低压变压器中应用。

2.绕组

绕组即线圈，是变压器的电路部分，用绝缘导线绕制而成的，有原边绕组、副边绕组之分。原边线圈与电源相联的称为原边绕组（或称初级绕组、一次绕组），副边线圈与负载相联的称为副边绕组（或称次级绕组、二次绕组）。

绕组也是变压器的主要组成部分，变压器至少有两个不同匝数的线圈（见图15－1－1），原边绕组匝数以W_1表示，副边绕组其匝数以W_2表示。也可称电压高的为高压绕组，电压低的为低压绕组。

实际变压器中，虽然有铁芯作闭合磁路，但总有一部分磁通不同时匝链初、次级绕组，并经过空气自成回路，称漏磁通。对于初级绕组与次级绕组则分别有初级漏磁通与次级漏磁通。漏磁通由于不通过匝链初、次级绕组，因此不起能量传递作用。为了减小漏磁通，初次级线圈总是置于同一铁芯柱上，而不像图15－1－1所示那样分布在两个铁芯柱上。其实际绕法有同心式和盘式两种。图15－1－6(a)所示是同芯式，低压线圈在里层，高压线圈在外层，这样高压线圈对铁芯的绝缘性能好一些，而低压线圈对铁芯的要求不高，所以可节省绝缘材料，但高低压线圈之间需用较好的绝缘隔开。同心式线圈由于每层匝数较多，两层之间电压相差较大，需要较高的层间绝缘，特别是高压变压器，使层间绝缘复杂，如图15－1－6(b)所示的盘式线圈就可消除这个缺点。盘式线圈通常用于壳式变压器，形如圆盘的高低压线圈交替叠置于铁芯柱上，故亦称为交叠式。一般将低压线圈放在两端，高压线圈在中间，这样可节约线圈对铁轭间的绝缘材料。但由于盘式线圈在盘间的绝缘多而复杂，因而小容量变压器中不常采用。无论同心式或盘式线圈，都应将各低压线圈连接起来而成低压绕组，将各高压线圈连接起来成高压绕组。

对变压器线圈的要求是匝数准确、绝缘良好、结构简单、散热性能好及有足够的机械强度。

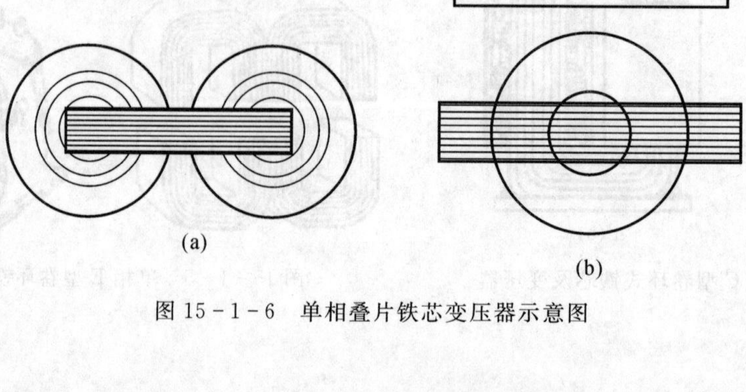

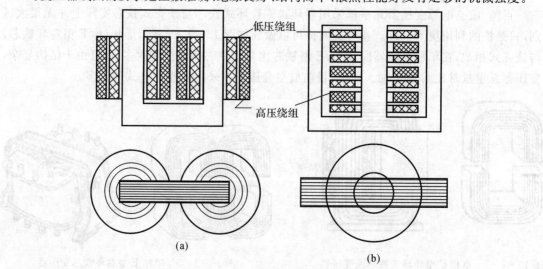

图15－1－6　单相叠片铁芯变压器示意图

二、变压器的分类

变压器是利用电磁感应原理，以交变磁场为媒介，把线圈从电源吸收的某一种电压的交流电能转变成频率相同的另一种电压的交流电能，由另一线圈向负载提供。接电源的一方称为原方，或原绕组，或初级绕组，或一次侧绕组；接负载的一方称为副方，或副绕组，或次级绕组，或二次侧绕组。除自耦变压器外，一般的变压器原绕组和副绕组之间只有磁的耦合，而没有电路上的直接联系。

最简单的变压器就是把两个互相绝缘的线圈套在同一个铁芯上，线圈的电压近似地和匝数成正比，线圈的电流近似地和匝数成反比。变压器只能用来传送交流电功率而不能用来传送直流电功率，如果使用时不慎误将直流电压加在变压器线圈上，这时，线圈中的电流等于电压除以电阻，由于线圈的电阻一般很小，因而即使直流电压不是特别高，也会产生很大的电流，超过一定时间可能会将变压器烧坏。

变压器可按其用途进行分类，有电力变压器、仪用互感器、试验用的高压变压器和调压器等。

电力变压器是指电力系统中使用的变压器，用以实现交流电能的远距离输送，减少输电线路上的电能损耗和输电线路上的压降。此外，电网中不同电压等级的电能之间需要实现调剂、分配等，这时也要用到电力变压器。

仪用互感器本质上也是变压器。一种是测量高电压时用的，称为电压互感器；另一种是测量大电流时用的，称为电流互感器。除用于测量外，互感器还有其他用途。

试验用的高压变压器和调压器是为了满足某些特殊试验的要求而制造的。有些试验中需要特别高的电压，那就需要专门的高压变压器；有些试验要求电压能在一定的范围内调节，那就需要调压器。

除按用途分类外，变压器还可按绕组数目的多少来分类。例如双绕组变压器、三绕组变压器、多绕组变压器和自耦变压器等。双绕组变压器指同一台变压器有两种电压等级，三绕组变压器指同一台变压器有 3 种电压等级，例如，同一铁芯上套着 3 个匝数不等的线圈，工作时就可以有 3 种电压，如果一个线圈作为输入（从电源吸收电功率），另外两个线圈就可作为输出（向负载输送电功率）。如果是三相三绕组变压器，那就有 3 个低压线圈、3 个中压线圈、3 个高压线圈。当然也可以用多个线圈套在同一铁芯上构成多绕组变压器，工作时可提供多种输出电压。所谓自耦变压器是指输出绕组与输入绕组有一部分是共用的变压器，这种变压器与普通的双绕组变压器相比，在同样容量的情况下消耗的材料较少。

变压器还可按相数来分类，有单相变压器、三相变压器。单相变压器只能变换单相电压，三相变压器能同时变换三相电压。本章将先讨论单相变压器，然后再讨论三相变压器。

此外，按冷却方式分，有自冷式、它冷式；按冷却介质分，有空气冷却的干式变压器和用油冷却的油浸式变压器，航空电源变压器多为干式。

第二节　理想变压器的工作原理

一、理想变压器的空载运行

变压器的初、次级线圈虽然在电路上并没有直接联系，但通过铁芯的闭合磁路，使初、次级线圈交链在一起。变压器就是通过闭合铁芯中的交变磁通，利用互感应原理，使初、次级线圈的工作互相联系着和互相影响着，以达到变换电压的目的。

变压器中各电磁量都是随时间而变化的交变量，要建立它们之间的相互关系，必须先规定各量的正方向，如图 15-2-1 所示，按习惯方式规定正方向为：

(1)电流与电压的正方向一致；

(2)磁通的正方向与产生它的电流的正方向符合右手螺旋定则；

(3)感应电动势的正方向与产生它的磁通的正方向符合左手螺旋定则。

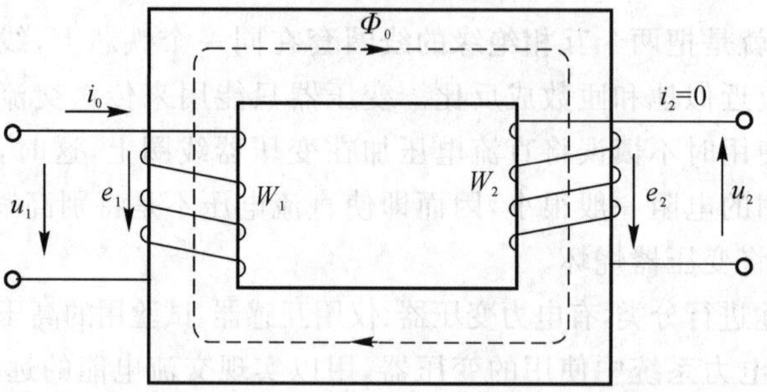

图 15-2-1　单相变压器空载运行原理

如图 15-2-1 所示，当次级线圈不接负载，而初级线圈接交流电压 U_1 时，初级线圈中只有很小的空载电流通过，空载电流用符号 I_0 表示。I_0 通过初级线圈产生的磁通分为两部分：其中，绝大部分既与初级线圈相链，又与次组线圈相链，这部分磁通称为主磁通，用符号 Φ_0 表示；此外，还有少量的磁通，只与初级线圈相链，而不与次级线圈相链，这部分磁通称为初级线的漏磁通，用 φ_0 表示。和主磁通相比，漏磁通通常很小，可暂且忽略不计。

根据电磁感应原理，交变的主磁通 Φ_0，在初、次级线圈中将分别产生自感电动势 e_1 和互感电动势 e_2。根据法拉第定律，e_1 和 e_2 的大小分别为

$$e_1 = -W_1 \frac{\Delta \Phi_0}{\Delta t} \tag{15-2-1}$$

$$e_2 = -W_2 \frac{\Delta \Phi_0}{\Delta t} \tag{15-2-2}$$

两式相除得

$$\frac{e_1}{e_2} = \frac{-W_1 \dfrac{\Delta \Phi_0}{\Delta t}}{-W_2 \dfrac{\Delta \Phi_0}{\Delta t}} = \frac{W_1}{W_2} \tag{15-2-3}$$

式(15-2-3)说明的是变压器初、次级线圈感应电动势的瞬时值与初，次级线圈匝数之间的关系。但在实际中，要研究的是两个电动势的有效值与线圈匝数之间的关系。可以证明，当铁芯中的主磁通 Φ_0 随时间按正弦规律变化时，初、次级线圈中感应电动势的有效值分别为

$$E_1 = 4.44 f W_1 \Phi_m \tag{15-2-4}$$

$$E_2 = 4.44 f W_2 \Phi_m \tag{15-2-5}$$

式中，f 为电源的频率，Hz；Φ_m 为主磁通的最大值，Wb；W_1 和 W_2 分别表示初、次级线圈的匝数。因此，初、次级线圈感应电动势的有效值之比为

$$\frac{E_1}{E_2} = \frac{4.44 f W_1 \Phi_m}{4.44 f W_2 \Phi_m} \tag{15-2-6}$$

公式 $E=4.44fW\Phi_{\mathrm{m}}$ 根据法拉第电磁感应定律公式 $e=-W\dfrac{\Delta\Phi_0}{\Delta t}$ 得来的。由于通的是交流电，产生的磁场为交变的磁场，假设 $\Phi_0=\Phi_{\mathrm{m}}\sin\omega t$，则 $e=-W\dfrac{\Delta\Phi_0}{\Delta t}=-W\dfrac{\mathrm{d}\Phi_m\sin\omega t}{\mathrm{d}t}=W\omega\Phi_{\mathrm{m}}\sin(\omega t-90°)$，感应电动势 e 比磁通 Φ_0 落后 $90°$。

则电动势的最大值为

$$E_{\mathrm{m}}=W\omega\Phi_{\mathrm{m}}=2\pi fW\Phi_{\mathrm{m}} \tag{15-2-7}$$

其有效值为

$$E=\frac{E_{\mathrm{m}}}{\sqrt{2}}=\frac{2\pi}{\sqrt{2}}fW\Phi_{\mathrm{m}}\approx 4.44fW\Phi_{\mathrm{m}} \tag{15-2-8}$$

这一公式不仅在变压器中常常用到，而且在交流电机中也常常用到。

上式表明，在变压器中，初级线圈的感应电动势有效值 E_1 与次级线圈的感应电动势有效值 E_2 之比，等于初级线圈的匝数 W_1 与次级线圈的匝数 W_2 之比。

加在初级线圈两端的电压 U_1，一部分是用来平衡感应电动势 E_1 的，另一部分降在线圈的内阻抗上。通常，由于空载电流 I_0 很小，使线圈的内阻抗压降很小，故 $U_1\approx E_1$。

变压器空载运行时，次级电流 I_2 为零，次级线圈的内部阻抗压降也为零，此时输出电压 U_2 与 E_2 相等，即 $U_2=E_2$。因此

$$\frac{U_1}{U_2}\approx\frac{W_1}{W_2} \tag{15-2-9}$$

式(15-2-9)表明，变压器初级线圈的输入电压 U_1 与次级线圈的输出电压 U_2 之比，等于初级线圈的匝数 W_1 与次级线圈的数 W_2 之比。

在变压器中，初级线圈的输入电压 U_1 与次级线圈的输出电压 U_2 之比，称为变压比，用符号 K 表示，即

$$K=\frac{U_1}{U_2}=\frac{W_1}{W_2} \tag{15-2-10}$$

由式(15-2-10)可看出，变压器的变压比就是初级线圈的匝数 W_1 与次级线圈的匝数 W_2 之比。

变压比 $K<1$ 的变压器，次级线圈的匝数 W_2 比初级线圈的匝数 W_1 多，输出电压 U_2 大于输入电压 U_1，是升压变压器；反之，变压比 $K>1$ 的变压器，$W_2<W_1$，$U_2<U_1$，是降压变压器。适当地选取初、次级线圈的匝数比，就可以在输入的电源电压 U_1 一定的条件下，从次级线圈输出所需要的电压 U_2，以满足用电设备的需要。

在专业设备中，往往需要从同一个交流电源获得几个数值不同的交流电压，在这种场合可采用电源变压器。在这种电源变压器的铁芯上，除绕有一组初级线圈外，还绕有几组圈数不同、相互绝缘的次级线圈，如例 15-1 中飞机罗盘电源变压器。

【例 15-1】 飞机罗盘电源变压器的电路(部分电路)，图 15-2-2 中 $U_1=36\text{V}$，$W_1=112$ 匝，$U_2=2\times250\text{V}$，$W_3=20$ 匝。根据变压器变换电压的基本公式，求出 W_2 和 U_3 的数值。

解 因为

$$\frac{U_1}{U_2}=\frac{W_1}{W_2}$$

所以

$$W_2=\frac{U_2}{U_1}W_1=\frac{2\times250}{36}\times112\approx2\times777(\text{匝})$$

又因为 $\frac{U_3}{U_1}=\frac{W_3}{W_1}$

故得 $U_3=\frac{W_3}{W_1}U_1=\frac{20}{112}\times 36=6.3\text{V}$

其中 W_2 线圈有中间抽头连后续半波整流线路。

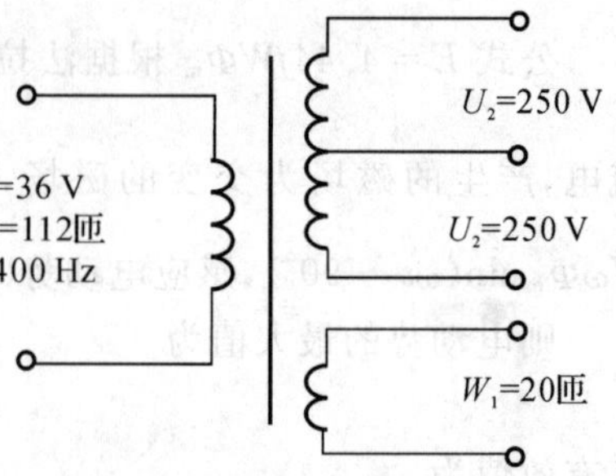

图 15-2-2　罗盘中电源变压器

二、理想变压器的负载运行

变压器在变换电压的同时还能变换电流，而且初、次级电流之间也是互相联系的和具有内部规律的。为了弄清变压器初、次级电流之间的关系，下面分两步分析：首先分析变压器接通负载后的物理过程，然后分析初、次级电流之间的数量关系。

1. 变压器接通负载后的物理过程

在图 15-2-3 所示的实验电路中，当变压器未接负载时，次级电流为零，电流表 A_2 不指示，这时电流表 A_1 读数很小，说明空载电流 I_0 很小。

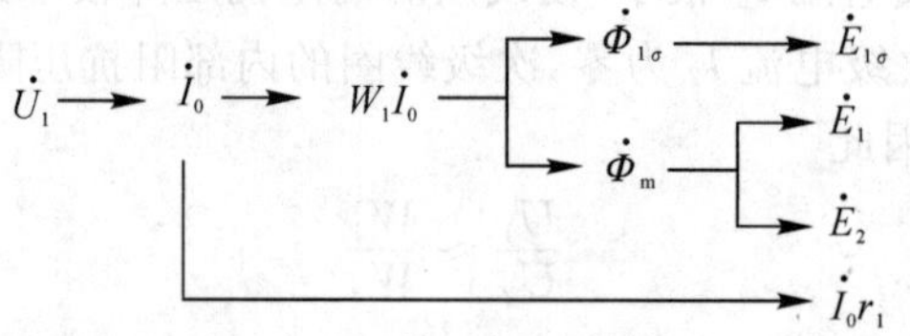

图 15-2-3　负载运行原理

在 I_0 的作用下，铁芯中产生交变的工作磁通（即主磁通）Φ_0，并在 W_1，W_2 及 W 中分别产生感应电动势 E_1，E_2 和 E_0。由于电压表的内阻很大，因而电压表 V 的读数基本上就是该线圈产生的感应电动 E，而 $E=4.44fW\Phi_m$，在电源频率 f 和线圈匝数 W 一定的条件下，感应电动势 E 的大小是与磁通 Φ_m 成正比的，因此电压表的读数能反映铁芯中工作磁通 Φ_0 的大小。

开关 K 接通后，电流表 A_2 有一定读数，这时电流表 A_1 的读数比空载时大；且 I_2 增大时，I_1 也增大，I_2 减小时，I_1 也减小，但是电压表 V 的读数则近乎不变。这说明不管变压器的负载中何变化，其工作磁通 Φ_0 基本上是没有变化的。

现在解释：为什么初级电流会随次级电流而变化，为什么工作磁通 Φ_0 基本不变。

空载时，在空载电流 I_0 作用下，铁芯中产生的磁通 Φ_0 在初级线圈中产生感应电动势 E_1，在忽略内压降的情况下，可以认为 E_1 与 U_1 大小相等、方向相反。

次级接通负载时，次级线圈有电流 I_2 输出，I_2 通过线圈 W_2 将产生磁通 Φ_2，根据楞次定律，磁通 Φ_2 将阻碍工作磁通 Φ_0 的变化，即减弱工作磁通 Φ_0。工作磁通被削弱后，初级线圈的感应电动势 E_1 也相应减小，于是，U_1 与 E_1 失去平衡，使 $U_1>E_1$，这时初级电流 I_1 要相应增加，从而使工作磁通恢复到原先的数值，使感应电动势 E_1 又与外加电压 U_1 相平衡了。如果次级电流 I_2 继续增加，初级电流 I_1 又相应增加，即又出现上述物理过程。

综上所述可得到以下重要结论：

(1) 次级电流 I_2 增加，初级电流 I_1 也相应增加：反之，I_2 减小，I_1 也相应减小。从能量观点来看，这是合乎情理的，因为 I_2 越大，就是负载获得的功率越大，这就要求电源供给更多的功率，因此需使 I_1 增大：反之，I_2 越小，就是负载获得的功率越小，这只要求电源供给较小的功率，因此所需的 I_1 也较小。由此可见，变压器是能够传送功率的。

（2）变压器无论空载运行还是负载运行，铁芯中的工作磁通总是近似等于空载时的主磁通 Φ_0。在忽略内部阻抗的情况下，根据电压平衡方程，有

$$U_1 = E_1 = 4.44 f W \Phi_m$$

或

$$\Phi_m = U_1 / (4.44 f W_1)$$

也可清楚地看出，无论是空载运行还是负载运行，只要 U_1 保持不变，Φ_0 也就保持不变。

2. 变压器初、次级电流之间的数量关系

(1) 变压器初级电流 I_1 与次级电流 I_2 之比，等于次级匝数 W_2 与初级匝数 W_1 之比。用公式表示，即

$$\frac{I_1}{I_2} = \frac{W_2}{W_1} = \frac{1}{K}$$

现将这一关系式证明如下：

变压器负载运行时，初级电流 I_1 通过线圈 W_1 产生的磁通为 Φ_1，次级电流 I_2 通过线圈 W_2 产生的磁通为 Φ_2。由于负载运行时，铁芯中的工作磁通总是保持空载时的磁通 Φ_0 的数值，也就是说，Φ_1 与 Φ_2 的合成磁通与 Φ_0 相等，于是我们得到变压器的磁通平衡方程为

$$\Phi_0 = \Phi_1 + \Phi_2 \tag{15-2-11}$$

由于磁通(Φ)是由磁动势(IW)所产生的，因而，上面的磁通平衡方程又可得到相应的磁动势平衡方程为

$$\overline{I_0 W_1} = \overline{I_1 W_1} + \overline{I_2 W_2} \tag{15-2-12}$$

通常，变压器的空载电流 I_0 只有初级额定电流的百分之几，所以，I_0 与初级额定电流相比是很小的。为了突出带负载的变压器初、次级磁动势之间的关系，我们把空载电流 I_0 忽略不计，于是得到：

$$\overline{I_1 W_1} + \overline{I_2 W_2} = 0 \quad 或 \overline{I_1 W_1} = -\overline{I_2 W_2}$$

上式中负号的意义是，变压器负载运行时，初级磁动势 I_1W_1 与次级磁动势 I_2W_2，可以近似地认为大小相等，相位相反。

为了表达初、次级电流与初、次级匝数之间的数量关系，可将上式中的负号去掉，从而得到：

$$I_1 W_1 = I_2 W_2 \tag{15-2-13}$$

$$\frac{I_1}{I_2} = \frac{W_2}{W_1} = \frac{1}{K} \tag{15-2-14}$$

上式说明，当初级线圈匝数比次级少时（即 $W_1 < W_2$），初级电流将大于次级电流（即 $I_1 > I_2$）；反之，当初级线圈的匝数比次级多时（即 $W_1 > W_2$），则初级电流小于次级电流（即 $I_1 < I_2$）。因此，变压器具有变换电流的作用。

(2) 变压器初级电流 I_1 与次级电流 I_2 之比，等于次级电压 U_2 与初级电压 U_1 之比。用公式表示为

$$\frac{I_1}{I_2} = \frac{U_2}{U_1} = \frac{1}{K} \tag{15-2-15}$$

现将这一关系的物理意义说明如下：

变压器在变换电压和电流时，是遵循能量守恒定律的。在忽略变压器内部损耗的条件下，

输出功率 P_2 应与输入功率 P_1 等，即

$$P_1 = P_2 \quad \text{或} \quad U_1 I_1 = U_2 I_2$$

将上式加以变换得

$$\frac{I_1}{I_2} = \frac{U_2}{U_1} = \frac{1}{K}$$

从上式可以看出，对于升压变压来说，次级电流比初级电流小；对降压变压器来说，次级电流比初级电流大。既然在变压器中通过初、次级的电流不相等，那么，在绕制变压器时，初、次级线圈所采用的导线粗细就可不一样。通过高压线圈的电流较小，导线可以细一些；而通过低压线圈的电流较大，导线就要粗一些。

由于变压器在变换电压的同时还能变换电流，因而在工业上远距离输电时，常采用升压变压器以升高电压，进行高压输电。采用高压输电，输送同样的功率，在输电线上的电流要比电压低时小得多，从而可以大大减小线路上的能量损耗。由于电流不大，输电线可以采用细导线，这样可以节省大量的铜或铝。电能输送到用电城市和农村后，再利用降压变压器将电压降低，以适应用电设备的需要，而且又防止了高压容易造成的危险。

前面根据磁动势平衡方程导出了初、次级电流与初、次级匝数之间的关系(式(15-2-14))；根据功率平衡方程导出了初、次级电流与初、次级电压之间的关系(式(15-2-15))。在这两个关系式中，初、次级电流之比都等于变压比的倒数，可见，这两种表达式在本质上是一致的。

【例15-2】 已知某变压器的 $U_1 = 220\text{V}$，$W_1 = 880$ 匝，$U_2 = 110\text{V}$，求次级线圈的匝数 W_2，(1) 若负载电阻 $R_2 = 110\Omega$，问初/次级电流各是多少？(2) 若负载电阻 $R_2 = 220\Omega$，问初/次级电流各是多少？

解 (1) 求次级线圈匝数 W_2：

因为

$$\frac{U_1}{U_2} = \frac{W_1}{W_2}$$

所以

$$W_2 = \frac{U_2}{U_1} W_1 = \frac{110}{220} \times 880 = 440 \text{ 匝}$$

$R_2 = 110\Omega$，则

$$I_2 = \frac{U_2}{R_2} = \frac{110}{110} = 1\text{A}$$

由 $I_1 U_1 = I_2 U_2$，得

$$I_1 = \frac{U_2 I_2}{U_1} = \frac{110 \times 2}{220} = 1\text{A}$$

(2)$R_2 = 220\Omega$，则

$$I_2 = \frac{U_2}{R_2} = \frac{110}{220} = 0.5\text{A}$$

由 $I_1 U_1 = I_2 U_2$，得

$$I_1 = \frac{U_2 I_2}{U_1} = \frac{110 \times 1}{220} = 0.5\text{A}$$

三、理想变压器变换阻抗的原理

变压器在变换电压和电流的同时，还能变换阻抗。下文首先说明阻抗变换的概念及阻抗

变换的具体关系，然后介绍阻抗变换的应用。

1. 阻抗变换的概念

图 15－2－4 可以说明什么叫变压器的阻抗变换。在图 15－2－4(a) 中，当变压器接上负载阻抗 Z_L 时，初级电路中就有电流 I_1 通过。图 15－2－4(b) 中，如果把一个阻抗 Z'_L 直接接在电源上，若电路中的电流恰好也是 I_1，那么，对电源来说，Z'_L 的作用与次级接有负载阻抗 Z_L 的整个变压器的作用是相当的，或者说是完全等效的。因此，我们把 Z'_L 称为变压器初级电路的等效阻抗。这个等效阻抗就是负载阻抗连同变压器这个整体，对电源所呈现的阻抗，如图 15－2－4(a) 中的方块部分所示。

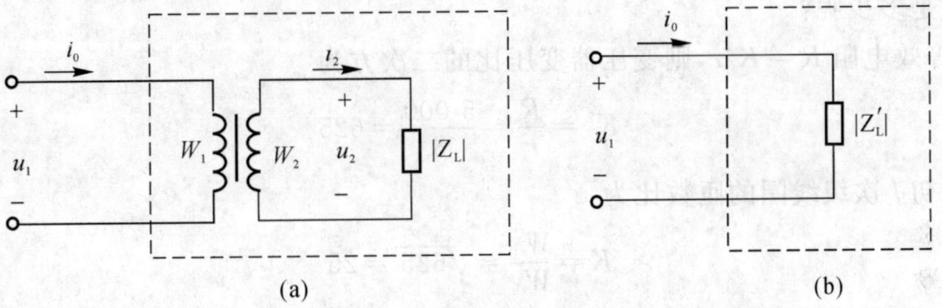

图 15－2－4　变压器的阻抗变换作用

(a) 变压器电路；(b) 等效电路

对电源来说，将一个输出电路接有负载阻抗 Z_L 的变压器，用另一个直接接在电源两端的阻抗 Z'_L 来等效替换，这就是我们通常所说的变压器的阻抗变换。

2. 等效阻抗 Z'_L 与负载阻抗 Z_L 之间的关系

设变压器初级输入阻抗为模值 $|Z_1|$，次级负载阻抗模值为 $|Z_L|$，则

$$|Z_1| = \frac{U_1}{I_1}$$

将 $U_1 = \frac{W_1}{W_2}U_2$，$I_1 = \frac{W_2}{W_1}I_2$ 代入，得

$$|Z_1| = \left(\frac{W_1}{W_2}\right)^2 \frac{U_2}{I}$$

因为

$$\frac{U_2}{I_2} = |Z_L|$$

所以

$$|Z_1| = \left(\frac{W_1}{W_2}\right)^2 |Z_L| = K^2 |Z_L|$$

可见，次级接上负载 $|Z_L|$ 时，相当于电源接上阻抗为 $K^2|Z_L|$ 的负载。

3. 变压器阻抗变换的应用：阻抗匹配

从阻抗变换公式可以看出，对于降压变压器来说，初级电路的等效阻抗 Z'_L 大于负载阻抗 Z_L；对于升压变压器来说，初级电路的等效阻抗 Z'_L 小于负载阻抗 Z_L。在电子电路中，为了提高信号的传输功率和效率，常用变压器将负载阻抗变换为适当的数值，以取得最大的传输功率和效率，这种做法称为阻抗匹配。

在什么情况下用变压器变换阻抗呢？为了说明这个问题，先回忆一下在电工中所学过的"电源输出最大功率的条件"，即最大功率传输定律。在一个含有电源电动势、电源内阻和负载电阻的回路中，当负载电阻等于电源内阻时，负载获得最大功率，也就是电源输出最大功率。

但是，如果负载电阻与电源内阻不相等，或者说负载不可能与内阻相等而又要求负载从电源取得最大功率时，就需要在电源和负载之间接变压器进行阻抗变换，使负载的等效阻抗与电源的内阻相等，例如，功放的负载，也就是扬声器，功放的内阻在千欧级而扬声器的电阻一般只有几欧，要获得最大功率就要在扬声器前加一个输出变压器使内阻与等效阻抗相等。下面举例说明阻抗变换的应用。

【例 15-3】 一个电子管音频功率放大器，其最佳负载阻抗 $R=5\,000\Omega$ 时，负载获得最大功率。但是放大器的负载是一个扬声器，其电阻 $r=8\Omega$。为了使放大器工作在最佳状态，必须接入一个输出变压器，将 8Ω 的负载电阻变换成为 5 000Ω 的等效电阻。那么，这个输出变压器的变压比应是多少呢？

解 等效电阻 $R=K^2r$，则变压器变压比的二次方为

$$K^2=\frac{R}{r}=\frac{5\,000}{8}=625$$

变压器初 / 次级线圈的匝数比为

$$K=\frac{W_1}{W_2}=\sqrt{625}=25$$

可见，要使放大器工作在最佳状态，即使扬声器声音最响，必须接入变压比为 25 的降压变压器。

【例 15-4】 有一电压比为 220/110V 的降压变压器，如果次级接上 110Ω 的电阻，求变压器初级的输入阻抗。

解 解法 1：次级电流为 $$I_2=\frac{U_2}{|Z_2|}=\frac{110}{110}=1\text{A}$$

$$K=\frac{W_1}{W_2}\approx\frac{U_1}{U_2}=\frac{220}{110}=2$$

初级电流为 $$I_1=\frac{I_2}{K}=\frac{1}{2}=0.5\text{A}$$

故输入阻抗为 $$|Z_1|=\frac{U_1}{I_1}=\frac{220}{0.5}=440\Omega$$

解法 2：压比为 $$K=\frac{W_1}{W_2}\approx\frac{U_1}{U_2}=\frac{220}{110}=2$$

故输入阻抗为 $$|Z_1|\approx\left(\frac{W_1}{W_2}\right)^2|Z_2|=K^2|Z_2|=4\times110=440\Omega$$

【例 15-5】 有一信号源的电动势为 1V，内阻为 600Ω，负载电阻为 37.5Ω。欲使负载获得最大功率，必须在信号源和负载之间接一个匹配变压器，使变压器的输入电阻等于信号源的内阻，如图 15-2-5 所示。问：变压器变压比，初、次级电流各为多少？

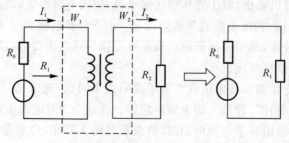

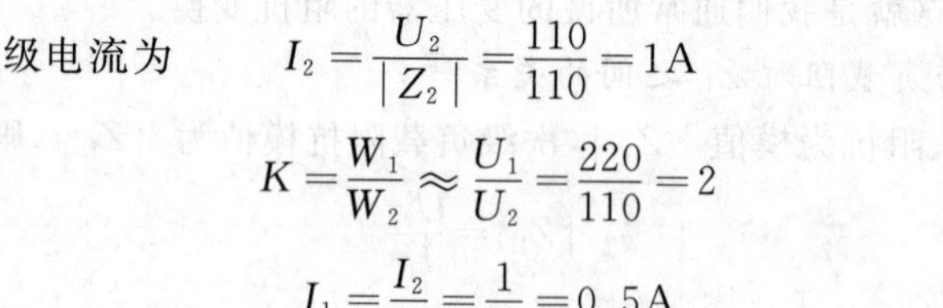

图 15-2-5

解　负载电阻 $R_2=37.5\Omega$，变压器的输入电阻等于内阻，即 $R_1=R_0=600\Omega$，则变比应为

$$K=\frac{W_1}{W_2}\approx\sqrt{\frac{R_1}{R_2}}=\sqrt{\frac{600}{37.5}}=4$$

初、次级电流分别为

$$I_1=\frac{E}{R_0+R_1}=\frac{1}{600+600}\approx 0.83\times 10^{-3}\,\text{A}=0.83\,\text{mA}$$

$$I_2\approx\frac{W_1}{W_2}I_1=4\times 0.83=3.32\,\text{mA}$$

【例 15-6】　已知一个变压器 $W_1=800$，$W_2=100$，$U_1=220\text{V}$，$I_2=8\text{A}$，负载为纯电阻，忽略变压器的漏磁和损耗，求变压器的副边电压 U_2，原边电流 I_1，输入、输出功率。

解　变压比为　$K=W_1/W_2=800/100=8$

副边电压为　$U_2=U_1/K=220/8=27.5\text{V}$

原边电流为　$I_1=I_2/K=8/8=1\text{A}$

输入功率为　$P_1=U_1I_1=220\times 1=220\text{V}\cdot\text{A}$

输出功率为　$P_2=U_2I_2=27.5\times 8=220\text{V}\cdot\text{A}$

可见当变压器的功率损耗忽略不计时，它的输入功率与输出功率相等，这是符合能量守恒定律的。

【例 15-7】　图 15-2-6 所示电路中，某交流信号源的电动势 $E=120\text{V}$，内阻 $R_0=600\Omega$，负载电阻 $R_L=6\Omega$。试求：

(1) 如图 15-2-6(a) 所示，信号源输出多大功率？负载电阻 R_L 吸收多大功率？信号源的效率多大？

(2) 若要信号源输给负载的功率达到最大，负载电阻应等于信号源内阻。今用变压器进行阻抗变换，则变压器的匝数比应选多少？阻抗变换后信号源的输出功率多大？负载吸收的功率多大？此时信号源的效率又为多少？

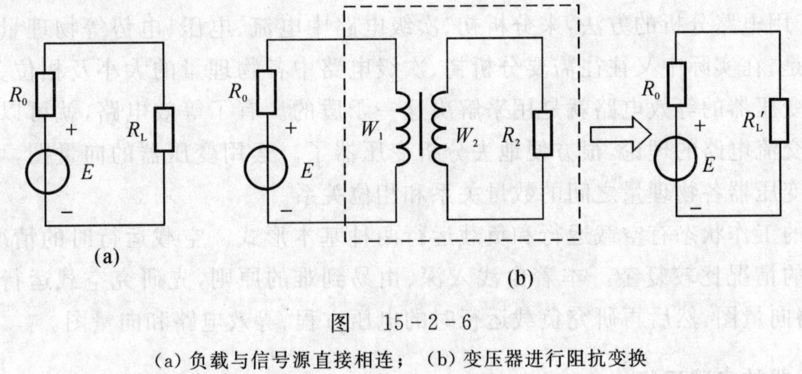

图　15-2-6

(a) 负载与信号源直接相连；(b) 变压器进行阻抗变换

解　(1) 由图 15-2-6 可得信号源的输出功率为

$$P_o=IE=\frac{E}{R_0+R_L}E=\frac{E^2}{R_0+R_L}=\frac{120^2}{600+6}=23.76\text{W}$$

负载吸收的功率为　$P=I^2R_L=\left(\frac{E}{R_0+R_L}\right)^2R_L=\left(\frac{120}{600+6}\right)^2\times 6=0.235\text{W}$

故得效率为

$$\eta=\frac{P}{P_{o}}=\frac{0.235}{23.76}=0.99\%$$

(2) 如图 15-2-4 所示，变压器把负载 R_L 变换为等效电阻

$$R'_{L}=R_{0}=600\Omega$$

变压器的匝数比应为

$$\frac{W_1}{W_2}=\sqrt{\frac{R'_L}{R_L}}=\sqrt{\frac{600}{6}}=10$$

这时信号源输出功率为

$$P_{o}=\frac{E^2}{R_0+R'_L}=\frac{120^2}{600+600}=12\text{W}$$

负载吸收的功率为

$$P=I^2R'_L=\left(\frac{E}{R_0+R'_L}\right)^2R'_L=\left(\frac{120}{600+600}\right)^2\times600=6\text{W}$$

故得效率为

$$\eta=\frac{P}{P_{o}}=\frac{6}{12}=50\%$$

经过(1)(2) 两问题的计算和比较后我们发现，利用变压器进行阻抗变换后，电源效率由 0.99％增加到 50％。

第三节　变压器的运行原理

前文学习了变压器的基本工作原理。要深刻理解变压器的工作情况，并能够分析一些实际问题，还必须掌握变压器的电压方程，等效电路和向量图。

变压器初、次级电路的电压平衡方程，是反映变压器运行规律的。它是分析变压器等效电路和向量图的重要依据。

变压器的两组线圈之间不存在电的直接联系，而是通过磁场将初、次级联系在一起的，因此，就不便于用电路分析的方法，来分析初、次级电路中电流、电压、电势等物理量的大小及相位关系。但是，在实际中又往往需要分析初、次级电路中各物理量的大小及相位关系，这就产生了矛盾。变压器的等效电路就是用来解决这一矛盾的。有了等效电路，就可以运用在电工中所学过的交流电路的理论，很方便地去分析变压器了。运用变压器的向量图，可以直观地、形象地表示变压器各物理量之间的数量关系和相位关系。

变压器的工作状态有空载运行和负载运行两种基本形式。空载运行时的情况比较简单，负载运行时的情况比较复杂。本着由浅入深、由易到难的原则，先研究空载运行时的电压方程、等效电路向量图，然后再研究负载运行时的电压方程、等效电路和向量图。

一、变压器的空载运行

空载是变压器的一种运行状态，它是负载运行的一个特殊情况，即副边电流等于零的情况。先分析空载运行，易于理解变压器整个的电磁关系。

1. 空载运行时的电磁现象

图 15-3-1 给出了变压器空载运行时各物理量的参考方向。当二次绕组 ax 开路而把原绕组 AX 接到电压为 u_1 的交流电网上，变压器处于空载运行状态。此时，二次绕组内没有电流，

一次绕组有电流 i_0，电流 i_0 称为空载电流，i_0 一般很小，只有额定电流的百分之几。空载电流 i_0 在铁芯内产生一个交变磁动势 $W_1 i_0$，并建立交变磁场。交变主磁 Φ_m 交链一次和二次绕组，在一次和二次绕组中产生感应电动势 e_1 和 e_2；一次绕组存在漏磁通 $\Phi_{1\sigma}$，因此，一次绕组中还存在漏磁通产生的感应电动势 $e_{1\sigma}$，称为漏抗电动势。一次绕组的电阻为 r_1，电流 i_0 流过一次绕组也有相应的电阻压降 $i_0 r_1$。由于二次绕组内没有电流，也就没有漏磁通交链，也不存在阻抗压降，因而变压器空载输出电压 $u_{20}=e_2$。

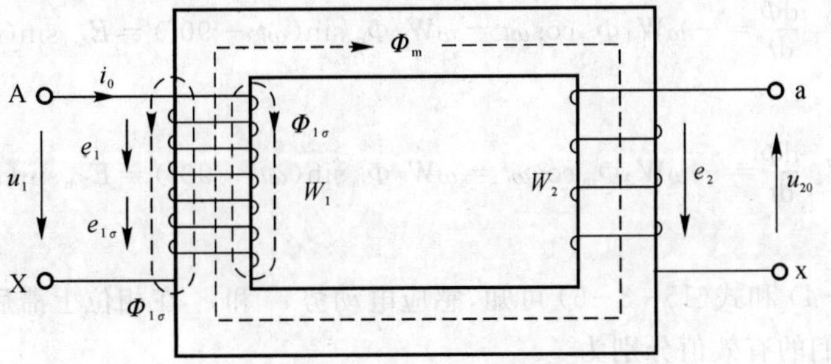

图 15－3－1　变压器空载运行

根据电磁感应定律，按图 15－3－1 所规定正方向，可得到一次、二次绕组的电压平衡方程为

$$u_1=i_0 r_1+(-e_{1\sigma})+(-e_1)=i_0 r_1+W_1\frac{d\Phi_{1\sigma}}{dt}+W_1\frac{d\Phi_m}{dt} \tag{15-3-1}$$

$$u_{20}=e_2=-W_2\frac{d\Phi_m}{dt} \tag{15-3-2}$$

变压器空载时各物理量间的关系见图 15－3－2。

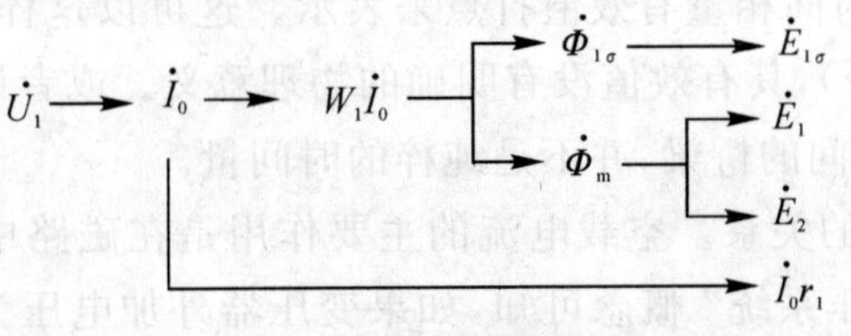

图 15－3－2　变压器空载运行的电磁关系

因为路径不同，所以分析变压器时应将主磁通和漏磁通分开处理。主磁通和漏磁通具有下述差异。

(1) 性质不同：主磁通磁路由铁磁材料组成，具有饱和特性，主磁通和空载电流呈非线性关系；

(2) 数量不同：由于铁芯的磁导率比空气的磁导率大得多，铁芯磁阻小，因而总磁通中的绝大部分是主磁通，一般主磁通可占总磁通的 99% 以上，而漏磁通仅占 1% 以下。

(3) 作用不同：主磁通在一、二次侧中均感应电动势，当二次侧接上负载时便有电功率向负载输出，故主磁通起传递能量的媒介作用，而漏磁通仅在一次绕组感应电动势。

2. 空载运行时的电磁关系

(1) 主磁通与感应电动势的关系。通常变压器空载运行时，空载电流很小，仅为额定电流的百分之几，因此一次绕组的电阻压降和漏抗电动势都很小，可以近似认为扰 $u_1\approx -e_1$（符号仅代表方向)。如果电压随时间正弦变化,则 e_1 和 Φ 也按正弦规律变化;如果 u_1 的幅值不变,则 e_1 和 Φ 的幅值也不变,这就是所谓的"恒压系统"概念。"恒压系统"概念对于分析变压器、交流异步电动机的一些问题是很有用的,这在相应的章节进行阐述。

设

$$\Phi = \Phi_m \sin\omega t \tag{15-3-3}$$

则有

$$e_1 = -W_1 \frac{\mathrm{d}\Phi}{\mathrm{d}t} = -\omega W_1 \Phi_\mathrm{m} \cos\omega t = \omega W_1 \Phi_\mathrm{m} \sin(\omega t - 90^\circ) = E_{1\mathrm{m}} \sin(\omega t - 90^\circ) \tag{15-3-4}$$

$$e_2 = -W_2 \frac{\mathrm{d}\Phi}{\mathrm{d}t} = -\omega W_2 \Phi_\mathrm{m} \cos\omega t = \omega W_2 \Phi_\mathrm{m} \sin(\omega t - 90^\circ) = E_{2\mathrm{m}} \sin(\omega t - 90^\circ) \tag{15-3-5}$$

从式(15-3-4)和式(15-3-5)可知,感应电动势 e_1 和 e_2 在相位上滞后于主磁通 Φ 的电角度都是 90°,它们的有效值分别为

$$\dot{E}_1 = \frac{E_{1\mathrm{m}}}{\sqrt{2}} = \frac{\omega W_1 \Phi_\mathrm{m}}{\sqrt{2}} = \frac{2\pi}{\sqrt{2}} f W_1 \Phi_\mathrm{m} = 4.44 f W_1 \Phi_\mathrm{m} \tag{15-3-6}$$

$$E_2 = \frac{E_{2\mathrm{m}}}{\sqrt{2}} = \frac{\omega W_2 \Phi_\mathrm{m}}{\sqrt{2}} = \frac{2\pi}{\sqrt{2}} f W_2 \Phi_\mathrm{m} = 4.44 f W_2 \Phi_\mathrm{m} \tag{15-3-7}$$

由式(15-3-6)和式(15-3-7)可知,一次、二次绕组电动势的相量表达式为

$$\dot{E}_1 = -\mathrm{j}4.44 f W_1 \dot{\Phi}_\mathrm{m} \tag{15-3-8}$$

$$\dot{E}_2 = -\mathrm{j}4.44 f W_2 \dot{\Phi}_\mathrm{m} \tag{15-3-9}$$

注意:磁通(磁链)虽然定义为时间相量,但习惯上却以空间矢量的惯例以幅值上加点表示其相量形式,而不是按时间相量有效值打点来表示。这可以这样解释:磁通是磁通密度(磁密)与面积的乘积(或积分),其有效值没有明确的物理意义。或者说磁通(磁链)是空间量(磁密)与时间量(电动势)之间的桥梁,并不是纯粹的时间量。

(2) 空载电流与磁通的关系。空载电流的主要作用是在磁路中产生磁动势建立磁通,故也称为励磁电流。由"恒压系统"概念可知,如果变压器外加电压为正弦波形,它的磁通波形也基本是正弦波形。考虑到磁化曲线的非线性(饱和和磁滞),产生正弦磁通的空载电流的波形为非对称尖顶波。为了分析得方便,通常用等效正弦波来代替非正弦的空载电流波形,这样空载电流即可用相量 $\dot{I}_0$ 表示。

变压器空载运行时,变压器一次绕组从电源输入少量电功率 P_0,这个功率主要用来补偿铁芯中的铁损耗 P_{Fe} 和一次绕组电阻消耗的铜损耗 P_{Cu1},$P_0 = P_{\mathrm{Fe}} + P_{\mathrm{Cu1}}$。由于空载电流很小,铜损耗 P_{Cu1} 可以忽略不计,即 $P_0 \approx P_{\mathrm{Fe}}$。

因为变压器存在铁损耗,空载电流 $\dot{I}_0$ 中必然含有有功电流分量 $\dot{I}_{\mathrm{Fe}}$,$\dot{I}_{\mathrm{Fe}}$ 与 $-\dot{E}_1$ 同相位,$\dot{I}_{\mathrm{Fe}}$ 称为铁耗电流。用于建立磁场的无功电流 $\dot{I}_\mu$ 称为磁化电流,$\dot{I}_\mu$ 与 Φ 同相而与感应电动势相差 90° 电角度。则有

$$\dot{I}_0 = \dot{I}_{\mathrm{Fe}} + \dot{I}_\mu \tag{15-3-10}$$

通常 $\dot{I}_\mu \gg \dot{I}_{\mathrm{Fe}}$,因此,$\dot{I}_0$ 超前 Φ 一个小角度 α_{Fe},α_{Fe} 称为铁损角(或磁滞角)。相应的相量图如图 15-3-8 所示。

(3) 漏磁通、漏电感。变压器空载运行时，存在仅与一次绕组交链的漏磁通 $\Phi_{1\sigma}$，漏磁通也是随时间交变的，因而也会在一次绕组中感应产生漏电动势 $e_{1\sigma}$。与推导一次、二次绕组电动势方法一样，同样可得到漏感应电动势 $e_{1\sigma}$ 的有效值和相量表达式为

$$E_{1\sigma}=\frac{E_{1\sigma m}}{\sqrt{2}}=\frac{\omega W_1\Phi_{1\sigma m}}{\sqrt{2}}=\frac{2\pi}{\sqrt{2}}fW_1\Phi_{1\sigma m}=4.44fW_1\Phi_{1\sigma m} \quad (15-3-11)$$

$$\dot{E}_{1\sigma}=-\mathrm{j}4.44fW_1\dot{\Phi}_{1\sigma} \quad (15-3-12)$$

为了分析得方便，引入一个参量一次绕组漏电抗 x_1，则有

$$\dot{E}_{1\sigma}=-\mathrm{j}\dot{I}_0x_1 \quad (15-3-13)$$

由式(15-3-11)、式(15-3-12)和式(15-3-13)可得

$$\mathrm{j}\dot{I}_0x_1=\omega W_1\Phi_{1\sigma} \quad (15-3-14)$$

由于漏磁磁路主要由非磁性物质(空气或油)组成，非磁性物质的磁导率是常数，其磁阻 $R_{m\sigma}$ 远远大于铁芯的磁阻，因此可以忽略铁芯上的磁压降。这样，将漏磁路等效为均匀磁场，则有

$$\Phi_{1\sigma}=\frac{F_0}{R_{m\sigma}}=\frac{W_1I_0}{R_{m\sigma}} \quad (15-3-15)$$

将式(15-3-15)代入式(15-3-14)可得

$$x_1=\frac{\omega W_1^2}{R_{m\sigma}}=\omega L_{1\sigma} \quad (15-3-16)$$

式中，$L_{1\sigma}$ 称为一次绕组的漏电感。

可见，绕组的漏电感与绕组匝数的平方正比，与漏磁路的磁导成正比。

3.空载时的电动势平衡方程式

按图 15-3-4 所示规定的正方向，列出空载时一次侧和二次侧的电动势平衡方程式为

$$\dot{U}_1=-\dot{E}_1-\dot{E}_{1\sigma}+\dot{I}_0r_1 \quad (15-3-17)$$

$$\dot{U}_{20}=\dot{E}_2 \quad (15-3-18)$$

将(15-3-17)中 $\dot{E}_{1\sigma}$ 用压降形式表示，即式(15-3-13)代入(15-3-17)中，则一次侧的电动势平衡方程式为

$$\dot{U}_1=-\dot{E}_1+\mathrm{j}\dot{I}_0x_1+\dot{I}_0r_1=-\dot{E}_1+\dot{I}_0Z_1 \quad (15-3-19)$$

对于变压器，空载时一次侧的漏电抗压降很小，将其忽略，则式(15-3-19)变为

$$\dot{U}_1=-\dot{E}_1 \quad (15-3-20)$$

由以上公式得出以下结论：

(1) $\dot{E}_1$ 为反电动势，它与 $\dot{U}_1$ 大小相等，方向相反，外加电压基本由它平衡。

(2) 当频率和绕组匝数不变时，变压器主磁通的大小是与外加电压成正比。若外加电压不变，则主磁通幅值不变。

在变压器的二次侧绕组，由于二次侧电流为零，因而二次侧的感应电动势等于二次侧的空载电压。则变压器的变比关系为

$$k=\frac{E_1}{E_2}=\frac{W_1}{W_2}=\frac{U_1}{U_{20}}=\frac{U_{1N}}{U_{2N}} \quad (15-3-21)$$

4.空载时的等效电路和相量图

上面分析已知主磁通和漏磁通有所不同。主磁通会在铁芯中引起铁损(包括磁滞损耗和涡流损耗)，就相当于存在一个电阻耗能元件，故不能单纯地作为一个电抗，而引入阻抗 Z_m，把

一次侧电动势和空载电流联系起来，根据正方向的规定，有

$$-\dot{E}_1 = Z_m \dot{I}_0 = (r_m + jx_m)\dot{I}_0 \quad (15-3-22)$$

式中　Z_m—— 变压器的励磁阻抗，$Z_m = r_m + jx_m$；

r_m—— 变压器的励磁电阻，即对应于铁芯损耗的等效电阻；

x_m—— 变压器的励磁电抗。

通常 $x_m \gg r_m$，故励磁阻抗 Z_m 的值主要取决于励磁电抗 x_m。将式(15－3－22)代入式(15－3－19)可得

$$\dot{U}_1 = -\dot{E}_1 + \dot{I}_0 Z_1 = \dot{I}_0 (Z_m + Z_1) \quad (15-3-23)$$

由此可以绘出相应的等效电路，如图15-3-3所示。图中可见，空载运行的变压器，可看作是两个阻抗串连的电路。其中一个没有铁芯，由一次侧的漏阻抗 $Z_1 = r_1 + jx_1$ 组成；另一个有铁芯，由励磁阻抗 $Z_m = r_m + jx_m$ 组成。这样就把变压器中电和磁的相互交织的关系简化为纯电路的形式来表达，这种方法称为“化场为路”，是研究变压器和电机理论的基本方法之一。

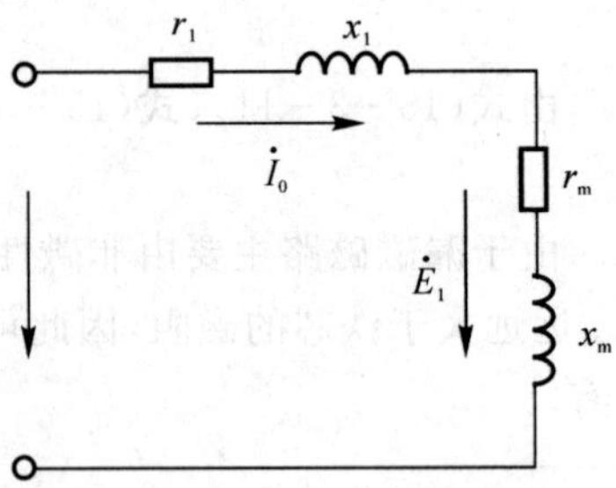

图 15－3－3　空载时的等效电路

在此强调，r_1 和 x_1 是常量，而 r_m 和 x_m 均为变量，它们随铁芯饱和程度的变化而变化。若铁芯饱和程度增加，则 r_m 和 x_m 会减少。在实际运行中，由于电源电压的变化不大，铁芯中的主磁通的变化也不大，因而 Z_m 的值可认为基本不变。

5. 空载运行时的相量图

由上面分析的公式可绘出变压器空载运行时的相量图如图15－3－4所示，作图方法如下：

(1) 取主磁通 $\dot{\Phi}_m$ 作参考相量，水平绘出；

(2) 作出 $\dot{E}_1$ 和 $\dot{E}_2$ 滞后 $\dot{\Phi}_m 90°$；

(3) 作出 $\dot{I}_{0Q}$ 与 $\dot{\Phi}_m$ 同相；$\dot{I}_{0P}$ 超前 $\dot{\Phi}_m 90°$；$\dot{I}_{0Q}$ 与 $\dot{I}_{0P}$ 的合成相量 $\dot{I}_0$，空载电流 $\dot{I}_0$ 超前 $\dot{\Phi}_m$ 铁耗角 α_{Fe}；

(4) 在 $-\dot{E}_1$ 的末端作出 $\dot{I}_0 r_1$ 平行于 $\dot{I}_0$；在 $\dot{I}_0 r_1$ 的末端作出 $j\dot{I}_0 x_1$ 超前 $\dot{I}_0$ 90°，由公式(15－3－18)可作出 $jx_1\dot{I}_0$ 末端与0点连接的相量为 $\dot{U}_1$。

$\dot{U}_1$ 与 $\dot{I}_0$ 的相位差 φ_0 称为空载运行时功率因数角，约为90°，所以变压器空载运行时功率因数 $\cos\varphi$ 很低，为0.1～0.2。为了表示清楚，图中有意将相量夸大了。

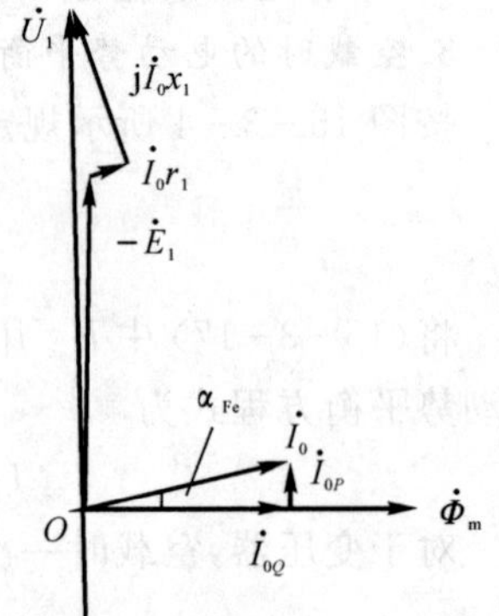

图 15－3－4　变压器空载相量图

二、变压器的负载运行

变压器一次绕组接入电源，二次绕组接上负载，则变压器就投入了负载运行，如图15－3－5所示。

1. 负载运行时的电磁关系

变压器负载运行时，二次绕组中便流过电流 I_2，产生磁动势 $F_2 = W_2 I_2$，磁动势 F_2 也作用在同一主磁路上，所以负载时的主磁通由一、二次绕组的磁动势共同建立。由楞次定律可知，

该磁动势必然会削弱空载时的主磁通 Φ_m，因而引起 $\dot{E}_1$ 的减小。因电源电压 $\dot{U}_1$ 不变，由式(15-3-19)可知 $\dot{E}_1$ 的减小会导致一次侧电流的增加，由 $\dot{I}_0$ 增加到 $\dot{I}_1$。其增加的磁动势足以抵消磁动势 $F_2=W_2I_2$ 对空载主磁通的去磁影响，使负载时的主磁通基本回升至原来时的数值，及而使电磁关系达到新的平衡。

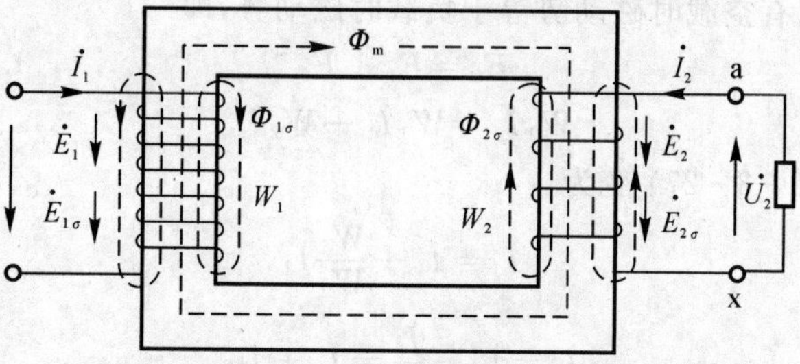

图 15-3-5　变压器负载运行

2. 负载时的电压平衡方程式

按图 15-3-5 所示正方向的规定，负载时一次侧电压的平衡方程式由式(15-3-19)变为

$$\dot{U}_1=-\dot{E}_1+\mathrm{j}\dot{I}_1x_1+\dot{I}_1r_1=-\dot{E}_1+\dot{I}_1Z_1 \tag{15-3-24}$$

二次侧电流 $\dot{I}_2$ 产生的磁通中，有很小一部分二次侧漏磁通 $\Phi_{2\sigma}$。它不穿过一次绕组，只穿过二次绕组本身，其产生的漏磁电动势用公式表示为

$$\dot{E}_{2\sigma}=-\mathrm{j}x_2\dot{I}_2 \tag{15-3-25}$$

二次侧电压平衡方程式为

$$\dot{U}_2=\dot{E}_2+\dot{E}_{2\sigma}-\dot{I}_2r_2=\dot{E}_2-\mathrm{j}x_2\dot{I}_2-r_2\dot{I}_2=\dot{E}_2-Z_2\dot{I}_2 \tag{15-3-26}$$

式中　Z_2——二次绕组的漏阻抗；

r_2,x_2——二次绕组的电阻和漏阻抗。

负载时各物理量间的关系如图 15-3-6 所示。

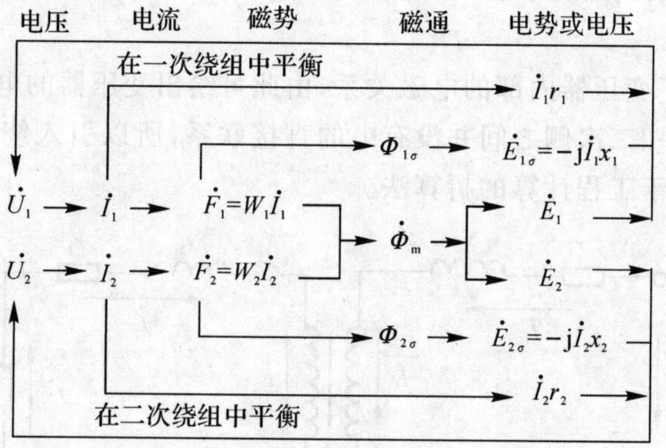

图 15-3-6　变压器负载运行的电磁关系

3. 负载时的磁动势平衡方程式

变压器空载运时，磁路中只有一次磁动势 W_1I_0，它产生主磁通 Φ_m，并在一次侧感应电动势 $-\dot{E}_1$，因为 $Z_1=r_1+x_1$ 很小，$\dot{I}_0$ 也很小，所以认为 $\dot{U}_1\approx-\dot{E}_1$。

变压器负载运行时，因出现了二次磁动势 $F_2=W_2I_2$，磁路中产生两个磁动势 $F_1=W_1I_1$ 和 $F_2=W_2I_2$，所以磁路中总磁动势为 F_1+F_2。即便一次电流由 $\dot{I}_0$ 增加到 $\dot{I}_1$，但压降 $Z_1\dot{I}_1$ 比

起 $-\dot{E}_1$ 还是很小(仅为 $5\%U_{1N}$),仍可忽略不计,所以变压器负载运行时仍可认为 $\dot{U}_1 \approx -\dot{E}_1$,这就说明变压器在负载运行时只要外加电压和频率不变,一次侧感应电动势 $\dot{E}_1$ 就基本保持不变。因为 $\dot{E}_1 \propto \Phi_m$,所以 Φ_m 也基本不变,即主磁通的大小基本上不随负载而变动。

由此推论:同一台变压器空载运行和负载运行时磁路的主磁通基本相同,则产生主磁通的磁动势也应相等,所以有空载时磁动势等于负载时磁动势,即

$$\dot{F}_0 = \dot{F}_1 + \dot{F}_2$$

$$W_1\dot{I}_0 = W_1\dot{I}_1 + W_2\dot{I}_2 \tag{15-3-27}$$

两边同除以 W_1,式(15-3-27)变为

$$\dot{I}_0 = \dot{I}_1 + \frac{W_2}{W_1}\dot{I}_2$$

即

$$\dot{I}_1 = \dot{I}_0 - \frac{\dot{I}_2}{k} = \dot{I}_0 + \dot{I}_{1L} \tag{15-3-28}$$

由式(15-3-28)可知:负载时 $\dot{I}_1$ 由两个分量组成:一是励磁电流 $\dot{I}_0$,用于建立主磁通 Φ_m;二是负载电流分量 $\dot{I}_{1L}$ 用来补偿二次侧磁动势对主磁通的影响,以保持主磁通基本不变。

变压器负载运行时,通过磁动势平衡关系,将一、二次侧电流紧密地联系在一起;当外加电压和频率不变时,磁通和空载电流是不变的,二次侧电流 $\dot{I}_2$ 的增加或减小必然引起一次电流 $\dot{I}_1$ 的增加或减小,以平衡二次侧电流所产生的去磁影响。同时,二次侧输出功率的变化,也会引起一次侧输入功率的变化,电能就是通过这种电磁感应、磁动势的平衡从一次侧传递到二次侧。

当负载增大到近额定值时,常将较小励磁电流 $\dot{I}_0$ 忽略不计,则式(15-3-28)变为

$$\dot{I}_1 \approx -\frac{W_2}{W_1}\dot{I}_2 = -\frac{\dot{I}_2}{k} \tag{15-3-29}$$

可得一、二次侧电流 $\dot{I}_1$ 与 $\dot{I}_2$ 在相位上相差近 180°,在数值上 $\frac{I_1}{I_2} \approx \frac{W_2}{W_1}$。可见,一次、二次侧电流的大小约等于它们匝数的反比,一次侧绕组匝数多,通过的电流小;二次侧绕组匝数少,但通过的电流大。

上述方程式反映了变压器内部的电磁关系,由此可绘出变压器的电路图如图 15-3-7 所示。图中可见变压器一、二次侧之间并没有电的直接联系,所以引入绕组折算,既反映变压器内部的电磁关系,又便于工程计算的折算法。

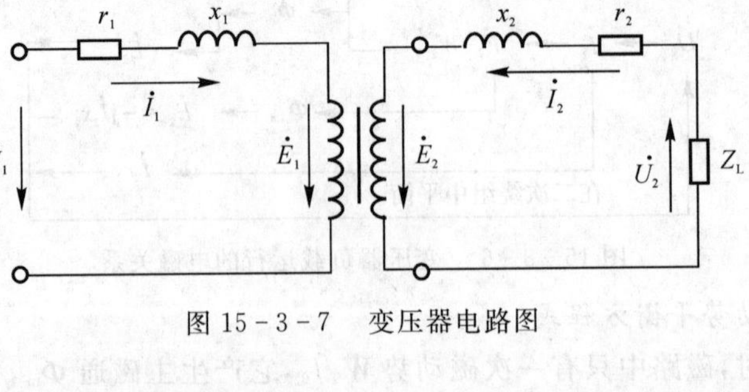

图 15-3-7　变压器电路图

折算法是用一假想的绕组来代替变压器中的一个绕组,使之成为变比为 l 的变压器。折算的原则是折算前后变压器内部的电磁效应不变,即磁动势平衡、有功功率损耗和无功功率损耗等均不变。折算后的量在原来的符号上加以标号"′",折算后的方程组变为

$$\left.\begin{aligned}\dot{U}_1&=-\dot{E}_1+(jx_1+r_1)\dot{I}_1\\\dot{U}'_2&=\dot{E}'_2-(jx_2+r_2)\dot{I}'_2\\\dot{I}_1&=\dot{I}_0+(-\dot{I}'_2)\\\dot{E}_1&=\dot{E}'_2\\\dot{E}_1&=-Z_m\dot{I}_0\\\dot{U}'_2&=Z_L\dot{I}'_2\end{aligned}\right\}\qquad(15-3-30)$$

4.负载时的等效电路

根据折算后的方程组(15-3-30)可以画出与它们对应的电路图,如图15-3-8所示。因为其形状近似字母“T”,所以称它为变压器的“T”形等效电路。

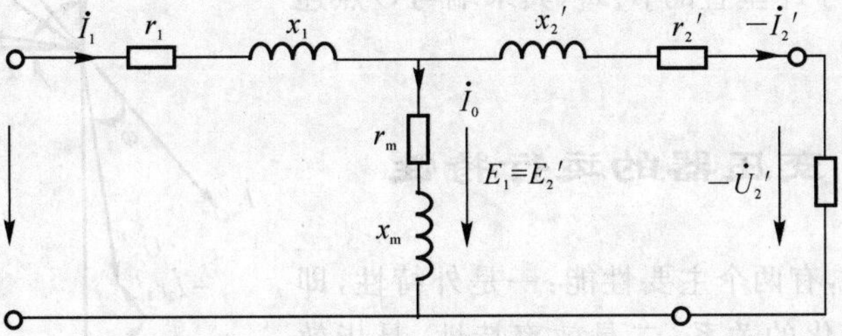

图 15-3-8　变压器的“T”形等效电路

图15-3-8虽然能准确地表达变压器内部的电磁关系,但串并联的混联电路运算较为烦琐。因为励磁电流 $\dot{I}_0$ 及 Z_1 数值相对较小,所以认为励磁电流 $\dot{I}_0$ 的大小基本不随负载而变化,于是将图15-3-8中的励磁支路移到电源端,如图15-3-9所示,称为变压器的近似“T”形等效电路。

在工程计算中,有时直接忽略 $\dot{I}_0$ 不计,即将励磁支路移走,得到一个更简单的串联电路,称为简化等效电路,如图15-3-10所示。图中的 $r_k=r_1+r'_2$,$x_k=x_1+x'_2$,称为短路电阻和短路电抗;$Z_k=r_k+x_k$ 称为短路阻抗。

有了等效电路,分析计算变压器的各种特性只是一个求解简单的电路问题了。对应简化等效电路,可写出变压器的方程组

$$\left.\begin{aligned}\dot{U}_1&=-\dot{U}'_2+\dot{I}_1Z_k\\\dot{I}_1&=-\dot{I}'_2\end{aligned}\right\}\qquad(15-3-31)$$

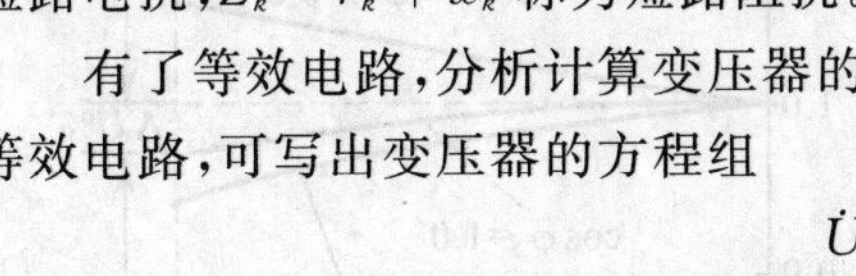

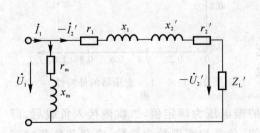

图 15-3-9　变压品质近似 T 形等效电路

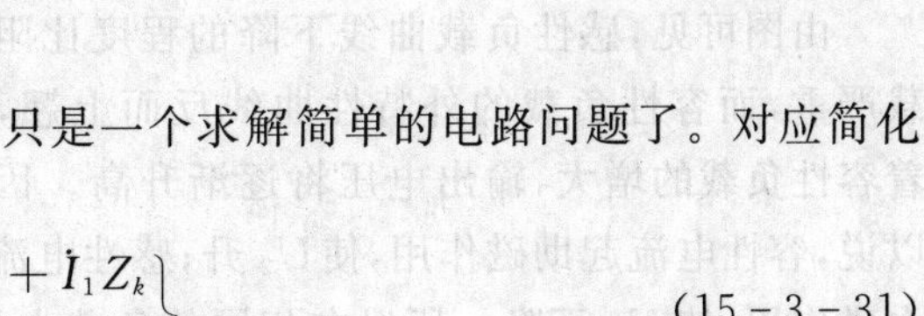

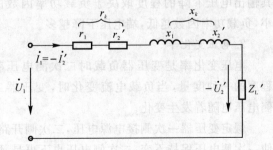

图 15-3-10　变压品质和间化等效电路

5.负载运行时的相量图

由上面分析的公式和方程组可绘出变压器负载运行时的相量图,如图15-3-11所示;作

图步骤如下：

(1) 取 $\dot{U}'_2$ 作参考相量，根据给定的负载定出 φ_2，绘出 $\dot{I}'_2$；

(2) 由式(15-3-30)作出 $\dot{U}'_2$ 加上与 $\dot{I}'_2$ 平行的 $-\dot{I}'_2 r'_2$，再加上与 $\dot{I}'_2$ 垂直的 $-\mathrm{j}\dot{I}'_2 x'_2$，并得到 $\dot{E}'_2$ 和 $\dot{E}_1$；

(3) 作出主磁通 Φ_m 超前 $\dot{E}_1 90°$，励磁电流 $\dot{I}_0$ 超前 Φ_m 铁耗角 α_{Fe}；

(4) 由式(15-3-30)作出 $\dot{I}_1$；

(5) 由式(15-3-30)作出在 $-\dot{E}_1$ 的末端加上平行于 $\dot{I}_1$ 的 $\dot{I}_1 r_1$，再加上与 $\dot{I}_1$ 垂直的 $\mathrm{j}\dot{I}_1 x_1$，其末端与 O 点连接的相量为 $\dot{U}_1$。

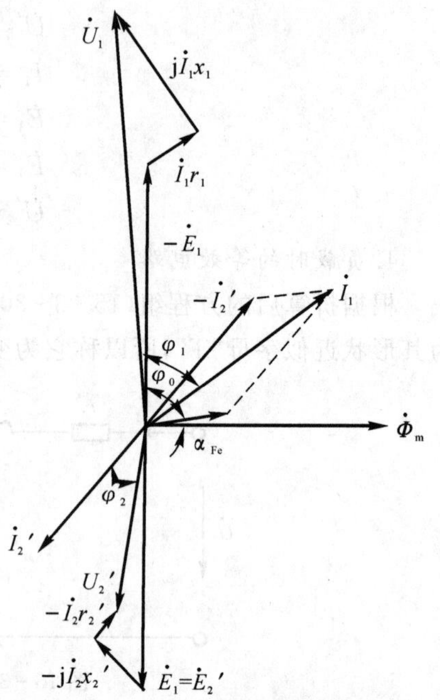

图 15-3-11　变压器负载相量图

第四节　变压器的运行特性

变器负载运行时，有两个主要性能：一是外特性，即二次侧电压随负载变化的关系；二是效率特性，是指效率随负载变化的关系。

一、变压器的电压变化率

1. 外特性

外特性是指变压器一次侧加额定电压、二次侧负载功率因数 $\cos\varphi_2$ 一定时，二次侧输出电压 U_2 与负载电流 I_2 的变化关系，即 $U_2=f(I_2)$。通常用图 15-4-1 所示的曲线表示外特性。由图中坐标用相对值 U_2/U_{2N}，I_2/I_{2N} 表示，也称标称值。

由图可见，感性负载曲线下降的程度比阻性负载严重，而容性负载的外特性曲线反而上翘，即随着容性负载的增大，输出电压将逐渐升高。因此可以说，容性电流起助磁作用，使 U_2 升；感性电流具有去磁作用，使 U_2 下降。所以在相同的负载电流下，其输出电压下降的程度取决于负载功率因数的大小，负载功率因数越低，端电压下降越多。

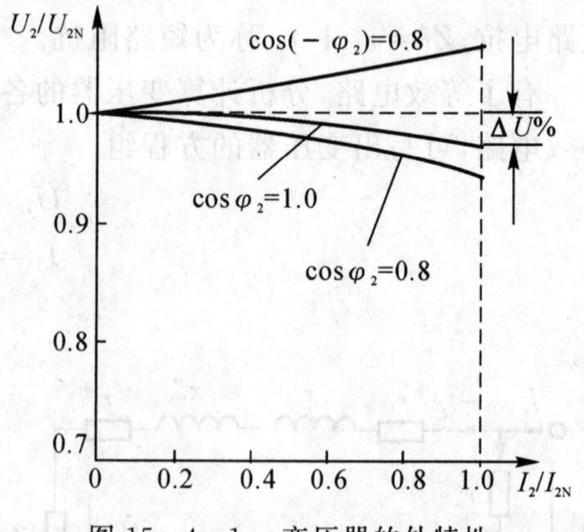

图 15-4-1　变压器的外特性

2. 电压变化率

电压变化率是变压器负载时二次测电压变化程度的一种度量，当负载电流变化时，变压器二次侧电压电随着发生变化。

假定变压器一次侧接电源电压，二次侧开路时的端电压为额定值，二次侧接入负载后，即使一次侧电压保持不变，二次侧电压也不再是额定值，负载功率因数为常数，空载和负载时二次侧电压的差值与二次侧额定电压的比位，即电压变化的标么值称为电压变化率 ΔU，用百分数表示，即

$$\Delta U\% = \frac{U_{2N} - U_2}{U_{2N}} \times 100\% \qquad (15-4-1)$$

式中　U_{2N}—— 二次侧空载电压；

U_2—— 负载时的二次侧端电压。

一般变压器的 ΔU 为 $2\% \sim 5\%$，变压器的容量越小，ΔU 越大。

电压变化率是变压器的主要性能指标之一。负载电流变化时，二次侧电压变化的原因，是变压器内部存在电阻和漏抗而引起内部电压降。二次侧电压的变化程度，即电压变化率的大小，它不仅同变压器本身的阻抗有关，而且与负载的大小和性质有关。

综上所述，当负载为感性，φ_2 角为正值时，电压调整率为正值，即负载时的二次侧电压比空载电压低；当负载为容性，φ_2 角为负值时，电压变化率有可能为负值，即负载时的二次侧电压高于空载电压。

为了保证供电电压的质量，尽量保持二次侧电压的稳定，就需要进行调压。在电力系统中调压的方法很多，如调节发电机出口电压、同步调相机、在负载端并联电容器等。其中普遍应用的方法是变压器调压。

3. 变压器的调压装置

为调节变压器的输出电压，可改变一次侧绕组的匝数进行小范围调整，在绕组上引出若干个抽头，并把这些抽头连接在可切换的分接开关上。

分接开关有无励磁调压和有载调压两种。无励磁分接开关是进行无励磁调压的装置，是在变压器一次侧脱离电源后调压，调压范围为额定输出电压的 5%。110kV 及以上的变压器多采用单相无励磁分接开关。常用 10kV 级中性点调压时采用的三相无励磁分接开关及接线，如图 15-4-2 所示。

有载分接开关是进行有载调压的装置，是在变压器二次侧接着负载时调压，调压范围可达 15%，调压时不需停电，所以对变压器运行较为有利。中、大型有载分接开关带有电动驱动机构，其结构和接线如图 15-4-3 所示。

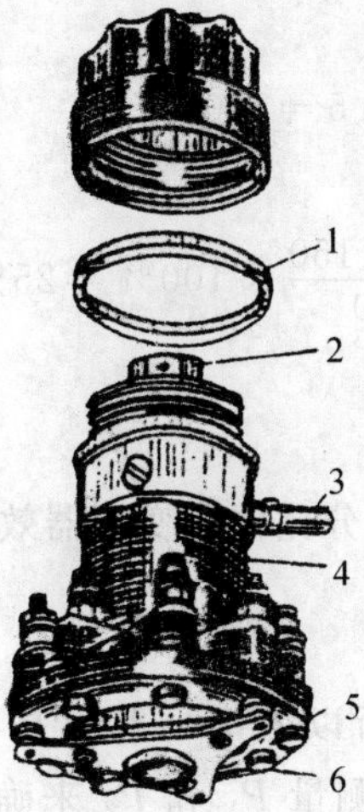

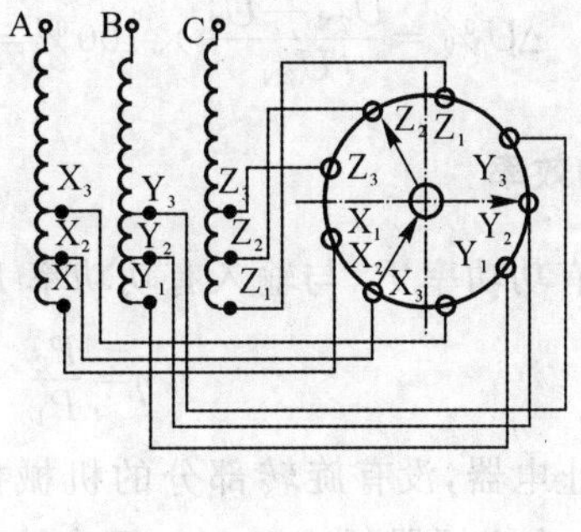

图 15-4-2　10kV 级三相中性点调压无励磁分接开关

(a) 结构；(b) 开关与绕组的接线

1— 密封垫圈；2— 操作螺母；3— 定位钉；4— 绝缘盘；5— 定触头；6— 动触头

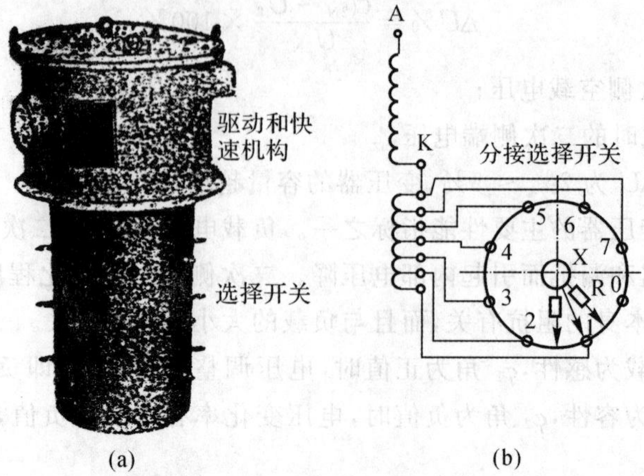

图 15-4-3　复合工有载分接开关

(a) 外形；(b) 与绕组的接线

【例 15-8】 某台单相变压器的额定容量 S_N 为 20kVA，额定电压 U_{1N}/U_{2N} 为 10 000/200V。当变压器向 $R_L=1.2\Omega$，$X_L=0.9\Omega$ 的感性负载供电时，变压器满载工作，求变压器的额定电流 I_2，I_{2N} 及标称值 ΔU。

解 变压器的额定电流为

$$I_{2N}=\frac{S_N}{U_{2N}}=\frac{20\times10^3}{200}=100\text{A}$$

额定电流为

$$I_{1N}=\frac{S_N}{U_{1N}}=\frac{20\times10^3}{10^4}=2\text{A}$$

则负载阻抗

$$|Z_L|=\sqrt{R_L^2+X_L^2}=\sqrt{1.2^2+0.9^2}=1.5\Omega$$

满载时的二次侧端电压为

$$U_2=I_{2N}|Z_L|=100\times1.5=150\text{V}$$

故标称值为

$$\Delta U\%=\frac{U_{2N}-U_2}{U_{2N}}\times100\%=\frac{200-150}{200}\times100\%=25\%$$

二、变压器的效率

变压器输出有功功率 P_2 与输入有功功率 P_1 的百分比称为变压器效率，用 η 表示，即

$$\eta=\frac{P_2}{P_1}\times100\% \tag{15-4-2}$$

变压器是静止电器，没有旋转部分的机械损耗，所以效率一般很高，中小型变压器多在 95% 以上，大型电力变压器可达 99%。用直接负载法测量 P_1 和 P_2 来确定效率，很难得到准确的结果，所以在工程中常用间接法，通过求得损耗的方法来计算效率。

变压器的输入功率 P_1，包括输出功率 P_2、铁芯损耗 P_{Fe} 和绕组铜耗 P_{Cu}，其输入、输出功率的传递关系如图 15-4-4 所示。

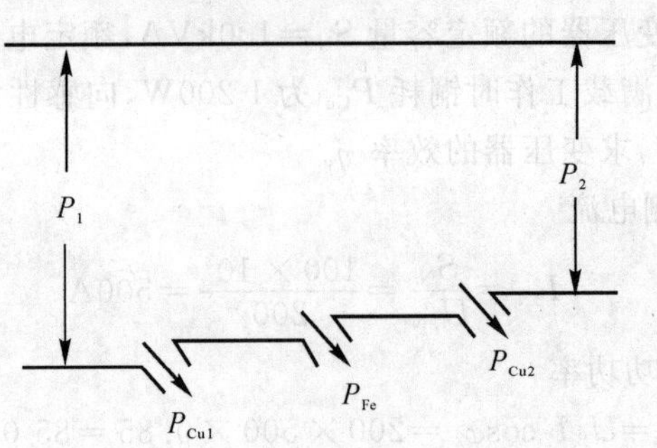

图 15-4-4　变压器的功率流程图

式(15-4-2)可变为

$$\eta=\frac{P_2}{P_2+P_{Fe}+P_{Cu}}\times 100\% \tag{15-4-3}$$

式(15-4-3)中铁耗与铜耗之和为变压器的总损耗，即 $\sum P=P_{Fe}+P_{Cu}$。

变压器铁耗 P_{Fe} 可由空载试验求得。当额定电压时，忽略空载铜耗不计，铁耗不随负载大小变化，称为不变损耗，即 $P_0=P_{Fe}$。

变压器铜耗 P_{Cu} 可由短路试验求得。若忽略 I_0 时，则有

$$P_{Cu}=P_{Cu1}+P_{Cu2}=I_1^2r_1+I_2^2r'_2=I_1^2r_k=(\beta I_{1N})^2r_k=\beta^2I_{1N}^2r_k=\beta^2p_{kN} \tag{15-4-4}$$

铜耗随负载的大小而变化，称为可变损耗。

变压器负载时二次侧输出功率，假定 $U_2\approx U_{2N}$，可得

$$P_2=U_2I_2\cos\varphi_2=U_{2N}\varphi I_{2N}\cos\varphi_2=\varphi S_N\cos\varphi_2 \tag{15-4-5}$$

将上面各式代入式(15-4-2)可得变压器的效率为

$$\eta=\frac{\varphi S_N\cos\varphi_2}{\varphi S_N\cos\varphi_2+p_0+\beta^2p_{kN}}\times 100\% \tag{15-4-6}$$

由式(15-4-5)可知，变压器的效率与负载的大小及功率因数有关。当负载功率因数 $\cos\varphi_2$ 为某一定值时，变压器效率 η 与负载系数 β 的关系曲线 $\eta=f(\beta)$ 称为效率特性。

由特性曲线可见，变压器随着负载增加，效率由零快速升至最大值，然后又略有降低。因为铁耗是不变损耗，当负载较小时，铁耗对效率的影响很明显，效率随负载增加而很快提高。由于铜耗与电流的平方成正比，负载加大后，铜耗增加较快，从而使效率随负载增加而降低。

计算结果表明，在某一负载下，不变损耗(铁耗)与可变损耗(铜耗)相等时，变压器效率达最大值 η_{max}，即 $P_0=\beta^2p_{kN}$，则有

$$\beta=\sqrt{\frac{P_0}{P_{kN}}} \tag{15-4-7}$$

由式(15-4-7)代入式(15-4-6)，可得出变压器的最高效率 η_{max}。由于变压器长期在电网上运行，总会有铁耗，而铜耗却随负载变化，因而铁耗应设计得小些，一般取 $P_0/P_{kN}\approx\left(\frac{1}{4}\sim\frac{1}{3}\right)$，即运行时的负载系数 β_m 通常在 $0.5\sim0.7$ 范围内。

综合上述，为了降低损耗提高效率，负载系数大时控制负载损耗较为有效，系数小时则控制空载损耗较为有效。因此要根据负载的情况采用最好的运行方式，比如控制变压器运行台数、投入适当容量的变压器带负载、进行负载调整等，使变压器处在高效率下运行。

【例 15-9】 某单相变压器的额定容量 $S_N=100\text{kVA}$，额定电压 $U_{1N}/U_{2N}=6\ 000/200\text{V}$。铁耗 P_{Fe} 为 500W，变压器满载工作时铜耗 P_{Cu} 为 1 200W，向感性负载（$\cos\varphi_2$ 为 0.85）供电时二次侧端电压 U_2 为 200V，求变压器的效率 η。

解 满载时的二次侧电流

$$I_{2N}=\frac{S_N}{U_{2N}}=\frac{100\times 10^3}{200}=500\text{A}$$

满载时变压器输出有功功率

$$P_2=U_2I_2\cos\varphi_2=200\times 500\times 0.85=85\ 000\text{W}$$

满载时变压器的总损耗

$$\sum P=P_{Fe}+P_{Cu}=500+1\ 200=1\ 700\text{W}$$

满载时的效率

$$\eta=\frac{P_2}{P_2+\sum P}\times 100\%=\frac{85\ 000}{85\ 000+1\ 700}\times 100\%=98\%$$

第五节　变压器的使用与维修

本节主要介绍：变压器同名端的定义，同名端的用途，同名端的判别方法；变压器的使用；变压器的见故障及其排除方法。

一、变压器各线圈的同名端

在变压器各线圈上标出同名端，能指导我们正确地连接电路。下面就来说明什么是同名端，同名端的用途和同名端的判别方法。

1. 变压器线圈的同名端的概念

变压器是在铁芯上绕两组（或两组以上）线圈组成的。当铁芯中的磁通发生变化时，每组线圈中都会产生感应电动势，因此，在某一瞬间，每个线圈中各有一个端点为正极，另一个端点为负极。在同一瞬间，各线圈中电压性相同的端点，就是同名端。

例如，在图 15-5-1 所示的变压器中，当铁芯中的磁能是顺时针方向增大时，由楞次定律可知，线圈 W 中的感应电动势的方向从 2 到 1，端点 1 是正极，2 是负极；线圈 W 中的感应电动势的方向从 4 到 3，端点 3 是正极，4 是负极。当铁芯中的磁通方向是顺时针方向减小时，由楞次定律可知，线圈 W 中的感应电动势的方向从 1 到 2，端点 2 是正极，1 是负极；线圈 W 中感应电动势的方向从 3 到 4，端点 4 是正极，3 是负极。从上述分析中可以看出：无论铁芯中的磁通怎样变化，在同一瞬间，端点 1 和 3 的极性总是一致的，它们是同名端；端点 2 和 4 的极性也总是一致的，它们也是同名端。在同一磁通变化的作用下，感应电压极性保持相反的端点，例如端点 1 与 4 就叫异名端。我们把一组同名端用同一标记标出，例如标上“*”或“·”这样标出后，别一组同名端则不需标注自明。在标注了同名端后，线圈的具体绕法及相对位置就不需要在图中表示出来了。这时图 15-5-1 就可以画成图 15-5-2 所示的形式。

为了加深对同名端的理解，现进一步说明如下。从图 15-5-1 中可以看出，当线圈 W 中通入自端点 1 到 2 的电流时，铁芯中的磁通方向是顺时针的；当线圈 W 中通入自端点 3 到 4 的电流时，铁芯中的磁通方向也是顺时针的。我们已知，端点 1 和 3 是一组同名端时，这两个电流在铁芯中所产生的磁通的同方向向的。所以也可以说，当变压器的两组线圈中分别通入两个电流，若能使铁芯中产生同一方向的磁通，那么这两组线圈的电流流入端就是一组同名端，这两组线圈的电流流出端也是一组同名端。

根据上述，在图 15－5－2 所示的变压器中，两组线圈的同名端是“＊”或“·”。

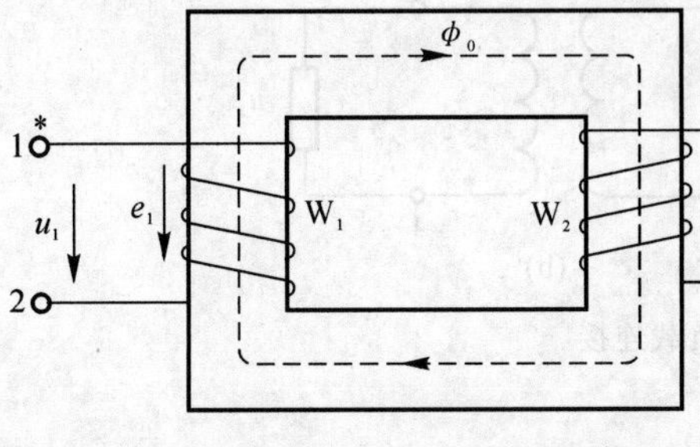

图 15－5－1　变压器原理图

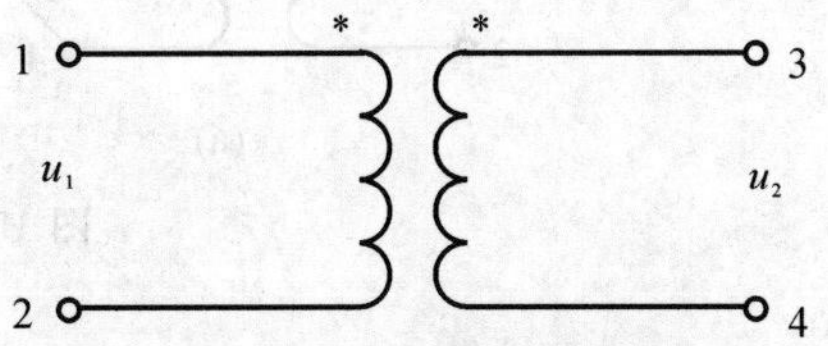

图 15－5－2　变压器原理图

由上所述可知，变压器名线圈的同名端与本章第二节所讲的各线圈两端电压的正方向的规定是相一致的。

2. 同名端的用途

现举例说明同名端的用途。

(1) 当两个线圈串联或并联使用时，必须知道线圈的同名端，才能做到正确连接电路。图 15－5－3 所示为电子仪器设备中广泛使用的电源变压器。它有两组额定电压为 110V 的初线关(次级线圈未画出)。当电源电压为 110V 时，可将这两组线圈并联；当电源电压为 220V 时，可将这两组线圈串联。

两个线圈串联时，必须将异名端连接在一起。如图 15－5－3(b) 所示，两个线圈的异名端 2 和 3 是连接在一起的。这样，交流电流通过 W_1 和 W_2 时，两个线圈所产生的磁通，方向是相同的，两个线圈中所产生的感应电动势，其方向也是相同的，因此能使变压器正常工作。如果不是异名端相联，若将同名端 2 和 4 相联，则两个线圈所产生的磁通，其大小相等，方向相反，互相抵消，即铁芯中无交变磁通，线圈中无感应电动势，因此两个线圈通过的电流很大，从而使线圈烧坏。

两个线圈并联时，必须将同名端连接在一起。只有这样才能使变压器正常工作，如图 15－5－3 (c) 所示。如果是异名端相连接，也会使变压器烧毁。其原理仿照上一个的分析方法自行分析。

总之，在连接变压器各线圈时，并联时必须将同名端连接在一起，串联时必须将异名端连接在一起。

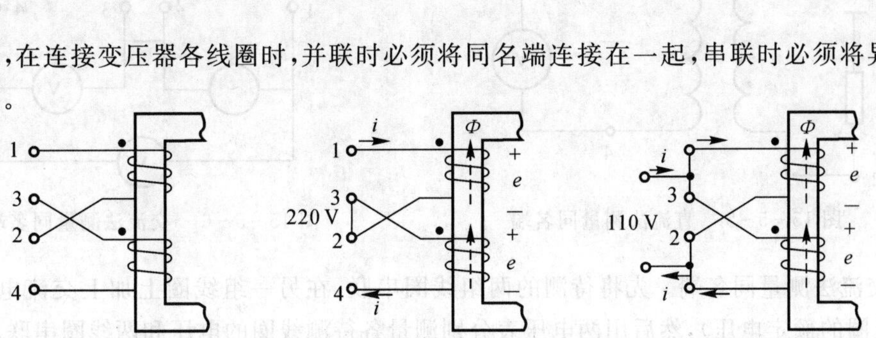

图 15－5－3　变压器绕组的同名端

(2) 为了使变压器的负载电压与输入电压具有同相或反相的相位关系，也必须知道变压器初、次级线圈的同名端，才能正确连接电路。例如，在图 15-5-4 所示的电路中，欲使负载电压与电源电压 U 反相，当线圈的端点 1,3 是同名端时，图 15-5-4 (a) 所示的电路连接是正确的；当线圈的端点 1,4 是同名端时，图 15-5-4(b) 所示的电路连接也是正确的。

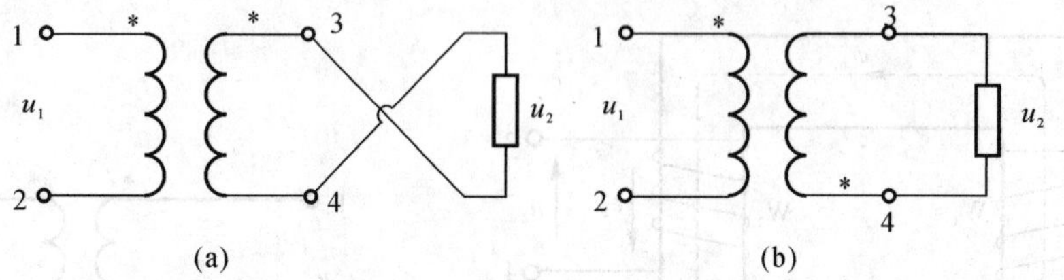

图 15-5-4　变压器的负载连接

3. 同名端的判别方法

现在介绍判别变压器各线圈同名端的方法。

(1) 观察线圈两抽头的实际排列。我们已知，若电流从两个线圈的同名端流入时，它们在铁芯中产生的磁通方向是一致的，这一规律，可以判断已知绕向的变压器线圈的同名端。例如，E 型铁芯变压器各个线圈的绕向是一致，所以，当电流从每线圈靠近里层的那个端点流入时，它们在铁芯中产生的磁通方向是一致的。因此，通过视察可看出，每个线圈靠近里层的那个端点是一组同名端，靠近外层的那个端点是别一组同名端。

(2) 加电测量。我们知道，在变压器各线圈中，同名端的电压极性总是一致的。这一规律，可以用加电测量法来判断看不清具体绕向的变压器同名端。

1) 直流法测量同名端 —— 用万用表(指针型) 和干电池测量。将变压器的一组待测线圈的两个端点 1,2 通过电阻，电门与干电池相接，另一组待测线圈的两个端点 3,4 接在万用表的正负接线柱上，万用表的转换电门放在测直流电压肯量程为 50V 左右的位置，如图 15-5-5 所示。

接通电池的瞬间，万用表的指针应有偏转(若看不清指针偏转，可缩直流电压档的量程)。如果指针向正方向偏转，表示接电池正极的那端与接三用表正的那端是同名端；如果针向反方向偏转，则为名端。

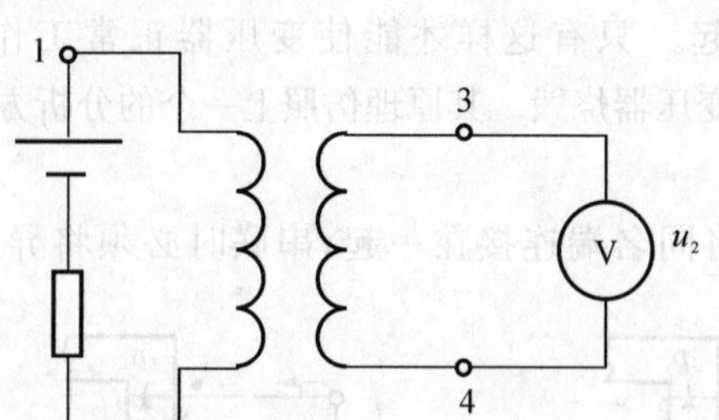

图 15-5-5　直流法测量同名端

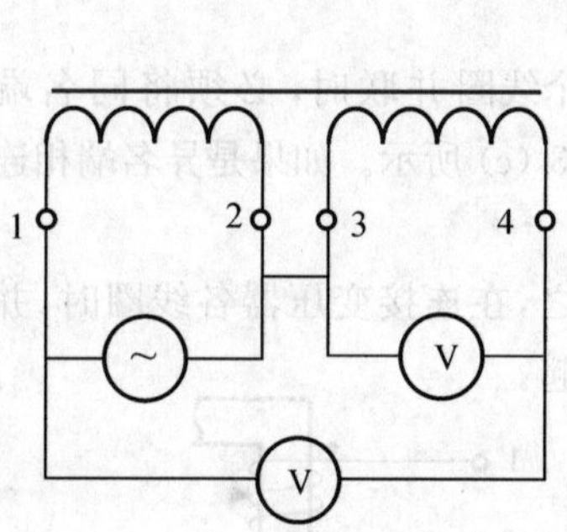

图 15-5-6　交流法测量同名端

2) 交流法测量同名端。先将待测的两组线圈串联，在另一组线圈上加上交流电压(值应小于该线圈的额定电压)，然后用两电压表分别测量各待测线圈的电压和两线圈串联后的总电压，如图 15-5-6 所示。如果两线圈串联后的总电压等于两个线圈的分电压之和，则这两个线圈是正向连接，连在一起的两个端点是异名端；如果两线圈串联后的总电压等于两个线圈的分电压之差，则之两个线圈是反向连接，连在一起的两个端点是同名端。

这种判别方法的原理，请读者自行思考。

3）把两级待测线圈串联，然后通过灯泡接到交流电源上（连接电路时，电源电压不得大于两组待测线圈的额定电压之和，灯泡的额定电压不得小于电源电压，灯泡的额定电流应小于待测线圈的额定电流）。这时待测线圈有两种串联方式，一种是端点2，3相连；别一种是端点2，4相连，分别如图15-5-7(a)，(b)所示。我们发现待测线圈的串联方式不同时，灯泡亮度不一样。如果灯泡较暗，说明这时两组线圈的阻抗大，所以它们必定是正向串联，也就是异名端接在一起；反之，如果灯泡较亮，说明这时两线线圈的阻抗小，所以它们必定是反相串联的，也就是同名端联接在一起。例如，在图15-5-7中，若按(a)连接，灯泡较暗，则端点2和4就是一对同名端。利用这种方法也可以很方便地测得两组线圈的同名端。

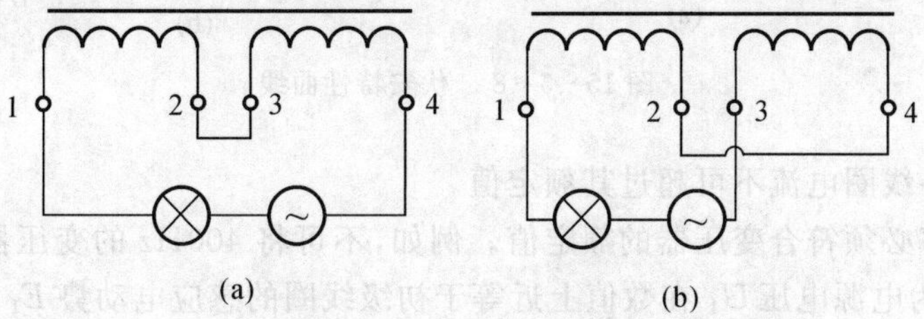

(a) (b)

图15-5-7 通过灯泡判断同名端

二、变压器的使用注意事项

变压器工作时，不可避免地有能量损耗。电流过线圈会使导线发热，这部分能量损耗就是铜损。铜损的大小由电流的大小决定，电流越大，铜损越大。另外铁芯内部还存在着铁损（涡流损耗和磁滞损耗）。铁损的大小，主要决定于磁通密度的大小。频率越高，铁损越大；磁通密度越大，铁损也越大。所有这些损耗，都变成热能，使变压器温度升高。温度过高，就会损坏绝缘而烧坏变压器。为了使变压器的铜损不致过大，变压器的电流有一个额定值；由于变压器的磁通 $\Phi_m=\dfrac{U}{4.44fw}$，因而对一个在一定频率下工作的，已作好的变压器来说，它的磁通是与电压成正比的，为了使变压器的铁损不致过大，变压器的磁通密度和磁通不得过大，因而变压器的电压也有一个额定值（变压器的电压之所以有一个额定值，还考虑了绝缘和其他一些）。由于电压、电流有限制，因此，变压器所能传输的功率也是有限制的。变压器的额定电压与额定电流的乘积叫作变压器的额定功率或额定容量，即

$$额定功率=额定电压\times额定电流$$

使用变压器要做到“三符合”：

(1) 外加电源电压必须符合变压器的额定电压。加在变压器初级线圈的电压不可超过变压器的额定值，例如不可将额定电压为110V的变压器接到220V的电源上。110V的变压器接在220V的电源上，空载电流会大大增加而使变压器损坏。在这里值得注意的是，铁芯线圈是一相非线性元件，它的伏安特性是一根与 $B-H$ 曲线相似的曲线。这是因为磁场强度 H 与电流 I 成正比，磁通与磁通密度成正比；又由于电压 U_1 与磁通成比，所以伏安特性曲线与 $B-H$

曲线相似，如图 15-5-8 所示。通常变压器的工作在伏安特性曲线开始弯曲处，如图 15-5-8(b) 所示中的点，即当电源电压为额定值时，变压器的空载电流 I_O 为额定电流的 5% ~ 10%。从图中可以看出，当电源电压稍微增加一些，空载电流就会增加很多。空载电流增大的结果，不仅引起线圈中的铜损增大，所以会使变压器的发热增加。如果电源电压超过额定电压过多，则会使变压器损坏。

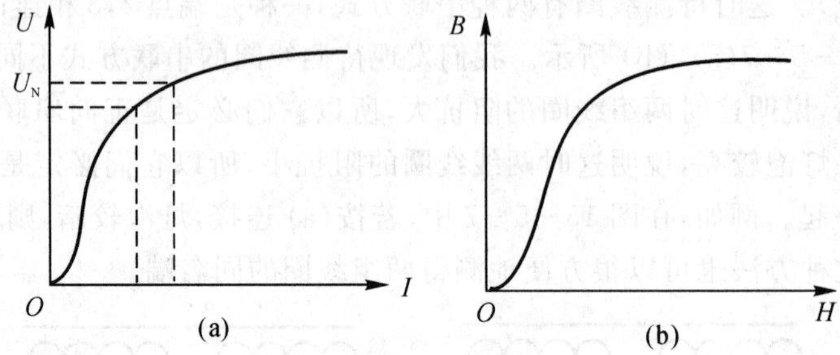

图 15-5-8　伏安特性曲线

(2) 变压器各线圈电流不可超过其额定值。

(3) 电源频率必须符合变压器的额定值。例如，不可将 400Hz 的变压器接在电压相同的 50Hz 电源上，因为电源电压 U_1 在数值上近等于初级线圈的感应电动势 E_1，当频率低时，磁通必然大，且频率低若干倍，磁通必然大同样倍数，只有这样，才能维持感应电动势与外加电压的平衡。若将 400Hz 的电源变压器接在电压相同的 50Hz 电源上，则电源频率降低为原来的 1/8，因此，磁通必然为原来的 8 倍，而变压器通常是工作在曲线开始弯曲的部分，如图 15-5-8(b) 中的 U_N，要使磁通到 8 倍，线圈中的电流(空载电流) 的数值将远远超过 8 倍，因此，可能烧坏线圈。反过来，50Hz 的变压器，一般情况下也不可接在 400Hz 电源上，因为 50Hz 的变压器的铁芯差些，接在 400Hz 电源上，铁损会加大。

(4) 搁置一段时间不用的变压器，必须注意防潮，使用前要经过烘干或晒干。

(5) 变压器引线或接线柱附近要保持清洁。

三、变压器的额定数据

1. 额定电压

初级额定电压 U_{N1} 是指接到绕组上的电源线电压；次级额定电压 U_{N2} 是指当初级加上额定电压后次级空载时的线电压。以 V 或 kV 表示。

2. 额定电流

对应于额定运行状态下初、次级的线电流 I_{N1} 和 I_{N2} 以 A 表示。

3. 额定容量

额定容量 S，即额定视在功率，它是额定电压和额定电流的的乘积。以 VA 或 kVA 表示。对于单相变压器，可具体表达为 $S_N = U_{N2} I_{N2}$。对于三相变压器，则 $S_N = \sqrt{3} U_{lN2} I_{lN2} = 3U_{pN2} I_{pN2}$，其中，脚标 l 和 p 分别表示线和相参数。

一般大容量变压器的效率较高，因此额定工作时的初级和次级表观功率基本相等，所以常把初级绕组和次级绕组的容量设计得相等。当然，航空变压器一般效率不太高，所以初级绕组容量要比次级绕组大些。

4.额定频率

航空电源变压器的额定频率为 $f_N = 400$Hz,地面变压器的额定频率为50Hz。

此外,变压器在其铭牌上,通常还注明变压器的型号、运行方式(连续或短时等)、极限温升和冷却方式等。

四、变压器的常见故障及其排除方法

小型变压器的常见故障,归纳起来有线圈开路、线圈短路、变压器漏电等几种。

1.变压器线圈开路

压器线圈开路后,一般是造成变压器无输出。如果开路地方不那么明显,时通时断,就会造成输出时有时无。产生这种故障的原因,主要是由于变压器引出线脱落和线圈受潮霉断。

检修时可先细致地观察外表和各引出线,如确定是线圈内部开路,则需针对不同的情况分别处理。例如,故障发生在输出电压高的,且导线又较细的线圈内,可试用200～300V的直流或压电源,将一端与开路线圈的一端相接,另一端与开路线圈的另一端瞬时相碰一下。这样便可能在开路处跳火而自行熔结。在相碰时,如发现相碰处有火花,则说明开路的地方已熔结,即可断开电源,再用欧姆表检查是否真正熔结上了。

如果通过上述处理不能恢复,则需拆开变压器。拆变压器时,如果变压器是用沥青或蜡封固的,则需加较高的温度(100℃)使沥青或蜡溶化,然后取变压器。

拆变压器时要注意以下几点:

(1)如果要加温才能拆的,则在加温前需将变压器上的胶木接线板取下,以免高温而变形。在加温时,要注意不要将变压器的线圈烘焦或碰坏。

(2)拆变压器的线圈时,应记住各绕组的抽头位置和各线圈的匝数、线径与绝缘纸(布)的层数等。拆时还应边拆边仔细看开路位置,待找到开路位置后,将其焊好,包上绝缘纸(布),再将变压器重新安装好即可。

如果断的地方较多,比较严重,无修理,则要更换一个新的或原数据重新绕制一个换上。

2.变压器线圈短路

变压器内部任一个线圈短路,都会使初级电流大大增加,保险丝烧断,铁芯和外壳的温度很高,甚至发出焦味冒烟。

线圈短路常见的是局部短路,而局部短路又常发生在高压线圈上。当局部短路时,可通过测量其电阻或电压加以发现。但当局部短路不太严重时,例如高压线圈的匝数较多(数千匝),短路数十匝,则对其电阻值和电压值的影响较小,一般用欧姆测量很难发现,用电压表测量也难于确定。但是,这一短路的线圈将产生很大的短路电流,大大地增加了初级的负荷;同时使短路部分产生很高的温度,变压器发烫。

发生短路故障的主要原因,是变压器受潮,过载,引起变压器发热过甚,烧毁绝缘物,内部短路,或者是变压器在高温情况下工作时间过久,使绝缘物逐渐变质,老化而失去绝缘性能。此外,也有在拆装铁芯时用力过猛而弄破铁芯与线圈间的绝缘层,线圈与铁芯之间短路的。

为了判断线圈内部是否有局部短路,可在变压器初级电路串入一只交流电流表,然后将初级接上额定电压,测量空载电流。如果空载电流过大,说明变压器内部有短路。线圈发生局部短路时,必须拆下重绕。

3. 变压器漏电

变压器漏电，常发生在初级线圈与铁芯之间，也有发生在各组线圈之间的。变压器漏电后，会发生手触铁芯麻手，输出电压降低，变压器发热等现象。造成这种故障的主要原因是变压器受潮或绝缘不佳。

检查时，如有兆欧表帮助判断更好，若是电源变压器，兆欧表可用500V规格的。若是工作电压较高的变压器，则应使用1 000V或更高规格的兆欧表。用兆欧表测量时，将其两根表笔分别接在两组被测线圈上，或者接在线圈与铁芯上。正常时，变压器的绝缘电阻应在500MΩ以上，否则说明绝缘不良或有漏电现象。

电源变压器受潮漏电时，应先将变压器放在烘箱内，保持箱内温度60～80℃，一般经过3～5h的烘烤，内部潮气由于加热而蒸发了，这时就可取出变压器放入绝缘漆中，大约经过半小时的浸渍，发现冒泡了，就可取出来，然后再将它烘干即可。

如果没有上述条件去潮，则可采用下面的低温烘烤法烘烤电源变压器。即把受潮的电源变压器的初级线圈接在交流电源上，在次级供给灯线的一组线圈上接一个指示灯，连续烘烤24～36h，变压器即可烘干。

第十六章　航空三相变压器和互感器

第一节　三相变压器

前文讨论了单相变压器的基本理论。本节在单相变压器的基础上介绍三相变压器的一些基本知识。

三相变压器是用来变换三相交流电压的,它的每一相电压的变换关系与单相变压器完全一样,只是在线电压的关系上,会因连接方法的不同而出现不同的特点。

一、三相变压器的结构特点

将三个相同的单相变压器组合起来,组成三相变压器组,可以用来变换三相交流电压,如图 16-1-1 所示。

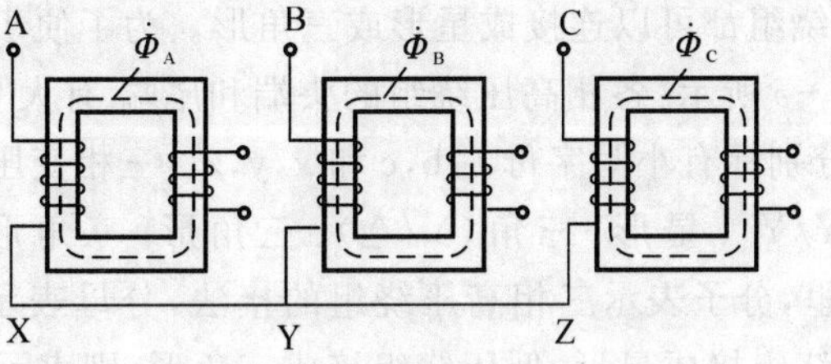

图 16-1-1　三相组式变压器

常用的三相心式变压器就是在三相变压器组的基础上发展起来的,见图 16-1-1,首先将 3 个单相变压器放置,组成三相变压器组。然后把它们靠近,连成一体,如图16-1-2(a) 所示。这样并不影响 3 个单相变压器的作用。但这时,在公共铁芯柱中通过的磁通是 3 个单相磁通之和,当三相电源电压对称,三相负载阻抗也平衡时,则初级三相绕组的三相电流向量和为零,即 $I_A + I_B + I_C = 0$。因此,3 个单相磁通的向量和也等于零,即 $\Phi_A + \Phi_B + \Phi_C = 0$。此公式表明,在公共铁芯柱中并没有磁通,因此可以把它省掉。这样三相变压器的铁芯就成了图 16-1-2(b) 所示形状。为了便于制造,常把 3 个铁芯安排在同一个平面上,于是就形成了一个三相心式变压器,如图 16-1-2(c) 所示。

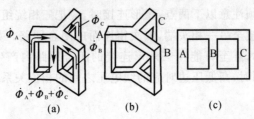

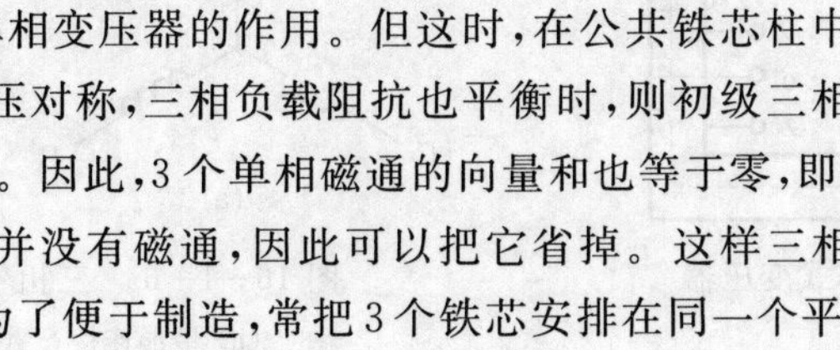

图 16-1-2　三相变压器的磁路

航空 400Hz 三相变压器，其铁芯一般采用叠片卷环 E 型铁芯，基本形式如图 16－1－3 所示，这种磁路铁芯中的磁导率较高，体积与重量也较小。

另一种形式是辐射形卷环(Y 型)铁芯，如图 16－1－4 所示。这种结构的最大优点是磁路对称，因此常被采用，但绕组加工较复杂。

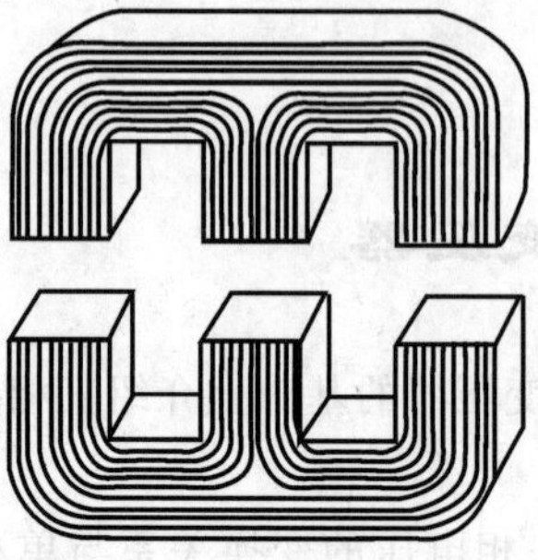

图 16－1－3　三相卷环式铁芯

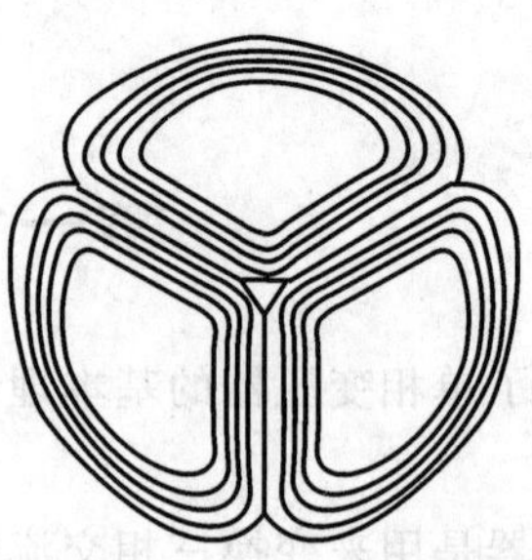

图 16－1－4　辐射形卷环铁芯

由图可见，芯式变压器用料少、重量轻、体积小，航空三相变压器一般采用卷环E型铁芯。而组式变压器制造方便，便于安装，常用于地面大容量变压器。

二、三相变压器绕组的连接

三相变压器的初、次绕组都可以连接成星形或三角形。为了便于连接，绕组的头端和尾端都用符号标明如图 16－1－5 所示：各相高压绕组的头端和尾端 有大写字母 A，B，C 和 X，Y，Z；低压绕组的头端和尾端分别标有小写字母 a，b，c 和 x，y，z。三相变压器的绕组，有 4 种不同的连接方法：星形－星形（Y/Y）、星形－三角（Y/△）、三角形－三角形（△/△）、三角形－星形（△/Y）。在上面的符号里，分子表示三相高压绕组的接法，分母表示三相低压绕组的接法。如图 16－1－6 所示高压绕组接成星形，低压绕组接成三角形，则表示成 Y/△。

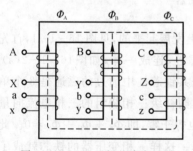

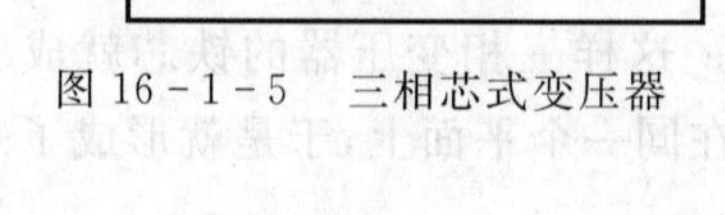

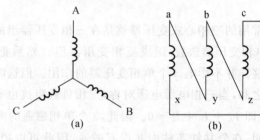

图 16－1－5　三相芯式变压器

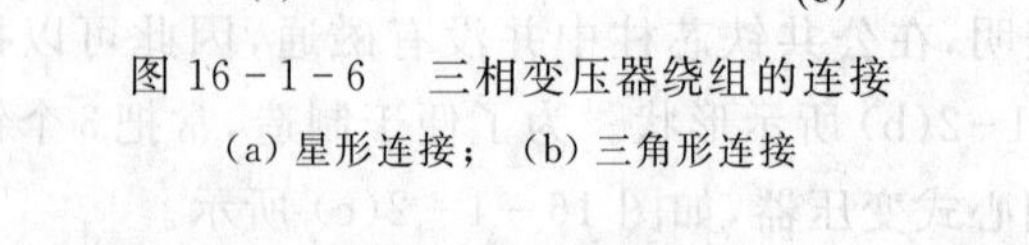

图 16－1－6　三相变压器绕组的连接

(a) 星形连接；(b) 三角形连接

连接三相绕组时，必须注意以下两点：星形连接时，应把三相绕组的尾端连在一起；三角形连接时，应把一相的尾端接至另一相头端，依次相连而成闭合回路。如果连接得不正确，输出的次级电压就可能不对称，甚至可能在三角形连接的闭合回路内产生短路电流，将变压器烧坏。绕组的连接方法不同时，高低压边对应的线电压之间的相位关系也不同。

三、绕组连接方法不同时线电压的变换关系

1. 星形-三角形接法

如图 16－1－7 所示，这种接法的特点是，高压边与低压边线电压之比，等于高低绕组匝数比的$\sqrt{3}$倍。因为高压边的线电压为相电压的$\sqrt{3}$倍，而低压边的线电压和相电压相等，高低压边的相电压之比，等于每相绕组的匝数比 k，故高压边线电压与低压边线电压之比为$\sqrt{3}k$∶1，即

$$\frac{U_{1l}}{U_{2l}}=\frac{\sqrt{3}U_{1p}}{U_{2p}}=\sqrt{3}k$$

因此，高压边与低压边线电压之比，等于其绕组匝数的$\sqrt{3}$倍。

高压边接成星形时每一相绕组所承受的电压，是相同线电压作用下采用三角形连接时的 $1/\sqrt{3}$，这对变压器的高压绝缘很有利，高压输电线路中所用的三相变压器，其高压边通常都采用星形连接，道理就在这里。

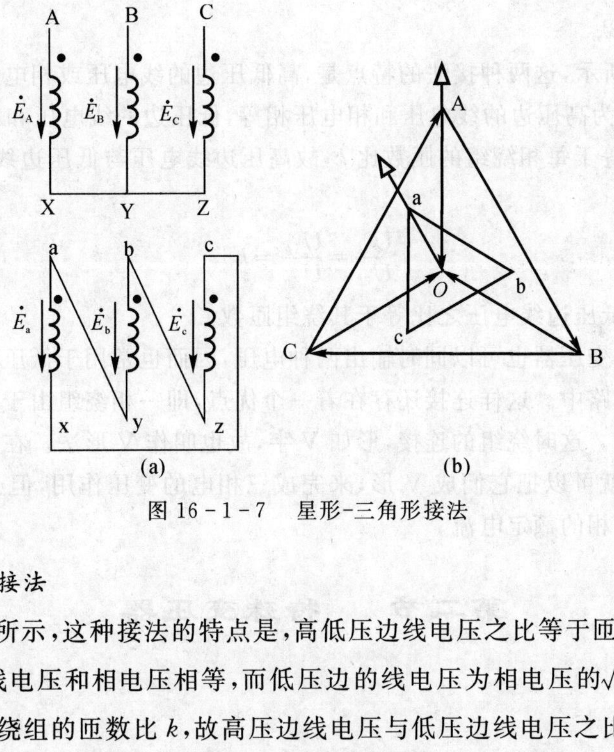

图 16－1－7　星形-三角形接法

2. 三角形-星形接法

如图 16－1－8 所示，这种接法的特点是，高低压边线电压之比等于匝数比的 $1/\sqrt{3}$。

因为高压边的线电压和相电压相等，而低压边的线电压为相电压的$\sqrt{3}$倍，高低压边的相电压之比，等于每相绕组的匝数比 k，故高压边线电压与低压边线电压之比为 k∶$\sqrt{3}$，即

$$\frac{U_{1l}}{U_{2l}}=\frac{U_{1p}}{\sqrt{3}U_{2p}}=\frac{k}{\sqrt{3}}$$

因此，高压边与低压边线电压之比，等于其绕组匝数的 $1/\sqrt{3}$ 倍。

这种接法的优点在于低压边能得到三相四线的系统，可以同时输出两种电压，即相电压和线电压。因此，它常用于低压配电。

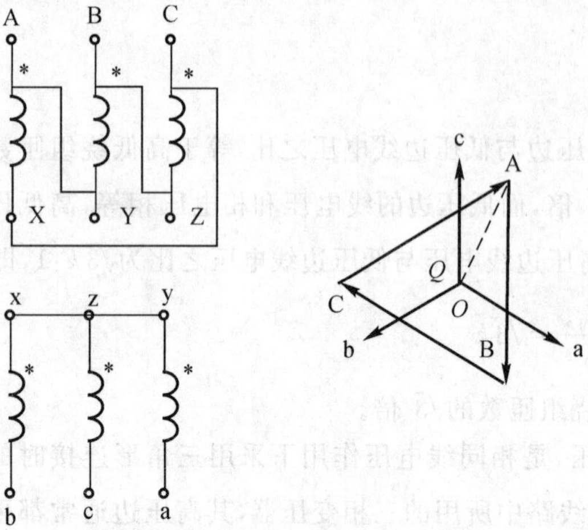

图 16-1-8　三角形-星形接法

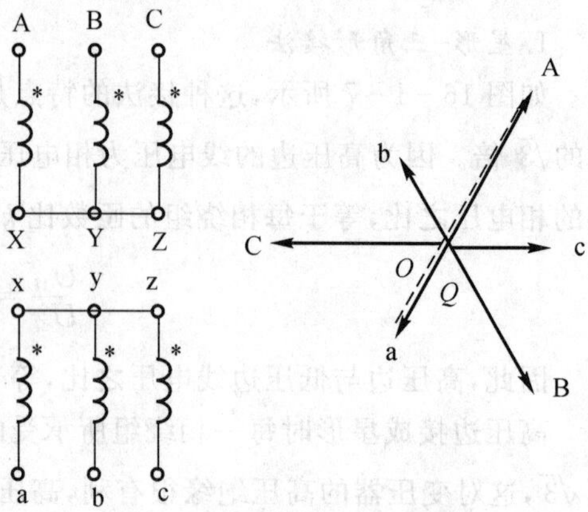

图 16-1-9　星形-星形接法

3. *星形-星形接法*

如图 16-1-9 所示，这两种接法的特点是，高低压边的线电压或相电压之比，都等于高低压绕组的匝数比，因为高压边的线电压和相电压相等，低压边的线电压和相电压也相等，高低压边的相电压之比，等于每相绕组的匝数比 k，故高压边线电压与低压边线电压之比也为匝数比 k，即

$$\frac{U_{1l}}{U_{2l}}=\frac{U_{1p}}{U_{2p}}=k$$

因此，高压边与低压边线电压之比等于其绕组匝数。

Y 形接法的三相变压器也可以同时输出两种电压，因而也常用于低压配电中，三角形接法则常用在大电流的电路中。这样连接还存在着一个优点，即一相绕组由于某种原因断开时，其他两相仍可继续供电。这时绕组的连接，形如 V 字，故也叫作 V 形法。在特殊情况下，如果只有两个单相变压器，就可以把它们成 V 形，来完成三相电的变压作用，但必须注意，其最大输出电流不能超过每一相的额定电流。

第二节　特殊变压器

一、自耦变压器

自耦变压器与前面所讲的单相变压器有所不同，它只有一个绕组，但具有多个抽头，如图 16-2-1 所示。自耦变压器的工作原理与前面所讲的单相变压器基本相同。基于它的特殊结构，自耦变压器的功率传送并不是完全通过电磁感应传送，还有一部分通过电传导传送。

自耦变压器有降压和升压两种。图 16-2-1(a) 所示为降压自耦变压器，初级绕组其匝数是 W_1；次级绕组是初级绕组的一部分，其匝数是 W_2，显然，$W_1 > W_2$。图 16-2-1(b) 所示为升压自耦变压器，它的初级绕组是次级绕组的一部分，因此有 $W_1 < W_2$。降压，升压自耦变压器的工作原理相同，下面以降压自耦变压器为例来说明。

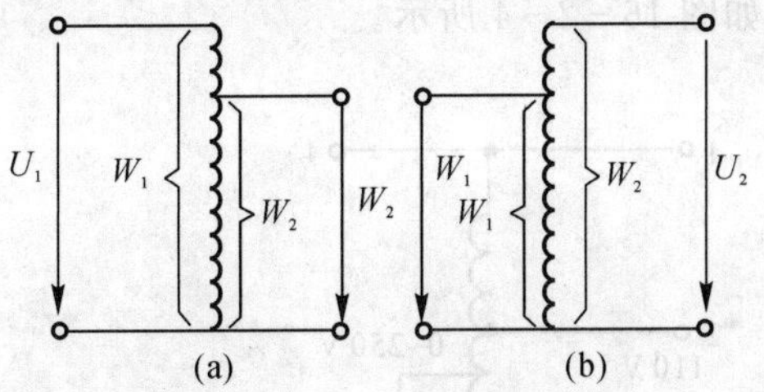

图 16-2-1　自耦变压器

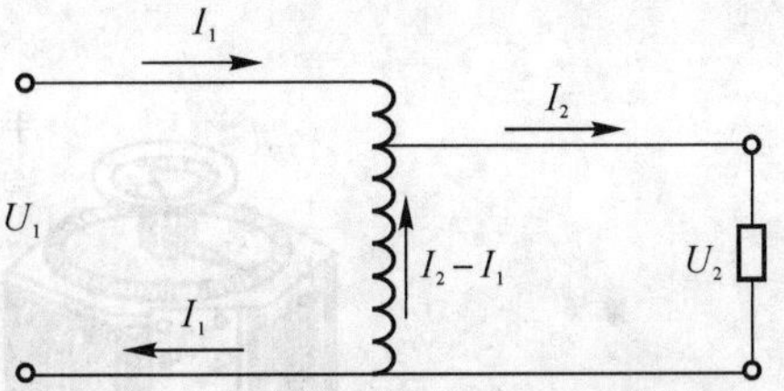

图 16-2-2　自耦变压器的电流分配

单相自耦变压器与单相双绕组变压器，其变压原理是相同的。例如，空载运行时，空载电流产生的主磁通分别使初、次级绕组产生感应电势 E_1 和 E_2，假设变压器的内部阻抗可以忽略，则有

$$\frac{E_1}{E_2}=\frac{U_1}{U_2}=k$$

现在分析初、次级电路的电流关系。根据能量守恒定律，若忽略内部，则次级负载获得的功率(U_2I_2)应与初级输入的功率(U_1I_1)相等，即 $U_1I_1=U_2I_2$，由此可得

$$\frac{U_1}{U_2}=\frac{I_2}{I_1}=k$$

上式说明，初，次级电路的电流之比等于初次级匝数比的倒数，这与双绕组变压器也是相同的。

自耦变压器在负载运行时，初次级绕组通过的电流是很小的，这是自耦变压器的一个重要特点，现进行以下分析。

如图 16-2-2 所示，接通负载后，次级电流 I_2 增加，初级电流 I_1 也相应样加。它们的正方向如图所示。此时，磁势平衡关系仍然是由于空载电流 I_0 通常很小，空载磁势 I_0W_1 可以忽略，于是有

$$I_1W_1=-I_2W_2$$

式中的负号表明，在 W_2 这段绕组中，次级电流 I_2 初级电流 I_1，其方向相反，近似互差180°。可见，通过 W_2 这段绕组的电流有效值为

$$\frac{I_1}{I_2}=\frac{W_1}{W_2}=\frac{1}{k}$$

上式说明，当变压比 k 近似等于 1 时，初，次级电流相差不多，但通过 W_2 中的电流却很小。因此，W_2 这部分绕组可用细导线来绕，以节约用铜量和减轻重量。然而，当变压比 k 较大时，由于 I_1 和 I_2 的数值相差较大，因而这种优点就不十分显著了。自耦变压器的变压比通常在 1～2 之间。

实验室常用的调压变压器，就是一种可改变次级匝数的自耦变压器。它把自耦变压器的抽头做成了滑动接触，通过改变滑动刷的位置，可改变次级线圈匝数，从而能均匀地改变输出电压。为了使滑动接触方便可靠，这种自耦变压器的铁芯做成圆环形，其上均匀分布绕组，滑动触头用碳刷构成，又叫作自耦调压器，如图 16-2-3 所示。

自耦变压器的缺点在于：初、次级绕组的电路直接连接在一起，高压端的电气故障会波及到低压端。如当高压绕组的绝缘损坏时，高电压会直接传到副绕组，这是很不安全的。这个原因，使用在低压边的电气设备必须有防止过高电压的措施，而且规定自耦变压器不能作为安全

照明变压器，使用时要求接线正确，外壳必须接地，如图 16－2－4 所示。

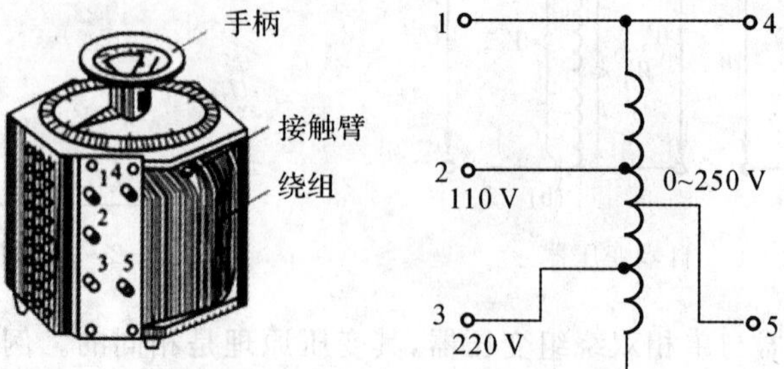

图 16－2－3　自耦变压器的外形结构和电路图

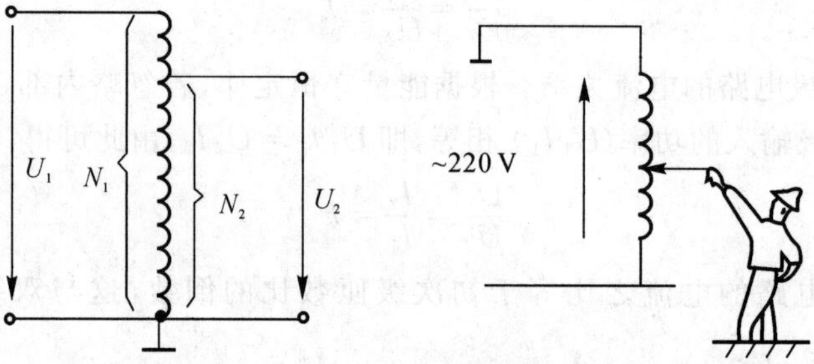

自耦变压器的正确接法　　　　自耦变压器的错误接法

图 16－2－4　自耦变压器的连接

二、互感器

互感器是特殊变压器的一种，是一种用于测量的小容量变压器，有电流互感器和电压互感器两种。互感器在飞机控制系统中得到广泛应用。

采用互感器测量的目的一是为了工作人员和仪表的安全，将测量回路与高压电网隔离；二是可以用小量程电流表测量大电流，用低量程电压表测量高电压。

1. 电流互感器

(1) 电流互感器的结构和工作原理。电流互感器是将大电流变换成小电流的变压器，常与电流表结合使用于飞机上交流发电机的调节和保护系统中。其结构和工原理与普通双绕组变压器相似，也是由铁芯和原、副绕组两个主要部分组成的。特点在于，电流互感器原绕组的匝数很少，甚至仅有一匝串联接在被控电路中，流过被控电流；副绕组的匝数很多，与测量电表直接相连接，如图 16－2－5 所示。电流表的阻抗极小，所以电流互感器的负载，与普通变压器的短路情况相似。副绕组的电势很小，所以铁芯内的磁通也很小，互感器的励磁磁势也很小。

由变压器的磁势平衡关系：

$$I_1W_1 = I_2W_2$$

可推导出原绕线流过的被控电流为 $I_1 = kI_2$，式中 k 为电流互感器的额定电流比。

上式表明，在电流互感器中，副绕组电流与电流比的积等于原绕组即被控电流值。例如，电流读数为 3A，电流比为 100 时，则被控电流值为 300A。

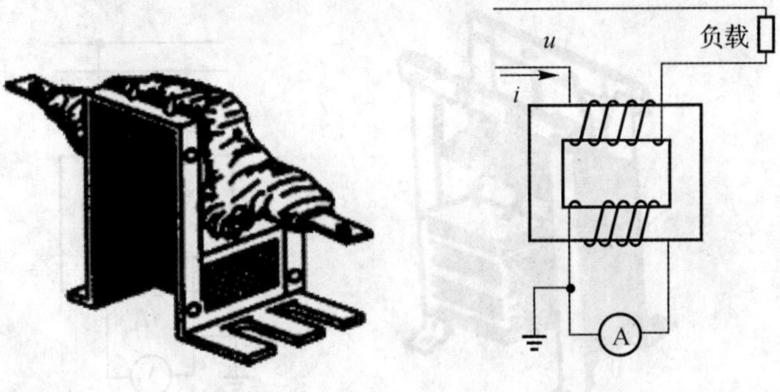

(a)　　(b)

图 16-2-5　电流互感器

(a) 构造；(b) 接线图

(2) 电流互感器使用时事项。为了运行得准确和安全，在使用电流互感器时，应注意以下三点：

1) 电流互感器在运行中副绕组不得开路，若开路，互感器即成为空载运行，流过原绕组的线路电流全部成为互感器的励磁电流，使铁芯中磁通密度增高很多倍，磁路严重饱和，磁通的波形由正弦波形畸变为平顶波，当磁通交变过零时，将在副绕组中感应很高的尖峰电动势，其峰值可达数千伏，可以造成互感器绝缘击穿或人身伤害；且由于磁通密度增大，铁耗增加，铁芯过热，加速绝缘物老化。因此在电流互感器副绕组电路中，绝对不允许接保险丝，副绕组不接电流表时，要把副绕组短接，需检修电流表时必须先把互感器副绕组短接后才能将电流表拆下来。

2) 电流互感器的铁芯和副绕组同时可靠接地，以免高压侧绝缘击穿时损坏设备或伤害人员。

3) 副绕组负载阻抗要求小于规定的阻抗，感器准确度等级要比所接仪表的准确度高两级。

2. 电压互感器

(1) 电压互感器的结构和工作原理。电压互感器是用来将高电压变换成便于测量和控制的低电压，其结构和工作原理同小型两绕组降压变压器相同，它实质上就是一个降压变压器，也是由铁芯和原、副绕组两个主要部分组成。它的主要特点在于，原绕组匝数较多，并连接在被控电路中，副绕组匝数较小，直接接在高阻抗的测量控制仪表上，如图 16-2-6 所示，有很精确的变化。由于所接仪表的阻抗很大，因此，电压互感器的副绕组电流很小，近似等于零，与普通变压器空载运行相近似。

根据变压器原理，电压互感器原绕组与副绕组的电压之比与它们的匝数比相等，即 $U_1 = kU_2$，式中 k 为电压互感器的变换系数，也称电压互感器的额定电压比，值等于原、副绕组匝数比。

上式表明，当电压互感器变换系数给定时，被控电压 U_1 即等于 U_2 与变换系数的乘积。

利用电压互感器，可将被测量的高电压变为低电压，然后用电压表来测量这低电压，电压表上的读数乘以倍率就是被测量的高电压 U_1。飞机上交流电压不很高，不需电压互感器作测量电压用；但在飞机控制系统中，常用它来变换电压信号。

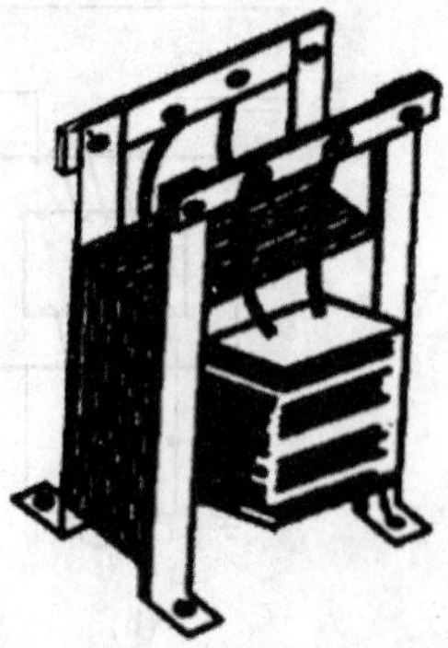

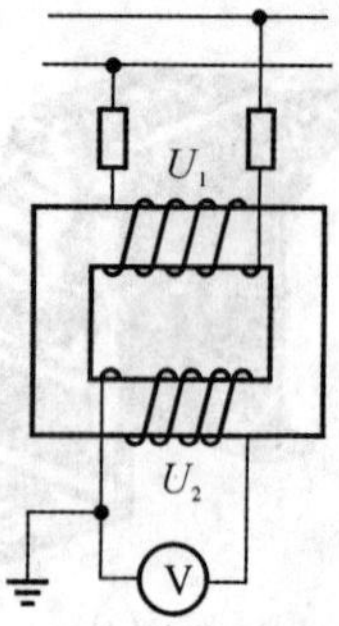

图 16-2-6　电压互感器

(a) 构造；(b) 接线图

(2) 电压互感器使用时的注意事项。在使用电压互感器时，应注意以下两点：

1) 电压互感器在运行时副绕组绝对不允许短路。因为原方电压高，如果发生短路，短路电流将很大，足以烧坏互感器，所以在低压侧电路中常串接短路保护器。

2) 电压互感器的铁芯和副绕组的一端可靠接地，以防止高压侧绝缘损坏时，铁芯和副绕组带上高压而造成设备或人身安全事故。

参考文献

[1] 谢军.航空电机学[M].北京:国防工业出版社,2006.
[2] 刘迪吉.航空电机学[M].北京:航空工业出版社,1992.
[3] 汤蕴璆,史乃.电机学[M].北京:机械工业出版社,1999.
[4] 许实章.电机学[M].北京:机械工业出版社,1980.
[5] 辜成林,陈乔夫,等.电机学[M].武汉:华中科技大学出版社,2001.
[6] 王会来.电工基础[M].北京:兵器工业出版社,2007.
[7] 李哲生.电机学[M].哈尔滨:哈尔滨工业大学出版社,1997.